六訂版

航　海　学

（上巻）

辻　　　　稔
航海学研究会　共著

成山堂書店

はしがき

航海学の専門図書としては多数の名著が出版されていますが，学生の能力に応じた適当な教材または参考書の発刊を望む声も少なくありません。

このような要望にこたえて本書が発刊されて以来20数年の年月が過ぎました。

この間，航海学の分野においても科学技術の進歩に伴い，各種電波計器の自動化，船位表示のデジタル化，自動衝突予防援助装置の開発，NNSS，GPS の普及等目覚ましいものがあります。

このような状況下で，今回四訂版を発刊するに当たり，特に意を用いたのは次の諸点であります。

1　新しい時代に対処するため，最新の資料に基づいて内容の一部訂正を行った。

　電波航海計器の細部については型式により若干の差違があり，学術的体系としても航海計器の分野にわたる事項が多いので原則的なもののみにとどめた。

2　表現については，学生自身の学力によっても十分理解し得るよう努めて平易な解説を行い，かつ，所要の水準は確保した。

3　練習問題は基礎的なもののみにとどめ，巻末に各章に関連のある１～３級海技士および W/O（航海）（平成元年．２～平成７年．２）の国家試験問題の抜すいを掲載した。

4　航海算法は主として電卓を使用したが，基礎的な理解を深めるため，一部の問題についてはトラバース表または対数計算を使用した。

本書は以上のような主旨により系統的な取りまとめを行ったもので，大学，高専の学生にとって適切な教材となるのみでなく，海技従事者国家試験受験者にとっても絶好の参考書となることと確信します。

本書が航海学を修得しようとする方たちの良き伴りょとなり，海運・水産界の発展に幾分なりとも寄与することができれば著者の望外の幸せと存じます。

最後に，初版発刊に当たり種々御助言を賜った東京商船大学豊田清治名誉教授，数々の資料を参照させて頂いた先輩諸兄および海上保安庁当局並びに四訂版発刊について種々ご尽力頂いた㈱成山堂書店社長小川實氏のご厚意に対し深甚の謝意を表します。

1996年2月

著　　　者

五訂版発行にあたって

近年の航海学の進歩はめまぐるしく，特に海図の電子化や測地系の変更，インターネットやディジタル通信機器を使った情報提供，あるいは電子航海機器，測位機器の発達，進展には目を見張るものがあります。このような背景から，地文航海学（特に水路図誌関係）や電波航海学の分野について，今回大幅に改訂を行い，現状に近づける努力を行いました。著者の力量不足や時間的な制約から，十分な改訂とは言えませんが，読者諸氏のご叱正，ご指導を賜りながら，内容の充実を図っていくつもりです。

2011年6月

航海学研究会

六訂版発行にあたって

かつて航海学の計算は対数計算や数表を用いた計算が主流でしたが，現在は簡便な関数電卓を用いた計算が中心となっています。今回の改訂では，大圏航法や集成大圏航法で使用する球面三角形の計算部分については全て電卓の計算に置き換えました。対数計算については付録にまとめてありますので，興味のある方は参考にして下さい。また，航路標識の部分や電波航法，巻末の海技試験問題等についても一部修正を行いました。著者の力量不足や時間的な制約から十分な改訂ができたとは言えませんが，読者諸氏のご叱正，ご指導を賜りながら内容の充実を図っていくつもりです。

2018年7月

航海学研究会

目　　　次

第2章　航路標識

第3章　水路図誌

第4章　航程の線航法

主なる参考文献

著者	書名	出版社
酒 井 進	地文航海学	海文堂出版
鮫 島 直 人	船位誤差論	天 然 社
沓 名 景 義 坂 戸 直 輝	海図の知識	成山堂書店
西 谷 芳 雄	電 波 計 器	成山堂書店
長谷川 健 二 平 野 研 一	地 文 航 法	海文堂出版

第1章　用語の解説

第1節　航海学

航海学とは，船舶を安全かつ経済的に運航するため，幾何学および天文学の原理により，または電波の特性を利用して，①最適の針路を定め，航程を測り，②船位を推定または決定し，③さらに，これらの計算に必要な諸要素を算出するための学問をいう。

これを広義に解すれば，商船学の中で舶用機関学に対応すべきもので，操船学，航海計器学，船舶整備論など，航海学科学生に課せられたほとんどすべての学科にわたるものであるが，学術の進歩に伴う学問の分化により，航海学の内容も狭義に解される場合が多い。以下，狭義の航海学について述べる。

航海学の内容には次のようなものがある。

1　航海用語，航路標識および水路図誌

(1)　航海用語に関する事項

(2)　航路標識に関する事項

(3)　水路図誌に関する事項

2　航　法

(1)　航程の線航法

針路を常に一定に保ち航海する航法で，出発地，到着地の経，緯度を知って本船のとるべき針路，航程を求め，または，出発地の経，緯度をもとにして，針路と航程により到着地の経，緯度を推定する算法をいい，中分緯度航法と漸長緯度航法の二法がある。

沿岸航行中の船舶においては，これらの要素を海図から直接求めることができるが，航洋海図は漸長図法により構成されているので，これらは漸長緯度航法の一種とみることができる。

(2)　大圏航法

二点間の最短距離を航走するため，大圏に沿って絶えず変針を行いつつ航海する航法をいう。

現実の航法としては，適宜の航程を有する航程の線を連続して描き，これらの集成が概ね大圏に沿うよう計画し，その航程の線上を航走するもので，航程の線航法の集成とみなして差し支えない。

3　船位の決定法

(1)　陸測による船位の決定

地上物標の方位，距離による位置の線，水平夾角による位置の線，測深による位置の線等を利用して船位を決定する方法をいい，主として沿岸航行中の船位の決定に用いられる。

(2)　天測による船位の決定

太陽，月，恒星等の天体を観測して船位を決定する方法をいい，主として大洋航行中の船位の決定に用いられる。

(3)　電波による船位の決定

ロランC，レーダ，GPS等の電波計器を使用し，電波の特性を利用して船位を決定する方法をいう。

4　船位の誤差

実測船位，推測船位または推定船位の船位誤差に関する事項。

5　付随算法

航海実施上必要な諸要素を求めるための算法をいい，潮汐表を使用して潮時，潮高を求め，天測諸表を使用して日出没時，月出没時，薄明時を算出し，星の高度，方位を観測して星名を識別し，天体方位角を測定してコンパスの自差，器差を測定する等の算法がある。

6　最適航路の選定について

(1)　航海計画および行船に関すること

航路の選定，針路，速力，錨地の決定，行船上の留意事項等。

(2)　外力の影響に関すること

外力の影響，主として潮流，海流，海洋気象に関する事項。

(3)　燃料消費に関すること

注　航海学の一般的な分類としては，対象別に地文航法，天文航法，電波航法に大別し，さらに，地文航法を沿岸航法，推測航法に分類する場合も多い。

上記の目的を達成するため，船舶には次のような航海計器が装備されている。

1　コンパス（磁気コンパス，ジャイロコンパス）

船舶の針路を一定に保ち，あるいは他物の方位を測定して位置の線を求めるためのもので，ログと共に船位の推定，決定に，不可欠の航海計器である。

2　ログ（電磁ログ，ドップラーログ）

船舶の速力および航走距離を推定するための航海計器をいう。

3　測深機（手用測鉛，音響測深機）

操船上の目的をもって水深，底質を測り，あるいは測深による位置の線を求めるために使用される。

4　六分儀

天体の高度または物標の仰角，夾角を観測する機器で，主として，天体の高度を求めるため使用され，船用基準時計と共に，天測による船位の決定に不可欠の航海計器である。

5　船用基準時計（クロノメーター）

正確な時計をいう。

6　無線方位測定機，レーダ，ロランC，GPS等

電波の特性（直進性，反射性，等速性等）を利用して船位を決定し，あるいは操船の便に供するための電波計器をいう。

第2節　船位，航程等に関する用語

1　地球の形状および大きさ

地球の表面には，海や山があって平らではなく，極半径は赤道半径より約

21km短い。そのため，地球の形状は，概ね楕円の短径（極半径）を軸として，これを180°回転したとき得られる立体をもってあらわすことにしている。これを回転楕円体（Spheroid）という。

しかし，この半径の差違は，地球の大きさに比べれば極めて小さいので，航海学では地球をその平均半径の球として取り扱う場合が多い。このため生じる誤差は微少で，実用上差し支えない。

準拠楕円体（測地系）	発表年	赤道半径（km）(a)	極半径（km）(b)	扁平率 ((a+b)/a)	備　考
ベッセル（日本測地系）	1841	6,377.397	6,356.079	1/299.15	2000年4月以降WGS-84に移行
WGS-84（世界測地系）	1984	6,378.137	6,356.752	1/298.257	GPSによる位置表示の基準

Fig 1−1

注　日本では，2002年（平成14年）4月1日までは，日本測地系（Tokyo Datum）と呼ばれる測地系を用いてきた。これは局所座標系（東京麻布にあった国立天体観測所の位置を日本経緯度の原点とし，日本周辺にしか通用しないことが前提）で，ベッセル楕円体に準拠し，標高の基準は東京湾平均海面を使用している。最近急速に普及しているGPSでは，位置表示の基準としてWGS-84に準拠した世界測地系（World Geodetic System）に依っている。2000年（平成12年）4月以降刊行された日本の海図はすべて世界測地系に準拠し，2002年（平成14年）4月までに海図の測地系移行を完了し，旧版（日本測地系）海図はすべて廃版となった。

2　地極および地軸

地球の北極および南極を地極（Pole）といい，これら二つの地極を貫く軸を地軸（Axis of the earth）という。（Fig 1−2参照）

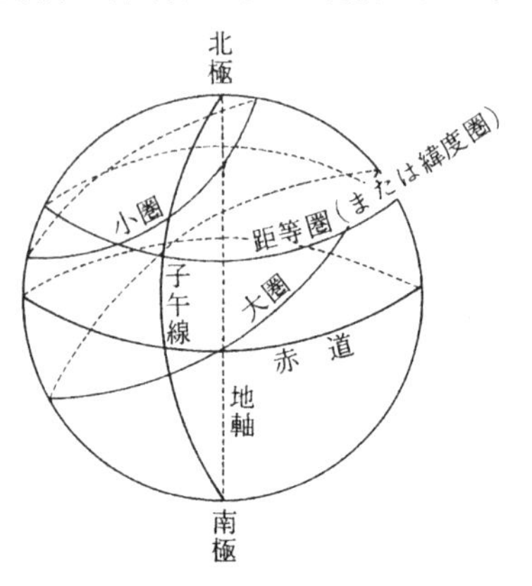

Fig 1−2

3　大圏および小圏

地球の中心を過ぎる平面と球面の交線を大圏（Great circle）といい，地球の中心を通らない平面と球面の交線を小圏（Small circle）という。地球上の二点間

の最短距離は，それらの二点を通る大圏の弧の長さである。(Fig 1-2参照)

(1)　赤道および距等圏（緯度圏）

地軸に垂直な大圏，すなわち，両極から等距離にある点を連ねた圏を赤道（Equator）といい，赤道に平行小圏を距等圏（または緯度圏，Parallel）という。(Fig 1-2参照)

(2)　子午線

地球の両極を通る大圏を子午線（Meridian）という。子午線は無数にあるが，一地点を通る子午線はただ一つで，その中，英国のグリニッチ旧天文台の子午儀の中心を通る子午線を特に本初子午線（Prime meridian）といい，経度を測る起点に用いられる。(Fig 1-2，1-4参照)

4　緯度および経度

(1)　緯度（Latitude）

ある地点の距等圏と赤道との間の子午線の弧の長さ，換言すれば，その地点を通る子午線上の赤道からその地点までの地球の中心角を緯度（Latitude; Lat; l）という。そして，赤道を0°として南北にそれぞれ90°まで測り，北側を北緯（North latitude），南側を南緯（South latitude）といい，それぞれN.S符を符して表わす。(Fig 1-3，1-4参照)

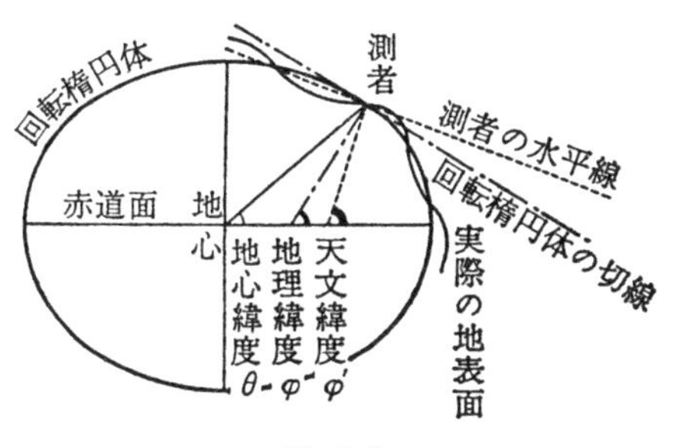

Fig 1-3

二地点間の緯度の差を変緯（Difference of latitude; D.lat; D. l）という。

（公式）

$$D.lat = l_2 - l_1$$

ここで，D.lat：緯度差，l_2：到着緯度，l_1：出発緯度とする。

また，計算をする場合には，北緯を（+），南緯を（−）として数値入力をする。

注　厳密にいうと，緯度には地心緯度，地理緯度，天文緯度の定義がある。地心緯度とは，ある地点と地球中心とを連ねた直線と赤道面とのなす角（θ）を，地理緯度とは，ある地点で回転楕円体に接する平面に垂直な直線と赤道面とのなす角（ϕ）を，天文緯度とは，ある地点で測者の鉛直線と赤道面とのなす角（ϕ'）をいう。（Fig 1−3参照）

海図に記入されている緯度は地理緯度であって，天体観測によってうる天文緯度とほぼ等しい。地理緯度と地心緯度の差は，赤道および極にあっては零，中間緯度で最大となり，その差は約11′.5である。

⑵　経度（Longitude）

ある地点を含む子午線面と本初子午線面との夾角，換言すれば，某地を通る子午線と本初子午線との間にはさまれた赤道上の弧の長さを経度（Longitude; Long; L）という。そして本初子午線を0°とし，東または西にそれぞれ180°まで測る。180°の子午線は太平洋のほぼ中央部を通過している。東へ測るときは東経（East longitude）といい，E 符を符し，西へ測るときは西経（West longitude）といい，W 符を符する。（Fig 1−4参照）

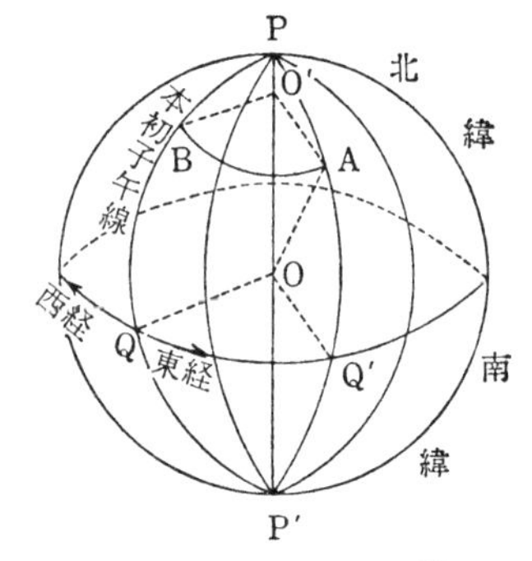

A 地の緯度$\angle Q'OA = \widehat{AQ'}$
A 地の経度$\angle BO'A = \angle QOQ' = \widehat{QQ'}$

Fig 1−4

二地点間の経度の差を変経（Difference of longitude ; D. Long ; D. L）という。

（公式）

$$D.Long = L_2 - L_1$$

ここで，D.Long：経度差，L_2：到着経度，L_1：出発経度とする。

また，計算をする場合には，東経を（+），西経を（−）として数値入力をする。日付変更線を挟んで計算を行う場合には，最後に360度を加減する（計算結果がマイナスの場合には360度を加え，プラスの場合には360度を減じる）。

5　船　位

船位は緯度，経度，または特定地点からの方位，距離により表示する。

船位には次の三つがある。

1　実測船位

地物，天体，電波等により決定した船位を実測船位（Observed position ; O.P）という。実測船位は，一般に，真位置に最も近く，推測船位，推定船位に比し信頼度も高い。

2　推測船位

最近の実測船位を起点とし，コンパスによる針路と，ログによる航程を要素として求めた船位を推測船位（Dead reckoning position ; D.R）という。

3　推定船位

推測船位に，風圧，海流等の外力が船位に及ぼす偏位量を推定し，補正した船位を推定船位（Estimated position ; E.P）という。一般に，推定船位は，推測船位よりも真位置に近いと考えられる。

6　航程の線および航程

船が一定の針路で航行するとき，地球表面に描く曲線を航程の線（Rhumb line）という。針路が真東，真西，真北，真南の場合を除き，航程の線はすべて螺旋状を描き，限りなく極に接近する。（Fig 1–5参照）

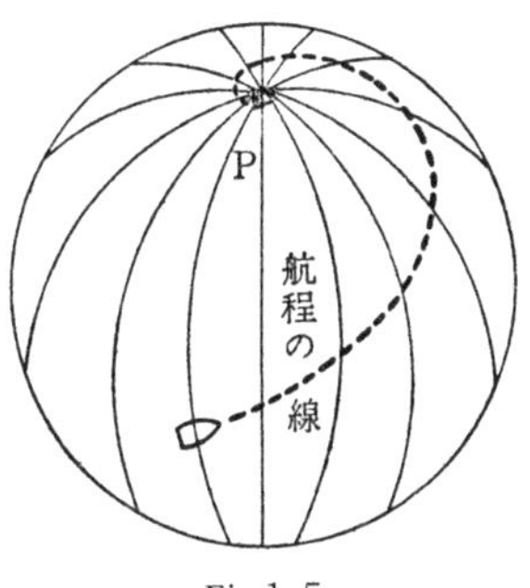

Fig 1–5

航程の線に沿って測った距離を航程（Nautical distance ; Distance ; Dist）という。

7　海　里

緯度差1分，つまり，その他の子午線の丸みを持つ円の中心角1分に対する地表の子午線の弧の長さを，1海里（Nautical mile ; Mile）という。地球が楕円体であるため，緯度によって1海里の長さは若干異なり，わが国では1852m（緯度45°におけるもの），イギリスでは6080フィート（約1853.2メートル），アメリカでは6080.2フィート（約1853.3メートル）を1海里と定めている。航海学では，所在緯度1分の弧の長さを1海里とする。

（公式）

1°（度）＝60′＝60海里

1′（分）＝1海里

1″（秒）＝1／60′＝1／60海里

卓上計算器を利用して，度分秒を海里に換算する場合には60を掛け，海里を度分秒に換算する場合には60で割ればよい。

注 1　地球を球と仮定した場合，地球の中心角1分に対する子午線の弧の長さは1852.2mで，赤道と極との間の1海里の平均値に等しい。

2　地球の中心角1分に対する赤道の弧の長さ（1855.4m）を地理浬（Geographical mile）という。赤道は円弧であるため，赤道上のいずれの部分においても，地理浬は等長である。

3　哩（Statute mile or Land mile）
陸上距離の単位として用いられるもので，1哩は1609.3mである。

4　現在は，国際海里（正確に1852メートル）が世界中で使われている。この定義は，1929年（昭和4年）にモナコで開かれた第1回国際臨時水路会議（International Extraordinary Hydrographic Conference）で採用され，アメリカは1954年（昭和29年）に，イギリスは1970年（昭和45年）に国際海里を受け入れた。

8　東西距

両地間の航程の線を，無数の子午線で等分し，これらの分点を通る無数の距等圏の和を海里で表わしたものを東西距（Departure ; Dep）という。

両地が同一子午線上にあれば東西距は零，同一距等圏上にあれば，東西距は航程に等しく，その他の場合は特殊な値をとる。

Fig 1‒6において，AB両地の東西距は Dep＝aa′＋bb′＋cc′＋……Bz′ である。

東西距は距等圏航法，中分緯度航法における経度の算出に用いられる。

注　地球を球と仮定した場合，変緯（D. *l*），変経（D. L）の間には，次のような関係がある。

1　同一子午線上における変緯（D. *l*）1分の長さは，いずれの地においても同一である。

2　赤道上における変経（D. L）1分の長さは，変緯（D. *l*）1分の長さに等しい。

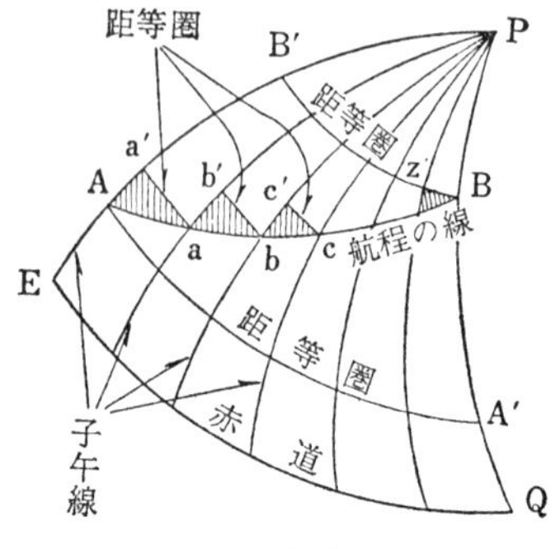

Fig 1‒6

両地が同一距等圏上にある場合，東西距（Dep）と変経（D. L）の間には，次の関係式が成立する。

Fig 1-7において，EQを赤道上の変経1分の二地点，ABを緯度lにおける距等圏上の変経1分の二地点とすれば，

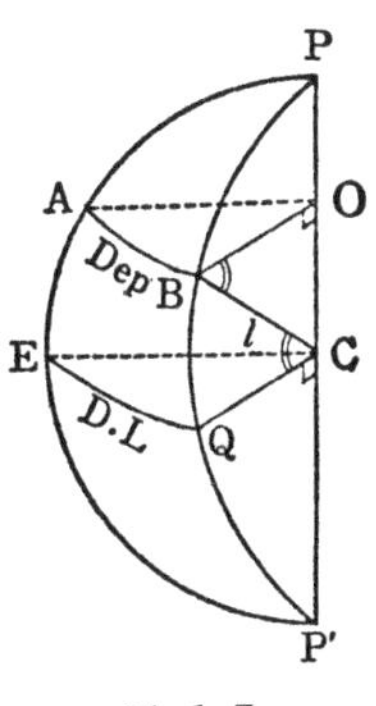

Fig 1-7

$$\frac{\text{Dep}}{\text{D. L}}=\frac{\text{AB}}{\text{EQ}}=\frac{\text{BO}}{\text{QC}}=\frac{\text{BO}}{\text{BC}}=\cos l$$

$\therefore$　$\text{Dep}=\text{D. L}\times\cos l$ または $\text{D. L}=\text{Dep}\times\sec l$

また上記注の関係より，$\text{Dep}=\text{D.}\ l\times\cos l$ とおくこともできる。これらの関係式は，平面図および漸長図の作成，ならびに，距等圏航法，中分緯度航法，漸長緯度航法の理論上の原式ともいうべき重要な関係式であるから完全に理解しておく必要がある。

第3節　針路および方位に関する用語

船舶に装備するコンパスには，磁気コンパス，ジャイロコンパスの二種類があるが，ジャイロコンパスは概ね真方位を示すので，偏差，自差についての考慮は要しない。

したがって，本節および次節で述べるこれらの事項は，磁気コンパスを使用する場合においてのみ考慮すべき事項である。

1　磁気子午線

鉄気の影響をうけていないとき，コンパスの針の南北線をふくむ大圏を磁気子午線（Magnetic meridian）という。鉄気の影響をうけていないとき，コンパスの針は磁気子午線の方向に静止する。

2　偏　差

ある地点を通る子午線と磁気子午線との交角をその地の偏差（Variation ; Var）という。偏差は，磁針の北側が子午線の右にあるとき偏東（E'ly），左にあるとき偏西（W'ly）といい，それぞれE，W符を符して表わす。これは，地球の両極が磁極と一致していないために起こるもので，地球上の位置によって

異なり，また，年月の経過とともに変化する。偏差は，海図または磁針偏差図から求め，必要なときは年差を改正する。

注 地球は一つの大きな磁石であって，磁極の位置も，一定不変のものではなく，次のような複雑な変化をしている。すなわち，

1 永年の変化

磁極は地球の極から約17°のところにあって，約960年の周期で地球の極を西から東へ廻っている。

2 年変化

一年を周期とする変化で，北半球では4月から8月までの間は偏東の偏差が増加し，偏西の偏差は減少する。8月から3月まではこれに反する。

3 日変化

北半球では午前6時頃から午後2時頃までの間は偏差が増加し，午後2時頃から午後10時頃までは偏東の偏差が増加する。そして，夜間はあまり変化しない。

4 突発的な変化，磁気嵐などの影響

3 自 差

コンパスの南北線と磁気子午線との交角を自差（Deviation ; Dev）という。自差は，コンパスの北が磁気子午線の右にあるとき偏東（E'ly），左にあるとき偏西（W'ly）といい，それぞれE，W符を符して表わす。自差は，船内のコンパスが船体や船内鉄器の影響をうけて，磁気子午線の方向を指示しないために起こるコンパス自体の誤差である。自差は各船によって異なり，船首方向，

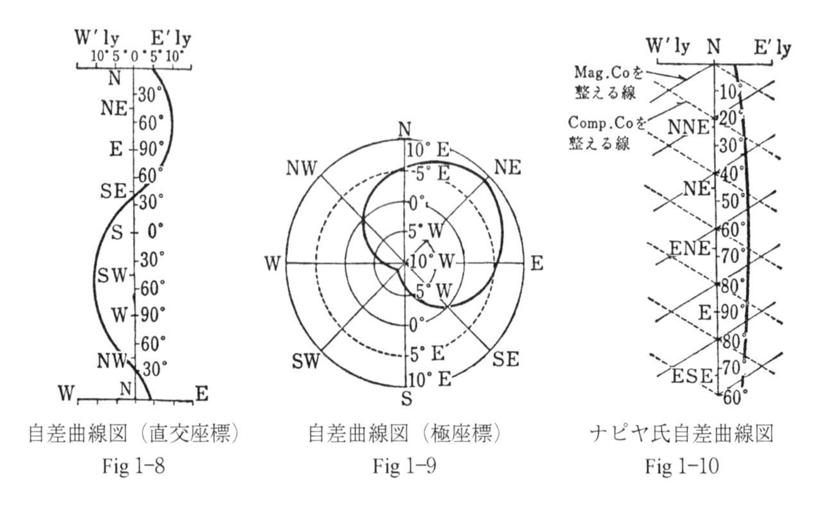

自差曲線図（直交座標） Fig 1-8　　自差曲線図（極座標） Fig 1-9　　ナピヤ氏自差曲線図 Fig 1-10

積荷の状況，地球上の位置，年月の経過等によっても変化する。

自差の変化は複雑であるため，船舶においては，随時，天体や地物の方位を観測して最新の自差を算出し，これにより自差表（Deviation table）または自差曲線（Deviation curve）を作成し，任意の船首方向に対する自差を求めている。（Fig 1-8，1-9，1-10参照）

注　ナピヤ氏自差曲線図の作成および使用法

ナピヤ自差曲線図は，Fig 1-10のように，縦線と，縦線と60°の角度で交わる点線および実線群からなっており，コンパス針路に対応する自差をその点を通る点線上に記し，これらの諸点を滑らかな曲線で連ねて自差曲線を描く。この図で，コンパス針路から磁針路を求めるには，与えられたコンパス針路の点から点線に沿って自差曲線まで進み，そこから実線に平行に縦線にもどって，その点の針路を読めば磁針路がえられる。ナピヤ氏自差曲線図は，任意方向に対する自差を求めうるのみでなく，図上でコンパス針路と磁針路の相互換算を行いうる利点がある。

4　コンパス違差

子午線とコンパスの南北線との交角，すなわち，偏差と自差の代数和をコンパス違差（Compass error ; C. E）という。（Fig 1-11参照）

コンパスの北が，子午線の右側にあるとき偏東違差（E'ly），左側にあるとき偏西違差（W'ly）といい，それぞれE，W符を符して表わす。

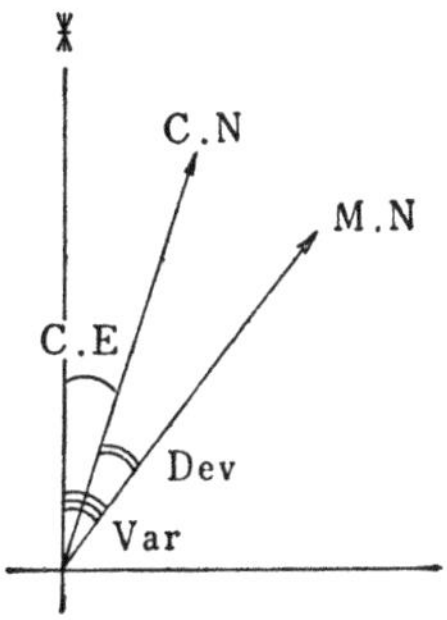

C.N
M.N
C.E
Dev
Var

Fig 1-11

5　風圧差および流圧差

風または流潮により船体が押し流されている場合，実際に船舶が航過した航跡と船首尾線との交角を，風圧差（Lee way ; L. W）または流圧差（Current way ; C. WまたはTide way ; T. W）という。（Fig 1-12参照）

6　針　路

(1)　真針路（True course ; T. Co）

子午線と航跡との交角をいう。風圧差，流圧差のないときは，航跡と船首尾線が一致するので，子午線と船首尾線との交角が真針路となる。（Fig 1-12，1-13参照）

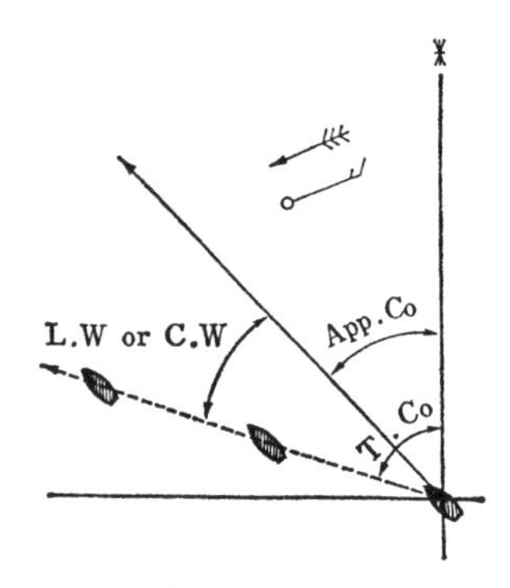

風圧差（流圧差）のある場合
Fig 1-12

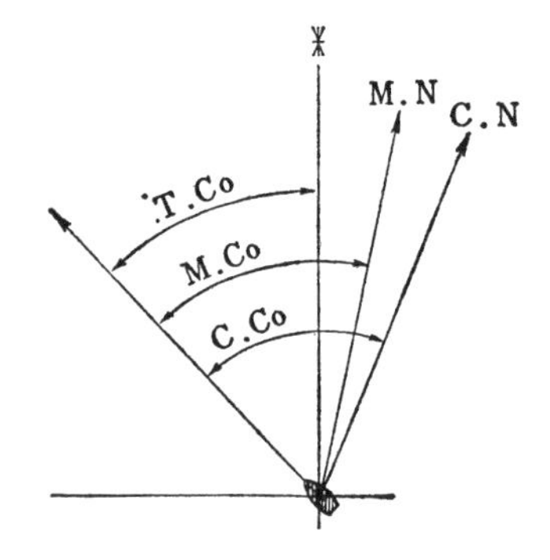

風圧差（流圧差）のない場合
Fig 1-13

⑵　視針路（Apparent course ; App. Co）

風圧差，流圧差のあるときの子午線と船首尾線との交角を特に視針路といい，風圧差，流圧差を加減した針路すなわち真針路を，実航針路（Co. made good）または対地針路（Co. over the ground）と呼ぶこともある。（Fig 1-12参照）

⑶　磁針路（Magnetic course ; M. Co）

磁気子午線と船首尾線との交角をいう。（Fig 1-13参照）

⑷　コンパス針路（Compass course ; C. Co）

磁針の南北線と船首尾線との交角をいう。（Fig 1-13参照）

7　方　位

⑴　真方位（True bearing ; T. B′g）

物標および測者の位置を通る大圏と，子午線との交角をいう。（Fig 1-14参照）

⑵　磁針方位（Magnetic bearing ; M. B′g）

物標および測者の位置を通

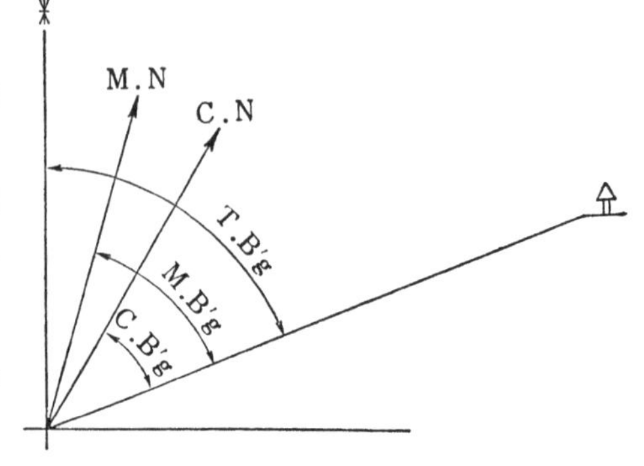

Fig 1-14

る大圏と，磁気子午線との交角をいう。（Fig 1−14参照）

⑶　コンパス方位（Compass bearing ; C. B′g）

物標および測者の位置を通る大圏と，磁針の南北線との交角をいう。（Fig 1−14参照）

8　針路および方位の読み方

針路および方位の読み方には次の三法がある。

⑴　360°式

北を0°として時計廻りに360°まで測る法で，おもにジャイロコンパス使用の際に用いられる。　　例　009°　235°　（Fig 1−15参照）

⑵　象限式

北または南より，東または西へ90°ずつ測る法で，おもに磁気コンパス使用の際に用いられる。　　例 N36° E　S78° W　（Fig 1−16参照）

⑶　点画式

象限式の90°を８等分して，これを８点とし，さらに，１点を４等分したものであるが，現在では，四方点（Cardinal points），四隅点（Intercardinal points）またはその中間点以外の読み方はほとんど用いられていない。（Fig 1−17参照）

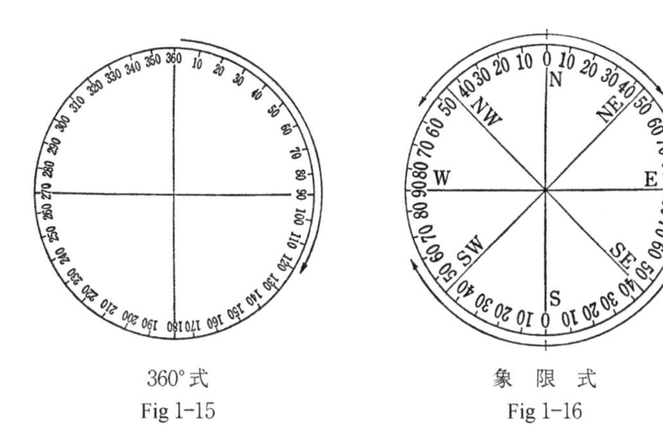

360°式　　　象　限　式

Fig 1−15　　　Fig 1−16

注　点画式の読み方

(1)　北（North），東（East），南（South），西（West）を四方点（Cardinal points），その中間点，北東（NE），南東（SE），南西（SW），北西（NW）を四隅点（Intercardinal points）といい，両者を総称して8主要点と呼ぶ。

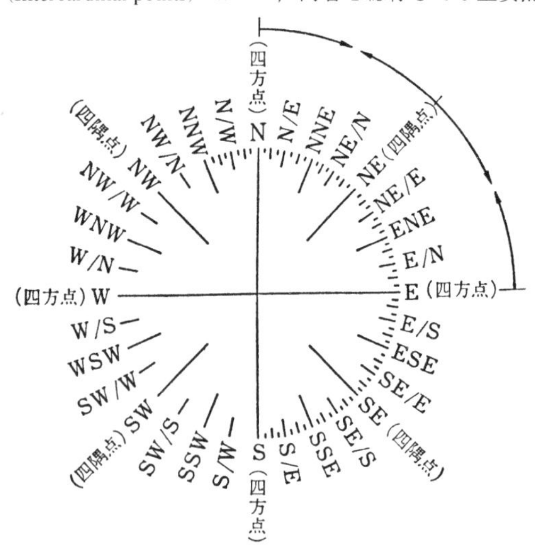

点　画　式

Fig 1-17

(2)　8主要点間をさらに2等分して16点とする。これらの点を読むには，近い方の四方点の符号を前に，他の四隅点の符号を後に符する。

例　北と北東の中間点はNNEと読む。

(3)　上記16点間をさらに2等分して32点とする。これらの各点を読むには，最近の四方点または四隅点の符号を前に，他の四方点の符号を後に符し，その間にbyをはさむ。

例　北から1点東にある点はN by E（N/E）と読む。

(4)　上記32点間をさらに4等分して$\frac{1}{4}$，$\frac{1}{2}$，$\frac{3}{4}$とする。これらの点を読むには，Fig 1-17の矢印の順に，たとえば北から東に読むには，North，N$\frac{1}{4}$E，N$\frac{1}{2}$E，N$\frac{3}{4}$E，N/E，N/E$\frac{1}{4}$E……の例による。

第4節　針路および方位の改正

船内の磁気コンパスで測った針路や方位は，コンパス針路またはコンパス方位であるから，これに自差，偏差および風（流）圧差を加減して，真針路または真方位に直さなければ，海図上の船位決定や諸計算に入ることはできない。

また，逆に，計算や海図から求めた真針路や真方位は，コンパス針路またはコンパス方位に直さなければ，船内の磁気コンパスにあてはめることができない。このように，一方から他方の針路（方位）を計算することを，針路（方位）の改正という。

1　コンパス針路を真針路に改める法（コンパス方位を真方位に改める場合も同様である。）

コンパス針路に自差を改正して磁針路を求め，磁針路に偏差を改正して真針路を求める。

風（流）圧差のあるときは，これを視針路とし，これに風（流）圧差を改正して真針路とする。

(1)　象限式による法

1　コンパス針路を象限式とし，その象限に従って右図の符号を符する。

2　自差，偏差は，偏東（E'ly）はR，偏西（W'ly）はL，風（流）圧差は右げんに圧流される場合はR，左げんに圧流される場合はLの符号を府する。

3　自差，偏差，風（流）圧差を上記説明の順序に改正する。このとき，RまたはLが同名ならば和，異名ならば差を求め，大きい方の符号を符する。

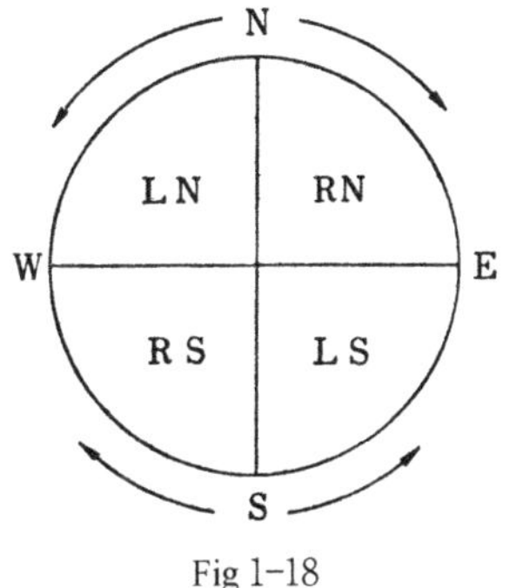

Fig 1-18

(2)　360°式による法

測者をコンパスカードの中心におき，前記2の符号に応じ，R符号の場合は右寄りに，L符号の場合は左寄りにコンパス針路を偏向させ，真針路を求める。

360°方式で，電卓等を用いて代数的に計算する場合の便宜を考え，針路改正の公式を以下に示す。

T. Co − M. Co = Var.

M. Co − C. Co = Dev.

T. Co－C. Co＝C. E.

Var. ＋Dev. ＝C. E.

ここで，T. Co：真針路（True Course），M. Co：磁針路（Magnetic Course），

C. Co：コンパス針路（羅針路，Compass Course）

Var. ：偏差（Variation），Dev. ：自差（Deviation）

C. E. ：コンパスエラー（Compass Error）

また，計算をする場合には，偏東（E′ly）を（＋），偏西（W′ly）を（－）として数値代入をする。

注 方位改正を行う場合には，360°方式でCo（針路）の部分をB′g（Bearing：方位）に置き換えて計算すればよい。

2 真針路をコンパス針路に改める法（真方位をコンパス方位に改める場合も同様である。）

真針路をコンパス針路に改めるには，前述の改正を逆に行えばよい。すなわち，真針路に風（流）圧差を改正して視針路とし，これに偏差を改正して磁針路とし，これに自差を改正してコンパス針路とする。この場合，針路の符号をそのままとし，風（流）圧差，偏差，自差の符号または偏向方向を反転して改正を行う。

注 この場合，改正すべき自差は磁針方位に対する自差でなければならないが，通常，船舶に備えている自差表はコンパス方位に対するものであるから，磁針方位をコンパス方位とみなし，近似的計算を繰り返して改正するほかはない。しかし，自差の変化が大きくない場合は，一回の改正で実用上の支障はない。

問 題

1 度分と海里の換算

例 題 1 26°－43′.5を海里に，3526.4海里を度分に，それぞれ換算せよ。

```
   26                    58
   60×              60)3526.4
 1560                  300
   43.5+               526
 1603.5                480
                        46.4
```

答　1603′.5　　**答**　58°－46′.4

問題 1　1）下記を海里に換算せよ。

1）9°－45′.3　　2）27°－38′.9

3）45°－32′.1　　4）62°－26′.8

5）87°－49′.3

2）下記を度分に換算せよ。

1）97′.5　　2）261′.1

3）725′.9　　4）2004′.3

5）5234′.6

答　1）1）585′.3　2）1658′.9　3）2732′.1

4）3746′.8　5）5269′.3

2）1）1°－37′.5　2）4°－21′.1　3）12°－05′.9

4）33°－24′.3　5）87°－14′.6

2　経，緯度算法

例題 1　6°－13′.0S，18°－29′E より 8°－12′.5N，12°－02′W に至る変緯，変経を求めよ。

l_1　6°－13′.0S　　L_1　18°－29′E

l_2　8°－12′.5N＋　L_2　12°－02′W＋……緯度，経度の符号 異名の場合＋ 同名の場合～

D.l 14°－25′.5N　D.L 30°－31′W

または

```
  60×          60×
 840         1800
  25.5+        31+
 865′.5N     1831′W
```

答　14°－25′.5N（865′.5N）
30°－31′.0W（1831′W）

注　両者の変経が180°を超す場合は360°より減じ符号を反転する。

問題 1　次の問題で A 地より B 地に至る変緯，変経を求めよ。

	A		B	
1）	48°－53′N	67°－39′E	45°－27′N	93°－27′E
2）	24°－39′N	53°－21′W	40°－18′.3N	94°－10′W

3）	7° −21′N	79° −53′W	5° −07′S	52° −12′W
4）	16° −33′S	51° −59′E	9° −14′.6S	35° −27′E
5）	0° −00′	11° −28′E	18° −35′N	3° −17′W

答
1） 3° −26′S（206′S） 25° −48′E（1548′E）
2） 15° −39′.3N（939′.3N） 40° −49′W（2449′W）
3） 12° −28′S（748′S） 27° −41′E（1661′E）
4） 7° −18′.4N（438′.4N） 16° −32′W（992′W）
5） 18° −35′N（1115′N） 14° −45′W（885′W）

例題 2 2° −11′N, 2° −58′E の地点より南西に航走し，D.l 230′，D.L373′ を生じた。到着経，緯度を求めよ。

D.l 230′⟶3° −50′　　D.L 373′⟶6° −13′

l_1	2° −11′N	L_1	2° −58′E	
D.l	3° −50′S	D.L	6° −13′W	**答** 1° −39′S
l_2	1° −39′S	L_2	3° −15′W	3° −15′W

問題 2 次の問題で到着地の経，緯度を求めよ。

	l_1	L_1	D.l	D.L
1）	48° −21′N	0° −00′	207′S	215′E
2）	27° −15′N	4° −07′E	325′N	247′W
3）	6° −38′N	5° −11′E	465′S	431′W
4）	19° −47′.5S	3° −58′W	283′N	378′E
5）	0° −00′	178° −13′E	268′N	543′E

答
1） 44° −54′N 3° −35′E　2） 32° −40′N 0° −00′
3） 1° −07′S 2° −00′W　4） 15° −04′.5S 2° −20′E
5） 4° −28′N 172° −44′W

3 針路（方位）の改正

例題 1 コンパス針路 S84° E, 自差 9° −10′E, 偏差18° −45′W であるとき真針路を求めよ。また，風向 NNE，風圧差 6° のときの真針路を求めよ。

C.Co	84 − 00LS	C.Co	84 − 00LS
Dev	9 − 10R	Dev	9 − 10R
M.Co	74 − 50LS	M.Co	74 − 50LS
Var	18 − 45L	Var	18 − 45L
T.Co	93 − 35LS	App.Co	93 − 35LS
	180	L.W	6 − 00R
	86 − 25RN	T.Co	87 − 35LS
答	N86° .4E	**答**	S87° .6E

問題 1　次のコンパス針路を真針路に改めよ。

No	コンパス針路	自差	偏差	風向	風圧差
1	N48° W	9°.3W	13°.3E	—	—
2	S33° E	9°.5E	7°.9W	NE	5°
3	N3° W	6°.9W	15°.1E	East	7°
4	S81°.5W	3°.2W	6°.8W	NW	8°
5	N50°.5E	1°.1W	12°.4W	SE	6°

答　1　N44° W　　2　S26°.4E　　3　N 1°.8W
　　4　S63°.5W　　5　N31° E

例題 2　真針路 S60° E，偏差13°.6E，風向 South，風圧差 5 °のコンパス針路はいくらか。自差は自差表から求めよ。

自　差　表

コンパス針路	自差
S68.6E	7°.2E
S75.8E	7°.5E
S76.1E	7°.5E

注　風（流）圧差，偏差，自差の符号の反転に留意すること。

T.Co	S60° E				
	60LS				
L.W	5R				
App.Co	55LS				
Var	13.6L				
App.M.Co	68.6LS	（M.Co　S68°.6E を C.Co とみなして自差表より自差を求める。）			
Dev	7.2L	M.Co	68.6LS		
App.C.Co	75.8LS→	Dev	7.5L	M.Co	68.6LS
		C.Co	76.1LS→	Dev	7.5L
				C.Co	76.1LS

答　S76°.1E

本題において，磁針方位より求めた概略の自差とコンパス方位に対する自差は 3 回目に一致したが，実用上は最初の App.C.Co を C.Co として差し支えない。

[問題] **2** 次の真針路をコンパス針路に改めよ。

No	真針路	風圧差	風向	偏差	磁針方位をコンパス方位とみなして求めた自差
1	S40°W	3°	NW	15°.2W	3°.5E
2	N20°W	−	−	5°E	9°W
3	N35°E	2°	East	8°.7W	3°.6W
4	95°	3°	SSE	12°.5E	6°E
5	East	2°	NNE	6°.6E	5°.5E

答 1 S54°.7W　2 N16°W　3 N49°.3E
4 N79°.5E　5 N75°.9E

第2章　航路標識

灯光，形象，彩色，音響，電波等により安全な水路を示し，航行中の船舶を導くための施設を航路標識といい，原則として海上保安庁海洋情報部が建設，管理する。

航路標識に関する詳細は，海洋情報部刊行の灯台表に記載されている。

第1節　灯光，形象，彩色によるもの

夜間は一定の灯光により，昼間は形象および彩色によりその位置を示すもので，種類によっては点灯装置のないものがある。

点灯装置のあるものを夜標，ないものを昼標という。夜標の点灯時間は，特定のものを除き，日没時から日出時までである。

1　種　類

(1)　灯台（Light house；$L^{t}.$ Ho.），灯柱（Light staff），陸標（Land mark）

陸上の特定の位置を示すために設置する構造物で，灯光を発するもののうち，構造が塔状のものを灯台，柱状のものを灯柱といい，灯光を発しないものを陸標という。

注　灯柱はその必要性の低下から，2003年（平成15年）度末までに灯台への分類変更等によって廃止された。

(2)　灯標（Light beacon；$L^{t}.$ $B^{n}.$），立標（Beacon；$B^{n}.$）

険礁などを示すために設置する構造物で，灯光を発するものを灯標といい，灯光を発しないものを立標という。

(3)　導灯（Leading light；$L^{dg}.$ $L^{ts}.$），導標（Leading beacon；$L^{dg}.$ $B^{n}.$）

特定の一線を示すために設置する二基以上を一対とする構造物で，灯光を発するものを導灯といい，灯光を発しないものを導標という。

⑷ 灯浮標（Light buoy），浮標（Buoy）

険礁，航路などを示すために海底の定位置につながれた海面上に浮く構造物で，灯光を発するものを灯浮標といい，灯光を発しないものを浮標という。

⑸ 指向灯（Directional Light）

通航困難な水道，狭い湾口などの航路を示すため，航路の延長線上の陸地に設置し，白光により航路を，緑光により左舷危険側を，赤光により右舷危険側を示すものをいう。左舷，右舷とは海上からみた左舷，右舷をいう。

⑹ 照射灯

険礁・防波堤先端等の特定物またはその付近だけを照射するために設けられたものをいう。

⑺ 橋梁標識

水域にある橋梁下の可航水域または航路の中央，側端および橋脚の存在を示すため，橋けた・橋脚等に設置した灯火・標識をいう。ここで，左側・右側とは，水源に向かって左側・右側をいう（以下同じ）。

イ 橋梁灯　主として夜間の指標として使用されるもので，次の4種類がある。

種　類	定　義	灯色
左側端灯（L灯）	橋梁下の可航水域または航路の左側の端を示す	緑
右側端灯（R灯）	橋梁下の可航水域または航路の右側の端を示す	赤
中央灯（C灯）	橋梁下の可航水域または航路の中央を示す	白
橋脚灯（P灯）	橋脚の存在を示す	黄

Fig 2-1

ロ 橋梁標　主として昼間の指標として使用されるもので，次の3種類がある。

種　類	定　義	塗色	構造
左側端標（L標）	橋梁下の可航水域または航路の左側の端を示す	緑	正方形
右側端標（R標）	橋梁下の可航水域または航路の右側の端を示す	赤	頂点上向正三角形

中　央　標（C 標）	橋梁下の可航水域または航路の中央を示す	白地に赤縦帯2本以上	円　　形

Fig 2–2

⑻　その他の灯

シーバース，波浪観測塔，石油掘削塔など海上に設置された固定構造物を示すために設けられた灯光を発するものをいう。

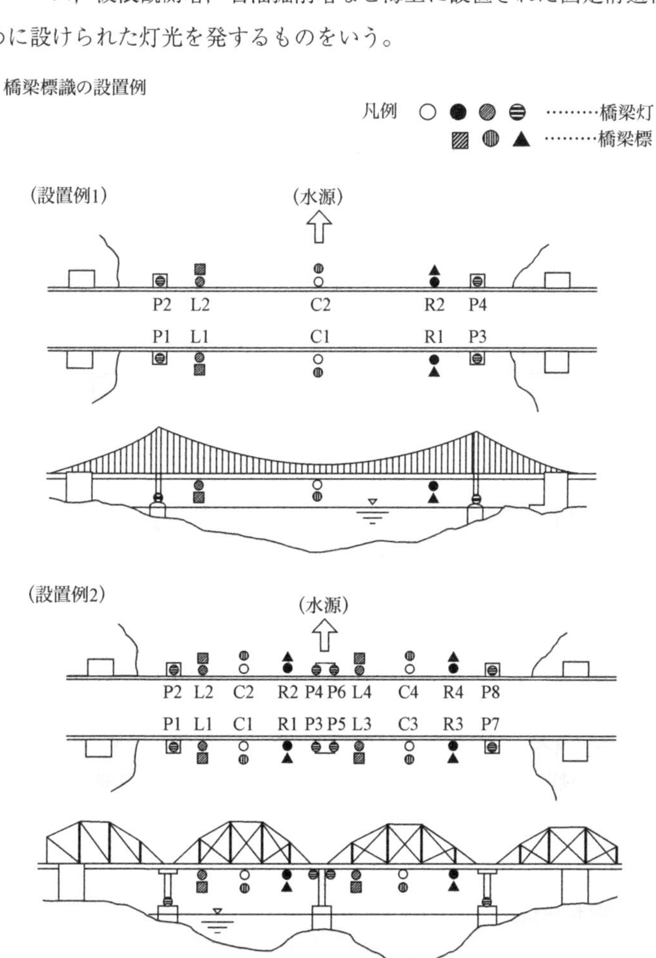

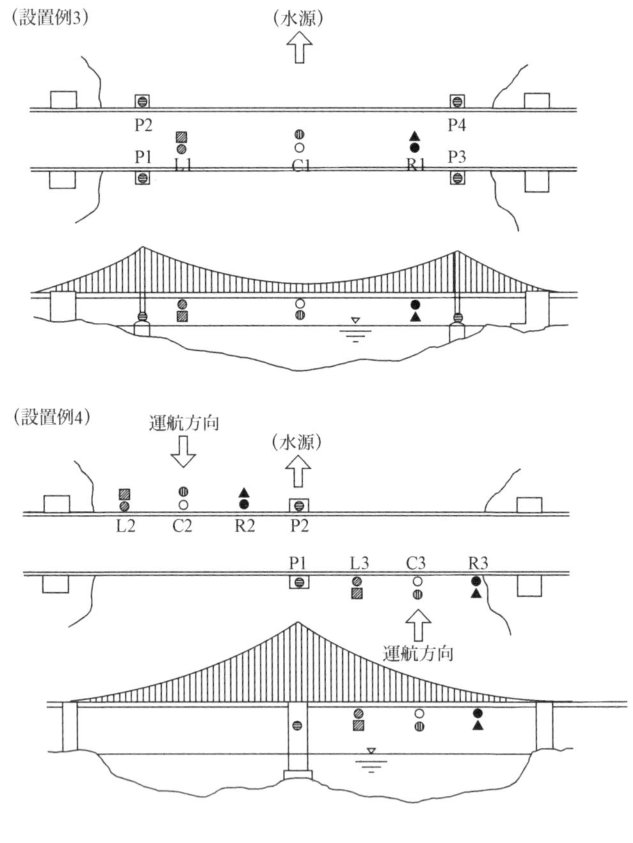

Fig 2-3

2　灯　質

航路標識の灯光と一般の灯光との識別を容易にするとともに，付近にある他の航路標識の灯光との誤認を避けるために定められた，灯光の発射状態をいう。詳細は「別表―灯質」を参照のこと。

3　光達距離

光達距離は，灯台・灯標などの光が到達する最大距離をいい，次の２者に大別される。

(1)　光学的光達距離

灯質（図解）

種　類 Class	説　明	略記 Abbr.	例示 呼　称	 略　記	 図　解 Illustration
不動光 Fixed	一定の光度を維持し、暗間のないもの	F	不動白光	F W	
明暗光 Occulting	一定の光度を持つ光を一定の間隔で発し、明間又は明間の和が暗間又は暗間の和よりも長いもの	Oc			
単明暗光 Single Occulting	1周期内に一つの明間を持つ明暗光	Oc	単明暗白光 明6秒　暗2秒	Oc W 8s	8sec
群明暗光 Group Occulting	1周期内に複数の明間を持つ明暗光	Oc	群明暗白光 明6秒　暗1秒 明2秒　暗1秒	Oc (2) W 10s	10sec
等明暗光 Isophase	一定の光度を持つ光を一定の間隔で発し、明間暗間の長さが同一のもの	Iso	等明暗白光 明5秒　暗5秒	Iso W 10s	10sec
閃光 Flashing	一定の光度を持つ1分間に50回未満の割合の光を一定の間隔で発し、明間又は明間の和が暗間又は暗間の和より短いもの	Fl			
単閃光 Single Flashing	1周期内に一つの明間を持つ閃光	Fl	単閃赤光 毎10秒に1閃光	Fl R 10s	10sec
群閃光 Group Flashing	1周期内に複数の明間を持つ閃光	Fl	群閃赤光 毎12秒に3閃光	Fl (3) R 12s	12sec
複合群閃光 Composite Group Flashing	1周期内に二つの群閃光又は群閃光と単閃光の組合せを持つ閃光	Fl	複合群閃赤光 毎7秒に2閃光と1閃光	Fl (2+1) R 7s	7sec
長閃光 Long Flashing	1周期内に2秒の長さの一つの明間を持つ閃光	LFl	長閃白光 毎10秒に1長閃光	L Fl W 10s	10sec
急閃光 Quick	一定の光度を持つ1分間に50回の割合の光を一定の間隔で発し、明間の和が暗間の和より短いもの	Q			
連続急閃光 Continuous Quick	連続する急閃光	Q	連続急閃白光	Q W	
群急閃光 Group Quick	1周期内に複数の明間を持つ急閃光	Q	群急閃白光 毎10秒に3急閃光	Q (3) W 10s	10sec
			群急閃白光 毎15秒に6急閃光と1長閃光	Q(6) + L Fl W 15s	15sec

種　類 Class	説　明	略記 Abbr.	例　示		
			呼　称	略　記	図　解 Illustration
モールス符号光 Morse Code	モールス符号の光を発するもの	Mo	モールス符号白光 毎8秒にA	Mo (A) W 8s	8sec
連成不動閃光 Fixed and Flashing	不動光中に、より明るい光を発するもの	F Fl			
連成不動単閃光 Fixed and Flashing	不動光中に、単閃光を発するもの	F Fl	連成不動単閃白光 毎10秒に1閃光	F Fl W 10s	10sec
連成不動群閃光 Fixed and Group Flashing	不動光中に、群閃光を発するもの	F Fl	連成不動群閃白光 毎10秒に2閃光	F Fl (2) W 10s	10sec
互光 Alternating	それぞれ一定の光度を持つ異色の光を交互に発するもの	Al			
不動互光 Fixed Alternating	暗間のない互光	Al	不動白赤互光 白5秒　赤5秒	Al W R 10s	10sec
単閃互光 Alternating Single Flashing	1周期内の二つの単閃光が互光となるもの	Al Fl	単閃白赤互光 毎10秒に白1閃光、赤1閃光	Al Fl W R 10s	10sec
群閃互光 Alternating Group Flashing	1周期内の群閃光が互光となるもの	Al Fl	群閃白赤互光 毎15秒に白1閃光、赤1閃光	Al Fl (2) W R 15s	15sec
複合群閃互光 Alternating Composite Group Flashing	1周期内の複合群閃光の各群閃光又は群閃光と単閃光が互光となるもの	Al Fl	複合群閃白赤互光 毎20秒に白2閃光と赤1閃光	Al Fl(2+1) W R 20s	20sec

下記標識には、灯質略語の前に略語を付記する。

(1) 指向灯・・・・・・・Dir
Directional Lights

(2) 航空灯台・・・・・・Aero
Aero Lights

注意：上記「灯質（図解）」は、我が国の海図に採用されているものを掲載している。

ＩＡＬＡ海上浮標式（Ｂ方式）

種別		意味	標体 塗色	頭標 塗色	頭標 形状	図解 灯浮標	図解 浮標	図解 灯標	図解 立標	灯質 灯色	灯質 光り方
側面標識	左舷標識	1　標識の位置が航路の左側の端であること。 2　標識の右側に可航水域があること。 3　標識の左側に岩礁、浅瀬、沈船等の障害物があること。	緑	緑	円筒形 1　個					緑	単閃光（周期は3、4及び5秒） 群閃光（毎6秒に2閃光） モールス符号光（A、B、C、及びD、周期は任意） 連続急閃光
側面標識	右舷標識	1　標識の位置が航路の右側の端であること。 2　標識の左側に可航水域があること。 3　標識の右側に岩礁、浅瀬、沈船等の障害物があること。	赤	赤	円錐形 1　個					赤	
方位標識	北方位標識	1　標識の北側に可航水域があること。 2　標識の南側に岩礁、浅瀬、沈船等の障害物があること。 3　標識の北側に航路の出入口、屈曲点、分岐点又は合流点があること。	上部黒 下部黄	黒	円錐形 2　個 縦　掲 （両頂点上向き）					白	連続急閃光
方位標識	東方位標識	1　標識の東側に可航水域があること。 2　標識の西側に岩礁、浅瀬、沈船等の障害物があること。 3　標識の東側に航路の出入口、屈曲点、分岐点又は合流点があること。	黒地に黄横帯 1　本	黒	円錐形 2　個 縦　掲 （底面対向）					白	群急閃光 （毎10秒に3急閃光）
方位標識	南方位標識	1　標識の南側に可航水域があること。 2　標識の北側に岩礁、浅瀬、沈船等の障害物があること。 3　標識の南側に航路の出入口、屈曲点、分岐点又は合流点があること。	上部黄 下部黒	黒	円錐形 2　個 縦　掲 （両頂点下向き）					白	群急閃光 （毎15秒に6急閃光と1長閃光）
方位標識	西方位標識	1　標識の西側に可航水域があること。 2　標識の東側に岩礁、浅瀬、沈船等の障害物があること。 3　標識の西側に航路の出入口、屈曲点、分岐点又は合流点があること。	黄地に黒横帯 1　本	黒	円錐形 2　個 縦　掲 （頂点対向）					白	群急閃光 （毎15秒に9急閃光）
孤立障害標識		標識の位置又はその付近に岩礁、浅瀬、沈船等の障害物が孤立していること。	黒地に赤横帯 1　本以　上	黒	球　形 2　個 縦　掲					白	群閃光 （毎5秒又は10秒に2閃光）
安全水域標識		1　標識の周囲に可航水域があること。 2　標識の位置が航路の中央であること。	赤　白 縦じま	赤	球　形 1　個					白	等明暗光（明2秒暗2秒） モールス符号光（毎8秒にA） 長閃光（毎10秒に1長閃光）
特殊標識		1　標識の位置が工事区域等の特別な区域の境界であること。 2　標識の位置又はその付近に海洋観測施設等の特別な施設があること。	黄	黄	X　形 1　個					黄	単閃光（周期は任意） 群閃光（毎20秒に5閃光） モールス符号光（AとUを除く、周期は任意）

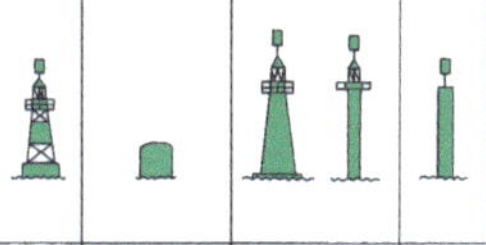

備考　1　航路及び標識の左側（右側）とは、水源に向かって左側（右側）をいう。
　　　2　ＩＡＬＡ海上浮標式のうち、我が国の海図に採用されているものを掲載している。

灯火の光度，大気の透過率および観測者の目における照度の域値（限界値）の3要素により決まる光達距離を光学的光達距離といい，次式により算出したものを示す。

$$E = I \cdot \frac{1}{(1852d)^2} \cdot T^d$$

E：照度の域値（$2 \times 10^{-7} lx$）

I：灯火の光度（cd）

d：光学的光達距離（M）

T：大気の透過率（0.85（気象学的視程約18M））

また，この式において大気の透過率を0.74（気象学的視程10M）として算出した光学的光達距離を名目的光達距離という。

注　従来は，光源を不動光として計算していたが，名目的光達距離を国際基準に合わせる為に，2002年（平成14年）4月1日以降は，光源をリズム光（点滅する光）として計算したものに大気の透過率0.74を用いて計算しており，これを「実効光度を用いた名目的光達距離」という。「灯台表」の光達距離欄の表示は2002年（平成14年）4月以降，左から「実効光度を用いた名目的光達距離」，「名目的光達距離」，「光学的光達距離と地理学的光達距離のいずれか小さい方の値」が列記されている。また，灯台表には巻頭部分に「名目的光達距離一光学的光達距離換算図表」が掲載されているので，それを利用すれば，気象条件（規程）にあった任意の航路標識の実際の光学的光達距離を求めることができる。

(2)　地理的光達距離

地球の曲率，大気による光の屈折，灯高および眼高の4要素により決まる光達距離を地理的光達距離といい，次式により算出する。

$$D = 2.083 (\sqrt{H} + \sqrt{h})$$

D：地理的光達距離（M）

H：灯高（m）　　h：眼高（5m）

灯台表には，①　名目的光達距離および　②　光学的光達距離と地理的光達距離のうち小さい方の数値が，海図には②の数値が記載されている。

4　明弧・分弧

明弧とは，航路標識から灯光が発射される範囲をいい，そのうち，白光以外の異色の光により険礁などを示す部分を分弧といい，航路標識から灯光が発射されない範囲を暗弧という。灯光の方位は海方からの真方位で示す。

5　浮標式

海上に設置する浮標・灯浮標・灯標（一部を除く。）および立標の種別・意味・塗色・形状・灯質および水源について定めたものを浮標式という。

詳細は「別表―IALA 海上浮標式（B 地域）の種別・意味・塗色・形状及び灯質」を参照のこと。

注　海上に設置される航路標識については，これまで各国で独自に基準が定められてきたが，1980年（昭和55年）に東京で開催されたIALA（International Association of Lighthouse Authorities，国際航路標識協会）浮標特別会議でIALA海上浮標式が採択され，1982年（昭和57年）に発効したことで国際的にはほぼ統一された。しかし，その際の妥協案により，側面標識についてA方式とB方式に分かれている。

方式	側面標識の種類	塗色		灯色	主な適用国
		トップマーク	標体		
A	左げん標識	赤	赤	赤	ノルウェー・ロシア・ドイツ・フランス・イギリス・スペイン・南アフリカ・サウジアラビア・インド・インドネシア・オーストラリア
	右げん標識	緑	緑	緑	
B	左げん標識	緑	緑	緑	アメリカ・メキシコ・キューバ・ペルー・ブラジル・アルゼンチン・チリ・日本・韓国・フィリピン
	右げん標識	赤	赤	赤	

Fig 2-4

注　新しい浮標式として「緊急沈船標識」が，2012年（平成24年）6月の国際航路標識協会（IALA）の勧告等において新たに追加された。これまで，沈船を標示するのに孤立障害標識や側面標識あるいは方位標識が使用されてきたが，加えて「緊急沈船標識」を利用することにより，一層の船舶交通の安全確保を図ることが可能となる。なお，緊急沈船標識の導入に伴い浮標式を定める告示（昭和58年海上保安庁告示第131号）の一部改正（公布：平成25年8月22日，施行：平成25年9月22日）が行われた。

6　水　源

水源は次のように定められている。

(1)　主要航路から港湾に接続する航路は港湾側を，また，港湾内における航路については，通常船舶が停止して荷役をするところを水源とする。

(2)　(1)により難い水域については，次表による。

水　　　　　域	海　　口	水　　　源
野付水道およびその周辺水域		根室湾根室港
珸瑶瑁水道およびその周辺水域		根室湾根室港
京浜運河		大師運河
宇高東・西航路		宇野港
関門海峡	西口側	東口側
宇高東･西航路および関門海峡以外の瀬戸内海		阪神港
海士ケ瀬戸およびその周辺海域		海士ケ瀬戸南口側
倉良瀬戸およびその周辺海域		倉良瀬戸南口側
平戸瀬戸およびその周辺海域		平戸瀬戸南口側
片島水道およびその周辺海域		片島側
寺島水道およびその周辺海域		寺島水道南口側
松島水道およびその周辺海域		松島水道南口側
島原湾		大詫間島
八代海	長島海峡	三角港

Fig 2-5

(3)　IALA 海上浮標式による左舷標識・右舷標識・左航路優先標識および右航路優先標識の方向の基準となる水源については，次表による。

水　　　　　域	水　　　　　源
港・湾・河川およびこれらに接続する水域	港もしくは湾の奥部または河川の上流
瀬戸内海（関門海峡を含み，宇高東・西航路を除く）	阪神港
宇高東・西航路	宇野港
八代海	三角港
上記各項以外の水域	与那国島（南西諸島）

Fig 2-6

7　注意事項

(1)　灯質に関する注意

1　閃光の存続時間は，遠距離から見るときや煙霧のあるときは，実際より短く見えるものである。

2　閃光は，晴天の夜に近距離で見ると，淡い連続光を現すことがある。

3　灯浮標は，波浪による動揺のため灯質が変化して見えることがある。

(2)　灯色に関する注意

1　黄光は，状況によっては，白光のように見えることがある。

2　異色の灯光の限界線の両側には，必ず灯色の判然としない部分がある。したがって，分弧のある航路標識では，単に灯色だけに頼らず，必ずその灯光の方位を確かめなければならない。

3　冬季に結氷する地方では，灯ろうが氷雪に覆われるため，色光が白光に見えることがある。また，光度が減少することもある。

(3)　光達距離に関する注意

1　光達距離は，大気の状況によって相当大きく変動するばかりでなく，付近のまぶしい光や背後の灯光の影響によっても見かけ上は減少する。

2　高所にある航路標識からの灯光は，しばしば雲などで遮られることがある。

3　閃光時間の短い灯光の光達距離は，灯台表に記載の値よりも小さいことがある。

(4)　明弧に関する注意

1　明弧と暗弧とははっきりした限界がなく，特に近距離から見るときは，暗弧の限界線付近には多少の余光がある。

2　明弧内にあっても，付近の陸山・岬角などで灯光が遮られる所もあり，また，海図および灯台表にその限界を記入してあるものについても，この限界は航路標識からの距離によって変わることがある。

(5)　その他の注意

1　灯浮標および浮標の位置は沈錘の位置で示しているが，灯浮標および浮標と沈錘を結ぶ鉄鎖は，潮流・波浪などを考慮して水深相当以上の長さをもっているため，その旋回半径でふれ回っており，したがって，実際の位置と海図に記載されている位置と異なることがある。特に潮流の影響が大きく，水深が十分ある所ではその動きが大きい。

2　照射灯により照射される暗礁上などに設置の標柱の中には，特殊な冠体が取り付けられているため灯光が反射して灯標のように見えるものがある。

第2節　音響によるもの

1　霧信号所

霧，雪等により，視界不良で陸影または灯光が見えないときに，音響を発してその位置を示し，付近航行の船舶に注意を促すものをいい，機械の種類によって次のように分類される。

1　エアサイレン（Air siren）

圧縮空気によりサイレンを吹鳴するもの。

2　ダイヤフラムホーン（Diaphragm horn）

電磁力により発音板を振動させて吹鳴するもの。

注　霧信号所については，電波航海計器が十分に発達，普及してなかった時代に必要とされた航路標識で，近年，船用レーダーやGPSの普及により，視界不良時においても容易に測位が可能となったことから，2010年（平成22年）3月末で，海上保安庁の管轄する全ての霧信号所は廃止された。これに伴い，宮城県気仙沼市の大島では県漁協気仙沼地区支所が2009年（平成21年）3月に代替機を設置するなど，漁業協同組合などが代替機を設置，管理して稼動しているものが一部には存在している。

2　注意事項

(1)　霧信号は，霧，雪その他により，視界不良で，船舶の航行に支障を生じるおそれがおきたときだけ行う。

海上では霧が発生していても，霧信号所から認められない場合は信号を行わないことがある。

(2)　音達状態は，大気の状況および地勢によって変わることがあるから，音の方向および強弱のみによって信号所の方位および距離を速断することはできない。すなわち，所在地付近でも，ときには音の聞こえない区域を生じることがあり，また，甲板上では聞こえない音も，マストの上では聞こえることがある。

以上のようなことから，霧中にあっては霧信号のみにたよることなく，レーダを活用し，測深を励行し，極力正確な船位を把握するよう努めなければならない。

第3節　特殊なもの

1　潮流信号所

潮流の変化の激しい狭水道において，潮流の状況に関する信号を行うものをいい，信号標識およびその意義は Fig 2-7のとおりである。

<table>
<tr><td rowspan="2">信号所</td><td>来　島　海　峡</td><td colspan="2">関　門　海　峡</td></tr>
<tr><td>大浜・津島・来島長瀬鼻・来島大角鼻</td><td colspan="2">部埼・火ノ山下・台場鼻</td></tr>
<tr><td>標　識</td><td>灯　光（電光板）</td><td colspan="2">灯　光（電光板）</td></tr>
<tr><td rowspan="7">信
号
法</td><td>S　（流向）
0～9　（流速）
↑又は↓（流速の傾向）
南　流　期</td><td>東流</td><td>E　（流向）
0～9　（流速）
↑又は↓（流速の傾向）</td></tr>
<tr><td rowspan="2">S　（流向）
X　（終期）
南　流　終　期</td><td>西流</td><td>W　（流向）
0～9　（流速）
↑又は↓（流速の傾向）</td></tr>
<tr><td>備
考</td><td>電光板による文字・数字及び記号の点滅</td></tr>
<tr><td rowspan="3">N　（流向）
0～9　（流速）
↑又は↓（流速の傾向）
北　流　期</td><td colspan="2">火ノ山下</td></tr>
<tr><td colspan="2">（無線電話）</td></tr>
<tr><td colspan="2" rowspan="2">電波の型式及び周波数　H3E1,625.5kHz
空中線電力　2W
呼出名称　ひのやました
電波の発射時間　毎時の01，04，07，10，13，16，19，22，25，28，31，34，37，40，43，46，49，52，55，58 分から各1分30秒間</td></tr>
<tr><td>N　（流向）
X　（終期）
北　流　終　期</td></tr>
</table>

備考	電光板による文字・数字及び記号の点滅	信号法 各電波の発射時間において早鞆瀬戸における潮流の流向・流速及び流速の傾向を無線電話（日本語）により2回繰り返して放送する。

Fig 2-7

わが国においては，関門海峡の部埼，火ノ山下，台場鼻，来島海峡の大浜，津島，来島長瀬ノ鼻，来島大角鼻の七ヶ所に設置されている。

これらの潮流信号は，単に潮流の状況を示すのみでなく，航法規制信号としての性格を有する。

⑴　来島海峡における潮流

南流とは安芸灘のほうから燧灘のほうへ流れる潮流をいう。

北流とはその逆方向，また，終期とは転流前約10分間をいう。

⑵　関門海峡における潮流

東流とは玄海灘のほうから関門海峡を周防灘のほうへ流れる潮流をいう。

西流とは周防灘のほうから関門海峡を玄海灘のほうへ流れる潮流をいう。

流速はノットの単位で表わし，少数1位の値を四捨五入した整数で示す。

流速を示すことが不能の時は，流向および流速の傾向を繰り返し表示する。

なお，詳細については，灯台表の記事を参考とすべきである。

2　船舶通航信号所

レーダ，テレビカメラ，AIS等により，港内特定の航路およびその付近海域または船舶交通のふくそうする海域における船舶交通に関する情報を収集し，その情報を定時および依頼があったとき，無線電話，AIS，電話，インターネット・ホームページ，電光表示板により船舶に情報提供する施設をいい，2017年（平成29年）4月現在，35か所に船舶通航信号所が設置されている（詳細は灯台表を参照のこと）。

3　注意事項

⑴　船舶通航信号所において，船舶からの依頼による情報の提供は，船舶が船舶通行信号所のサービスエリア内にあり，船舶通行信号所と常に応答できる

場合に行う。

(2)　船舶通行信号所からの通報は，操船を指示するものではない。

(3)　船舶通行信号所のレーダ映像面上には，船舶の構造や天候などにより映像とならないときもあり，特定の船舶を識別することができない場合がある。

第4節　電波によるもの

1　種　類

(1)　無線方位信号所

電波を利用して船舶の方位に関する業務を行うものをいい，次のようなものがある。

1　レーダビーコンまたはレーコン（Radar beacon or Racon）

船舶のレーダ電波を受けて，船のレーダ映像面上に輝線またはモールス符号で，その局の位置を示すための電波（3 cm マイクロ波）を応答発射するものをいう。有効距離は，通常，昼夜ともに約9 M である。

わが国では，2017年（平成29年）4月現在，26の無線方位信号所（レーダビーコン）が設置されている。

レーダビーコン利用上の注意事項は以下のとおり。

①　船舶のレーダスキャナの指向面がレーダビーコンを向いたとき，レーダ画面上に現れる輝線，またはモールス符号の内端が，レーダビーコンの位置を示す。

②　この輝線，またはモールス符号のレーダ画面上への出現はレーダスキャナの回転のたびごとではないので，数回転する間は注視する必要がある。

③　レーダの FTC スイッチが入っていると，レーダビーコンの信号が消える場合がある。

④　船舶とレーダビーコンとの距離が近い場合には，レーダビーコンの信号が広い角度にわたり現れることがある。

⑤　レーダビーコンに向かって航行している場合には，レーダの船首輝線

（ヘッドマーカー）を消さないと，レーダビーコンの信号が見えにくいことがある。

注　中波標識局として，かつて無指向性式（Circular radio beacon：RC）や指向性回転式（Rotating loop radio beacon：RW）などの局があったが，GPS等の普及によりその必要性が低下したため，2007年（平成19年）4月までにすべて廃止された。マイクロ波標識局として，かつて使用されていたコースビーコン（Course beacon）やレーマークビーコン（Ramark beacon）も同様の理由で2010年（平成22年）4月までにすべて廃止された。

(2)　ディファレンシャルGPS局（Differential GPS station）

船位が，ディファレンシャルGPS（DGPS）受信機によって，GPS衛星により測定した位置の誤差補正値および衛星の異常情報を得るための電波を発射する施設をいう。

GPSの標準測位精度は10–20m（2005年（平成17年）5月に，それまでC/Aコードにかけられていた SA（Selective Availability：選択利用性）が解除され，精度が約10倍向上した）であるが，あらかじめ位置が正確にわかっている場所（基準点）でGPS測位を行い，その誤差補正データを送信することにより1m以下まで向上させることができる。

わが国では，1997年（平成9年）3月に剱埼局と大王埼局によるDGPSシステムの運用を開始し，1999年（平成11年）4月より，狭水道等沿岸海域を含む日本周辺海域における船舶交通の安全を確保するために，日本周辺海域に27

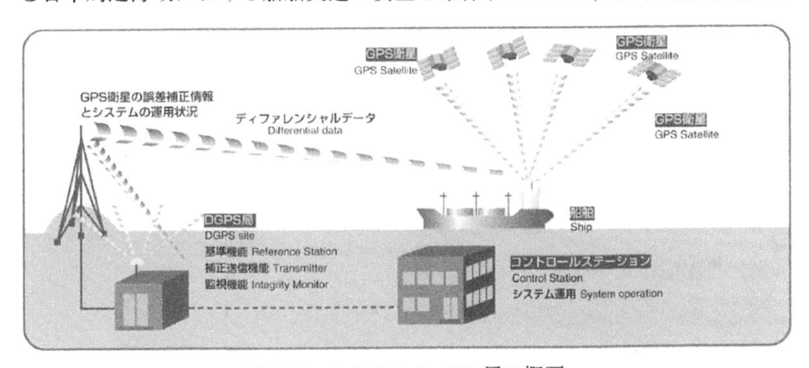

ディファレンシャルGPS局の概要

Fig 2-8

（出典 http://www.kaiho.mlit.go.jp/soshiki/koutsuu/dgps/top.html）

局の GPS 基準局を設置し，中波帯（288.0kHz ～325.0kHz）の電波を用いて海上保安庁が運用している。有効範囲は昼夜とも約110海里（約200km）である（Fig 2-9参照）

注　ロランA局については1997年（平成9年）5月に廃止された。ロランC局

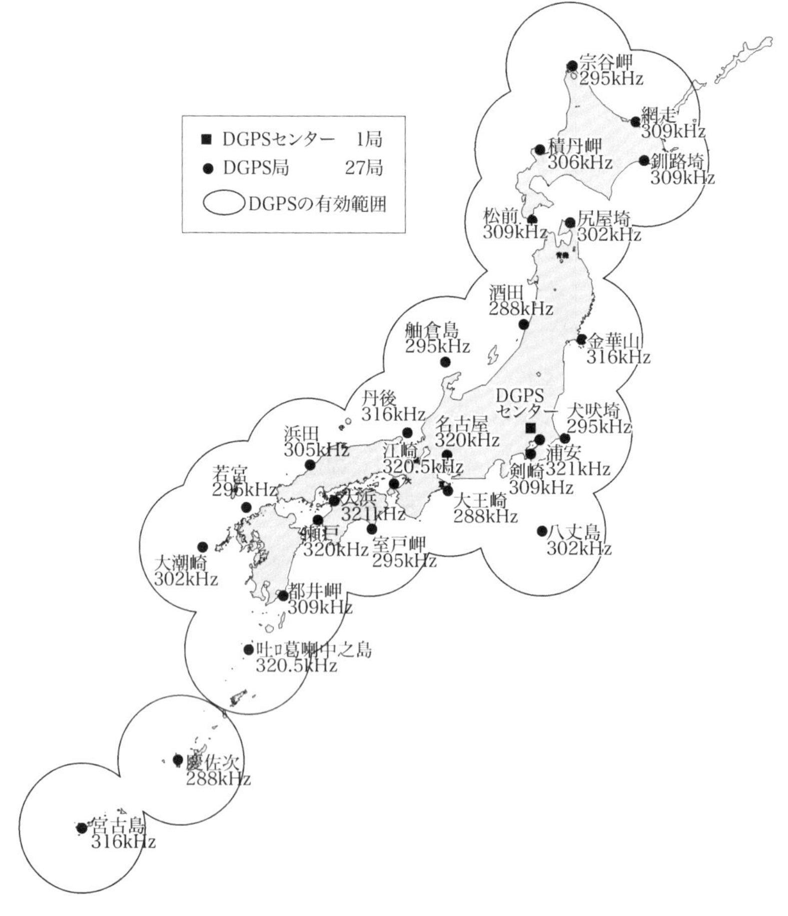

DGPS 有効範囲図

Fig 2-9

（出典：http://www.kaiho.mlit.go.jp/syoukai/soshiki/toudai/dgps/p2.htm）

についても2015年（平成27年）2月に沖縄・慶佐次局（W従局）が廃止され，日本のロランC局はすべて廃止された。世界的には，サウジアラビア，グリーンランド，ノルウェー，インド，アイスランド，スペインなどの主要海運国で限定的な運用が継続している。デッカ局は2001年（平成13年）3月で世界での運用が停止された。オメガ局も1997年（平成9年）9月に全局の運用が停止された。理由は，いずれもGPSの普及により，その必要性が低下したためである。

(3)　AIS信号所（AIS station）

船舶のAIS（Automatic Identification System：船舶自動識別装置）受信機，またはAISと連動したレーダやECDIS（Electronic Chart Display and Information System：電子海図情報表示システム）の画面上に航行船舶の指標となる航路標識のシンボルマーク等を示すため，AIS信号を発射する施設をいう。

AIS信号は，VHF帯の周波数を使用しているため，VHF電波の特性により左右されるが，サービスエリアは約20マイルである。

AIS信号所からの情報提供の内容は以下のとおり。

①　AIS信号所から，航路標識の種別，名称，位置等の情報が送信される。

②　AIS信号所からの情報を受信した船舶のAIS受信機，またはAISと連動したレーダやECDISの画面上に，航路標識のシンボル（⟐）が表示される。

第5節　その他

1　付属装置

航路標識に付設された装置をいい，次のようなものがある。

(1)　レーダ反射器

電波の反射効果を良くするための装置で，船舶のレーダの映像面における航路標識の映像効果を良好にするためのものをいう。

(2)　電気ホーン

電気振動により常時定められた周期で音を発するもので，主として灯浮標に付設される。

⑶　副　灯

主灯付近に取り付けられ，主灯の機能を補助するための灯光を発する施設をいう。

2　飛行場灯台

航行中の航空機を飛行場の位置を示すために，飛行場またはその周辺の地域に設置する灯火をいう。

3　航空無線標識局

電波により航空機の航行を援助するための施設をいう。

4　船舶気象通報

全国各地の主要な岬の灯台など133ヵ所で観測した航路標識付近の局地的な気象・海象の現況（風向，風速，波高など）及び海上工事の状況を，テレホンサービスまたはインターネットで情報提供し，プレジャーボートや漁船などの船舶運航者や磯釣りなどの海洋レジャーなどの安全を図り，あわせて船舶の運航能率の増進に資することを目的としている。

⑴　船舶気象通報の情報提供の方法および内容

①　テレホンサービスおよびインターネットのホームページによる提供

電話の場合には，各海上保安部，特定の灯台，船舶通航信号所などで音声案内で聴取可能。風向，風速，気圧，波高等の気象・海象の現況を入手できる。

インターネットのホームページの場合には，各海上保安部のホームページにアクセスすることで，風向，風速，気圧，波高等の気象・海象の現況および過去12時間分の情報を閲覧することができる。

注　沿岸域情報提供システム（MICS：Maritime Information and communication System）は，2006年（平成18年）3月には全国の海上保安（監）部で運用が開始された「海の安全に関する情報」のリアルタイム提供システムで，海上における安全のより一層の向上を目指して，地域に密着した情報を使いやすく，分かりやすい形に分類，整理し，インターネットなど（インターネット，携帯電話，テレホンサービス）を通じて提供されている。

②　NAVTEX による提供

気象警報等については，NAVTEX 送信所（ナブテックス和文424kHz，英文518kHz，那覇，門司，横浜，小樽，釧路）でも文字通信の形で放送されている。

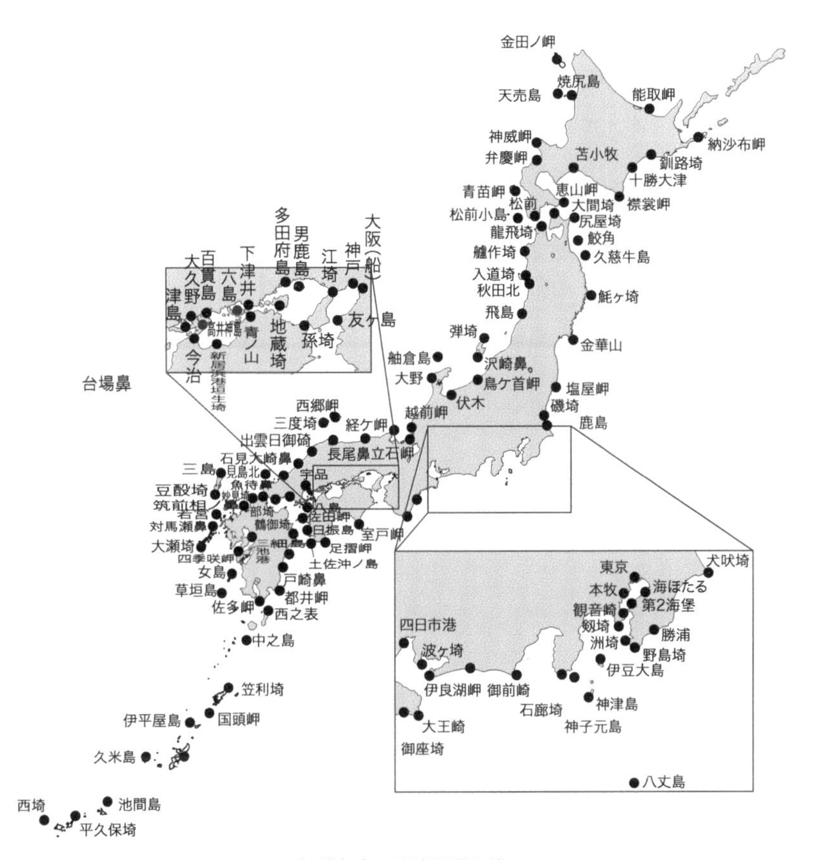

船舶気象通報観測箇所

Fig 2-10

（出典：http://www.kaiho.mlit.go.jp/syoukai/soshiki/toudai/kisyou/index.htm）

(2)　船舶気象通報の通報事項の単位

風向　　16方位

風速　　メートル毎秒（m/s）

天気　　気象庁天気種類表による

気圧　　ヘクトパスカル（hPa）

視程　　メートルまたはキロメートル（m，km）

風浪　　気象庁風浪階級表による

うねり　気象庁うねり階級表による

波高　　メートル（m）

第３章　水路図誌

船の航海，停泊に必要な事項を編集した図誌を水路図誌（Nautical charts and publications）といい，海上保安庁海洋情報部（2002年（平成14年）４月に海洋情報部に改編された）で発刊する。

水路図誌は，水路図（Nautical charts）と水路書誌（Nautical publications），に大別され，水路図には海図（Charts），水路特殊図（Miscellaneous charts）が，水路書誌には水路誌（Sailing directions），水路特殊書誌（Special publications）がある。

注　海図には紙海図と電子海図（ENC：Electronic Navigational Chart）がある。海上保安庁海洋情報部では1994年（平成６年）度から電子海図を作成している。電子海図のフォーマットについては，2000年（平成12年）11月に国際水路機関（IHO：International Hydrographic Organization）によって規定された基準に従っている。

電子海図は電子海図表示システム（ECDIS：Electronic Chart Display and Information System）によって，必用な情報をディスプレイ上に表示でき，改補についても海上保安庁海洋情報部で刊行される電子水路通報によって行うことができる。

第１節　海図（Charts；Nautical charts）

1　使用上の分類

(1)　総図（General chart）

縮尺 1/4,000,000以下であって，広範囲の区域を一見するためのもので，長距離の航海にも使用することができる。

（例　No. 1　日本総部及付近諸海 1/12,500,000）

(2)　航洋図（Sailing chart）

縮尺 1/1,000,000以下であって，長距離の航海に用いるもので，主たる水深，航路標識，遠距離から視認しうる陸標等を図示している。

（例　No. 1002　門司至上海 1/1,100,000）

⑶　航海図（General chart of coast）

縮尺1/300,000以下であって，陸岸を視界内に保ちつつ航海する場合に使用するもので，陸上物標，電波等による位置の線，または測深により船位を決定しうるよう必要な事項を図示している。

（例　No. 62　金華山至東京湾 1/500,000）

⑷　海岸図（Coast chart）

縮尺1/50,000以下であって，沿岸航海の際に使用するもので，沿岸の状況を詳細に図示している。

（例　No. 77　紀伊水道付近　1/200,000）

⑸　港泊図（Harbour plan）

縮尺1/50,000以上であって，港湾，海峡，河口等の小区域の状況を詳細に図示している。

（例　No. 101　神戸港　1/11,000）

2　図法上の分類

回転楕円体である地球表面を平面に図示する法を図法といい，

1　地表面を地表面に接する円筒面に投影する図法

2　〃　平　面　〃

3　〃　円錐面　〃

の三法があり，投影方法によりさらに細分される。

1の代表的なものに漸長図法，2の代表的なものに大圏図法，正距方位図法，3の代表的なものに円錐図法，多円錐図法があるが，いずれの図法についても，角度，長さ，形状，大きさのいずれかに歪を生ずることは免れない。このほか，正規の図法ではないが平面図法がある。

⑴　平面図（plan；plan chart）

地球表面の一小部分を平面とみなして描いたもので，図載範囲が小区域の場合に限り距離および方位の誤差は微少で無視することができる。

平面図はその作成が最も簡単で，各点の位置は原点を基準とし，方位と距離により記入し，地表上のものと極めて類似の関係を保つよう図示できるので，主として，港泊図，分図等小範囲の海図の作成に使用される。

しかし，厳密にいえば，図の各部では，多少の誤差があり，その量は図の上下両端に近づくほど大きくなり，区域が大きくなるほど，また，緯度が高くなるに従って増大する。

平面図を作るには，緯度１分の尺度を適当に定め（緯度尺，距離尺となる），経度１分の尺度は，緯度尺に図載区域の中分緯度の余弦を乗じて求め，距等圏と子午線は直交する直線として描写する。

注　東西距（Dep）と変緯（D.*l*）の関係については，第１章第２節第８項「東西距」を参照のこと。

⑵　漸長図（Mercator chart）

漸長図では，極に集合する子午線を平行な直線で表わし，二つの子午線にはさまれた距等圏の長さは，どの緯度においても赤道上のものと等しく表示する。

その結果，図上の距等圏の長さは，地表上のものに比し，赤道では等しく，緯度が高くなるにつれて次第に漸長され，極では無限に伸ばされることとなる。そのため，図上の相互関係（縦横の割合）を地表のそれと等しく保たせるためには，各緯度の長さ，すなわち，距等圏の間隔も，距等圏の長さを伸ばしたと等しい割合で伸ばさなければならない。

（地表上の距等圏の長さは $\cos l$ の比率で短かくなっているので，これらを等長に表示するためには，$\cos l$ の逆数である $\sec l$ の比率で漸長しなければならない。従って，図上の相互関係を地表のそれと等しく保たせるためには，距等圏の間隔，すなわち，子午線の長さも，距等圏の長さを漸長したと同一の比率 $\sec l$ により漸長する必要が生じる。）

漸長海図はこのような理論により構成される。

赤道からある緯度までの子午線の長さを伸ばしたものを漸長緯度（Meridional parts；m.p）といい，赤道からその地までの子午線の長さと，赤道上の経度１分の長さの比として考えることができる。

各緯度における漸長緯度の差を漸長変緯（Meridional difference of latitude；m.d.l）という。

漸長海図の作成にあたり，緯度φ_1からφ_2までの図上の長さを求めるにはφ_1およびφ_2の漸長緯度の差を求め，これに図上の経度1分の長さを乗じて求めることができる。

漸長緯度および漸長変緯は，漸長緯度航法における基礎的理論であるから完全に理解しておく必要がある。

漸長図では，距等圏の長さも，間隔も，sec l に比例して拡大されているため，同一図上においても緯度により緯度尺（距離尺）が一定でなく，高緯度地方の面積は低緯度の地に比し非常に大きく表示される。

さらに，この図法では，sec l の値が高緯度になるにつれて急激に増加し，わずかの誤差も拡大され，海図としての精度も落ちるので，高緯度地方（60～70°以上）では実用に適しない。

しかし，航程の線や，短距離の方位線を直線で表わすことができ，かつ相互の交角が実角をもって正しく表示されるという航海実施上の最大の利点を有するため，一般海図の作成図法として広く用いられている。

（Fig 5-11北太平洋漸長図を参照のこと）

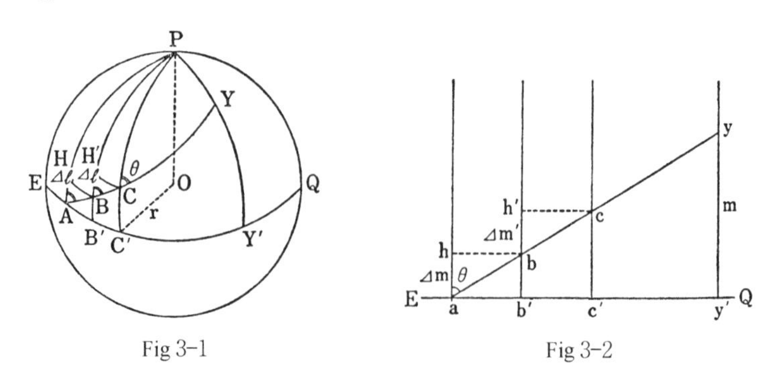

Fig 3-1　　Fig 3-2

いま，Fig 3-1において，地球の半径をr，Aを赤道上の一点，航程の線AYを微少変緯Δl（ラジアン）で等分した各点を，B，C……Y，これらの点から隣接子午線に距等圏を引きその交点をH，H′……，各点の緯度をl_1，l_2……lとすれば，距等圏の間隔 HA，H′B……の長さはいずれも $r\Delta l$ により表わすことができる。次に，航程の線 AY（針路 θ）を漸長図 Fig 3-2に ay で表わした場合，y 点における漸長緯度 m を考えてみよう。

ah，bh′……の長さをそれぞれ Δm，$\Delta m'$……とすれば，

Fig 3-1より，$AB' = HB \sec l_1 = HA \tan\theta \sec l_1 = r\Delta l \tan\theta \sec l_1$

Fig 3-2より，$ab' = hb = ha \tan\theta = \Delta m \tan\theta$

$AB' = ab'$ であるから $\Delta m = r\Delta l \sec l_1$

同様に，　　　　　　$\Delta m' = r\Delta l \sec l_2$

これら Δm，$\Delta m'$……が緯度 l_1，l_2……における漸長変緯で，これらの値を赤道上から緯度 l まで積分したものが，yy′ の長さ，すなわち，y 点における漸長緯度 m である。

$$\therefore \quad m = r(\sec l_1 + \sec l_2 + \cdots\cdots \sec l)\Delta l$$

ここで，$r\Delta l$ を赤道上の弧1分の長さを単位として表わし，三角法により整理すると，漸長緯度 m は次式により求めることができる。

$$m = r \log_e \tan(45° + l/2) = 7915.7045 \log_{10} \tan(45° + l/2) \cdots\cdots ①$$

ただし，地球の半径を3437′.74677$\left(r = \dfrac{60' \times 180}{\pi}\right)$，自然対数を常用対数に変換するための定数を2.302585とする。

上式は地球を球と仮定した場合のもので，楕円体とした場合には次式により求めることができる。

$$m = \frac{r}{M} \log_{10} \tan(45° + \frac{1}{2}) - re^2 \sin 1 - \frac{re^4 \sin^3 1}{3} - \frac{re^6 \sin^5 1}{5} \quad \cdots\cdots ②$$

ただし，
$r = \dfrac{60' \times 180}{\pi}$：地球の半径

$M = \log_{10} e$

e：地球の離心率

1：緯度

航海表第8表に掲記のものは，②式で，国際楕円体による離心率により，また天測計算表第12表に掲記のものは，WGS-84の楕円体による離心率により求めた漸長緯度の値で，海上保安庁海洋情報部発刊の漸長海図もこの値を使用し

ている。ただし，両者の表差は僅少で，いずれの値を使用しても差し支えない。

⑶　大圏図（心射図，Gnomonic chart）

地球表面上の一点において地表面に接する平面に，地球の中心から地表面の諸点を投影した図面を大圏図という。

大圏図では，子午線は極から放射状に出る直線，距等圏は接点の緯度に応じ，楕円，放物線，双曲線等により描かれる。図形は接点付近では比較的正しく表わされるが，接点を遠ざかるに従い著しい歪を生じ，図上から直接，方位，距離を求めることはできない。

しかし，図上の2点を結ぶ直線は，二点間の大圏，すなわち，2点間の最短距離を示すので，大圏航法図として大圏航法の計画に使用される。

海上保安庁海洋情報部で発刊されているものには，北太平洋大圏航法図，南太平洋大圏航法図，インド洋大圏航法図の三種がある。

（Fig 5-10北太平洋大圏航法図を参照のこと）

⑷　円錐図（Conical projection chart）および多円錐図（Polyconic projection chart）

円錐図は，距等圏に沿って円錐を地球表面に接し，これらの円錐面上に地球表面の諸点を投影したもので，比較的広い区域に対し，方位，距離，面積，形状などの誤差を少なく描くことができるので，主として航空図に用いられ，また，米国やカナダでは，平面図と同様，小範囲の海図にも使用されている。海洋情報部の刊行物としては，1/200,000の底質図がある。

この図法には多くの種類があるが，その中の一種である正規多円錐図について説明する。

正規多円錐図（Normal polyconic projection chart）は，円錐図が1個の円錐を投影面としたのと異なり，各距等圏で地球に外接する多数の円錐を作り，地表面の諸点をこの円錐に投影し，これを展開したもので，次のような方法により作成される。いま，Fig 3-3を，作図しようとする区域の中央子午線EADPを通る地球の切断面とすれば，Fig 3-4に示すように，

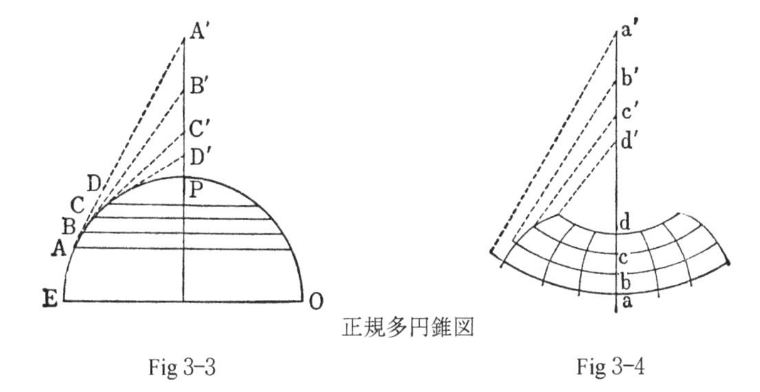

Fig 3–3　　Fig 3–4

1　紙面に直線 aa′ を引いて子午線 EADP を表わす。

2　AB，BC……に等しく ab，bc……をとる。

3　AA′，BB′……に等しく aa′，bb′……をとり，a′，b′……を定める。

4　a′, b′……を中心として aa′, bb′……を半径とする円を描いて距等圏とする。

5　a，b……の各点より，それぞれの距等圏に地球上の距等圏の長さに等しく目盛りし，曲線で連ねて子午線とする。

(5)　正距方位図（Azimuthal equidistant projection chart）

極を中心とし，子午線は極からの放射状直線，距等圏は極から等間隔の同心円として表わした図面をいう。（Fig 3–5参照）

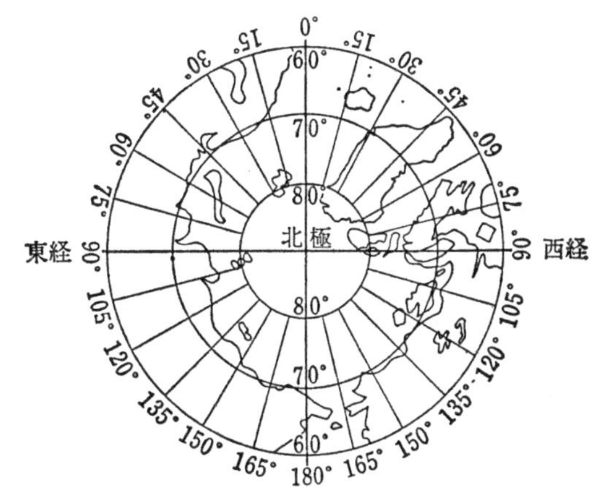

Fig 3–5

この図法によると，極付近の形状は比較的実状と合致するので，極図（Polarchart）として用いられるが，極から遠ざかるに従って歪は増大する。

第2節　海図図式

海図に用いられる特殊な記号や略語を海図図式（Chart symbols and abbreviations）という。

別紙，海図図式（No. 6011平成14. 3刊行）は，国際水路機関（IHO）の方針に従い作成されたもので，灯略記および浮標は，「IALA 海上浮標式」と同一の表示方式をとっている。このため，浮標については，標体の色は従来の黒・赤・黄・緑等の色記号を廃止し，緑色および黒色は黒塗りつぶしの記号で，その他の色は白抜きの記号で示す。また，係船浮標はすべて黒塗りつぶしで表現し塗色は付記されていない。

なお，IALA 海上浮標式では側面標識の塗色および灯色の赤，緑を左右のどちら側とするかについては，各国の裁量にゆだねている。

「左げん側を赤」，「右げん側を緑」とする地域を A 地域と呼び，ヨーロッパ・アフリカ・中近東・大洋州およびアジアの一部はこの地域に属する。

一方，「左げん側を緑」，「右げん側を赤」とする地域を B 地域と呼び，南北両アメリカ，それにアジアでは日本・韓国・フィリッピンがこの地域に属する。

第3節　海図の取扱いおよび精度

1　海図の選択

日本版海図は水路図誌目録（書誌第900号，Catalogue of charts and publications），米国版海図は N.G.A カタログ（Catalogue of National Geospatial-Intelligence Agency Charts & Publications）および N.O.S カタログ（Catalogue of National Ocean Service Charts & Publications），英国版海図は，B.A カタログ

(Catalogue of British Admiralty Charts & Publications or British Admiralty Digital Catalogue) により選択する。

海図の選択については，下記の事項を考慮しなければならない。

1　原則として，最大尺度の海図を使用すること。

大尺度の海図は，小尺度のものに比べて図載事項が詳しく，船位記入の誤差も少ない。しかし，海図がひんぱんに変わるため，前後の関連を見失ったり，先を見透すことが困難であったりして，かえって不便不利な場合も生じる。

2　最新版で改補の完全なものを選ぶこと。

3　日本版海図の刊行区域は，太平洋，インド洋および付近諸海である。従って大西洋方面のものは外国版海図を使用しなければならない。

ただし，外国版海図は，高低，水深の基準面，使用単位，図式等が，若干，日本版海図と異なる場合があるので，注意しなければならない。

2　海図の格納

海図の格納は，なるべく折りたたむことなく広げておき，全紙以上の海図でも1回折る程度にとどめるよう心がけるべきである。とくに，外国版海図の中には紙質が薄く，しかも日本版に比し大型のものが少なくないので，格納にあたっては海図の周辺を傷めぬよう注意する必要がある。また，1か所に多数の海図を積み重ねることを避け，1区画に10～20枚を限度とし，常に番号順に格納し，海図の裏面前縁にその番号を明記しておくと便利である。

船舶においては，チャートテーブルの上方三段を空段とし，最上段に使用予定の海図を，第二段に所要の参考海図を，第三段に使用済みの海図を格納し，その他の段に常備の海図を番号順に格納しているのが通例である。

3　海図の取扱い

海図の取扱いに関し，下記事項にはとくに留意を要する。

1　海図は風雨にさらしてはいけない。

海図は熱や湿気をうけると伸縮を生じるから，慎重に取扱い，ぬれて甚しく誤差を生じたときは取り替えなくてはならない。

2　方位線の記入は必要最小限にとどめ，紙面の汚損をさけること。

図上に方位線など鉛筆で多くの線を引く必要があるときは，なるべく必要な部分のみにとどめ，無用な部分にまで線を引かないこと。鉛筆の跡も年月がたつと消えにくくなるので，使用ずみの海図は，必要事項を残して早期に消しゴムで消しておくこと。煤煙や鉛筆跡等により著しく紙面が汚れた場合は，パンの軟部で紙面を摩擦し羽刷毛で払うこと。

3　海図用具を吟味すること。

使用する鉛筆は海図にへこみを残さない程度の軟質な精良品（通常２Ｂ～４Ｂ程度）を選び，消しゴムも良質のものを使用すること。

4　海図の精度

⑴　測量上の誤差

海図の精度は，測量の新旧精疎により定まる。これは，海図の標題記事中に掲記されている測量年月日および出所により察知できる。出所は海洋情報部であれば正確である。

また，測量原図の測深の疎密，縮尺，内容等により，その精疎を判断することもできる。測量原図の縮尺の大小と測深の精疎は概ね比例しているので，海図の使用にあたっては，できる限り大尺度の海図を使用することが肝要である。

⑵　海図編集上の誤差

測量原図と同一図積のものを，そのまま，海図として使用する場合には比較的問題はないが，多数の原図を資料として１枚の海図を編集するような場合には，測量の新旧精疎，縮尺の不同等により若干の誤差を生じる。ことに，図法，図式の異なる外国版海図を資料とする場合の誤差は大きい。おもなものは，経・緯度，地形，水深，高程，磁針偏差等に関する事項である。

⑶　製版，印刷上の誤差

原図自体の伸縮，写真撮影上の誤差等であるが，近年，品質および技術の向上によりこの誤差は少なくなった。

⑷　海図用紙の伸縮による誤差

海図図式（抜すい）

海図図式には，「国際水路機関（IHO）海図仕様書」に基づき，海上保安庁刊行の航海用海図に記載してある記号及び略語が収録されています。
ここに掲載したのは図式の一部です。詳しくは海上保安庁海洋情報部編集・日本水路協会発行の水路書誌第 6011 号「海図図式」を参照してください。

海図図式のレイアウト
表の左から順に　①「国際水路機関海図仕様書」の番号（a, b …は海上保安庁独自の記号），②同仕様書の記号，③用語，④海上保安庁刊行の海図の記号です。

航路 Tracks

①	②	③	④
1	270,5° 2 Bns ≠ 270,5°	指導線 （実線、航路 ≠ : ～と一線） *Leading line* *(firm line is the track to be followed , ≠ means " in line ")*	270.5° 2 Bns ≠ 270.5°
2	270,5° Island open of Headland 270,5°	見通し線 （指導線以外）、避険線 *Transit* *(other than leading line) , clearing line*	270.5° 島と鼻 ≠ 270.5°
3	090,5°－270,5°	推薦航路 （固定標で示したもの） *Recommended track based on a system of fixed marks*	090.5°－270.5°
4	090,5°－270,5°	推薦航路 （固定標で示さないもの） *Recommended track not based on a system of fixed marks*	090.5°－270.5°
5.1	DW (see Note)	一方通航航路及び深水深航路 （固定標で示したもの） *One-way track and DW track based on a system of fixed marks*	DW
5.2	270° DW	一方通航航路及び深水深航路 （固定標で示さないもの） *One-way track and DW track not based on a system of fixed marks*	DW
a		固定標で示す深水深航路 （最小水深を示したもの） *DW track based on a system of fixed marks* *(with the least depth)*	DW 25m
b		固定標で示さない深水深航路 （最小水深を示したもの） *DW track not based on a system of fixed marks* *(with the least depth)*	DW 25m DW 25m
6	7,0 m 7,3 m	最大喫水が図載されている推薦航路 *Recommended track with maximum authorised draught stated*	7.0 m 7.3 m

潮流及び海流　Tidal Streams and Currents

No.	Symbol	Description	Symbol
40	2, 5 kn	上げ潮流 *Flood tide stream with rate*	2.5 kn
41		下げ潮流 *Ebb tide stream*	2.5 kn
42		海流 *Current in restricted waters*	
43	2,5 – 4,5 kn Jan – Mar (see Note)	海流（流速及び季節を付記する） *Ocean current with rates and seasons*	1.5 kn
44		急潮、波紋、激潮 *Overfalls , tide rips , races*	
45		渦流 *Eddies*	
46	A	潮流表(記事)を記載する地点 *Position of tabulated tidal stream data with designation*	A
47	a	潮位が作表されている海上の地点 *Offshore position for which tidal levels are tabulated*	

等深線　Depth Contours

No.	Symbol	Symbol	Description	Symbol
30	2, 0, 2, 3, 5, 8, 10, 15, 20, 25, 30, 40, 50, 75, 100, 200, 300, 400, 500, 600, 700, 800, 900, 1000, 2000, 3000, 4000, 5000, 6000, 7000, 8000, 9000, 10000	2, 0, 2, 3, 5, 8, 10, 15, 20, 25, 30, 40, 50, 75, 100, 200, 300, 400, 500, 600, 700, 800, 900, 1000, 2000, 3000, 4000, 5000, 6000, 7000, 8000, 9000, 10000	干出の等深線　*Drying contour* 低潮線　*Low water line* 航海用海図及び海底地形図の縮尺や目的により、浅い区域を１つ、または複数の色調の青、あるいは青色の帯で示す。 海図によっては、等深線や表示数値を青色で示している。 *Blue tint , in one or more shades , or tint ribbons are shown to different limits according to the scale and purpose of the chart and the nature of the bathymetry. On some charts , contours and values are printed in blue.*	0, 2, 5, 10, 20, 30, 50, 100, 200, 500, 1000, 2000, 3000, 4000, 5000
31	20, 50	20, 50	概略等深線 *Approximate depth contours*	20

浮標及び立標 Buoys and Beacons			
1		浮標及び立標の位置 *Position of buoy or beacon*	
a		真の位置に記載できない浮標及び立標 *Buoy and beacon out of position*	
浮標及び立標の色 Colours of Buoys and Beacons			
2	G B G G G	緑及び黒（記号は黒塗りつぶし） *Green and black (symbols filled black)*	
3	R R Y Y R	緑及び黒以外の単色 *Single colour other than green and black*	
4	BY GRG BRB	横縞の複色 （塗色略語は上から下の順で記載） *Multiple colours in horizontal bands , the colour sequence is from top to bottom*	
5	RW RW RW	縦縞または対角縞の複色 （塗色略語は濃い色から順に記載） *Multiple colours in vertical or diagonal stripes , the darker colour is given first*	
6		光反射器 *Retroreflecting material*	*Refl*
注：通常、海図には表示しないが、灯なしの標識には光反射器が取り付けられていることがある。IALA の勧告では、照射灯の下に黒の縞が現れる。 *Note : Retroreflecting material may be fitted to some unlit marks. Chart do not usually show it. Under IALA Recommendations , black bands will appear under a spotlight.*			
夜標 Lighted Marks			
7	Fl.G G Fl.R R	標準海図の夜標 *Lighted marks on standard charts*	Fl R Fl G
8	Fl.R R Iso RW Fl.G G	多色刷海図の夜標 *Lighted marks on multicoloured charts*	
頭標及びレーダ反射器 Topmarks and Radar Reflectors			
9		IALA 海上浮標式の頭標（立標の頭標は立体） *IALA System buoy topmarks (beacon topmarks shown upright)*	
10	Name 2 R	立標の頭標、色、レーダ反射器及び名称 *Beacon with topmark , colour , radar reflector and designation*	No 2
11	Name 3 G	浮標の頭標、色、レーダ反射器及び名称 *Buoy with topmark , colour , radar reflector and designation*	No 3
注：通常、浮き標識のレーダ反射器は、海図に記載しない。 *Note : Radar reflectors on floating marks usually are not charted.*			

灯色及び記号 Colours of Lights and Marks			
11.1	W	白（分弧及び互光灯のみ） *White (for lights , only on sector and alternating lights)*	灯色表示 *Colours of lights shown* 標準海図 *on standard charts* 多色刷海図 *in multicoloured charts* 多色刷海図の分弧 *in multicoloured charts at sector lights*
11.2	R	赤 *Red*	
11.3	G	緑 *Green*	
11.4	Bu	青 *Blue*	
11.5	Vi	紫 *Violet*	
11.6	Y	黄 *Yellow*	
11.7	Y	オレンジ *Orange*	
11.8	Y	こはく *Amber*	

周期 Period			
12	**2,5s 90s**	周期（秒または1/10秒単位で表示） *Period in seconds and tenths of a second*	2.5s 90s

灯高 Elevation			
13	**12m**	灯高（メートル） *Elevation of light given in metres*	12m

光達距離 Range			
14	**15M**	灯が1個の光達距離 *Light with single range*	15M
	15/10M	灯が2個の光達距離 *Light with two different ranges*	15/10M
	15-7M	灯が3個以上の光達距離 *Light with three or more ranges*	15-7M

配置 Disposition			
15	(hor)	横掲灯 *Horizontally disposed*	(hor)
	(vert)	縦掲灯 *Vertically disposed*	(vert)
	(△) (▽)	三角掲灯 *Triangular disposed*	

灯略記記載例 Example of a Full Light Description		
16	**Name** **☆ Fl(3)WRG.15s 21m 15-11M** **Fl(3)** *Class of light : group flashing repeating a group of 3 flashes* **WRG.** *Colours : white , red , green , exhibiting the different colours in defined sectors* **15s** *Period : the time taken to exhibit one full sequence of 3 flashes and eclipses : 15 seconds* **21m** *Elevation of light : 21 metres* **15-11M** *Nominal range : white 15M , green 11M , red between 15 and 11M*	☆ Fl(3) W R G 15s 21m 15-11M Fl(3) 灯質：群閃光（周期中に3閃光する） W R G 灯色：白、赤、緑（分弧限界線により色が変わる） 15s 周期：一定の周期毎に3閃光発する（15秒） 21m 灯高：平均水面からの高さが21メートル 15-11M 光達距離：白 15M、緑 11M、赤 11〜15Mの間

海図分紙としては，伸縮ができるだけ少なく，かつ，縦横の伸縮率の差が少ないことが必要であるが，海洋情報部発行の海図用紙は相対湿度65～80％の変化に対し，伸縮率は縦横とも0.2％以内のものを使用しており，実用上の支障はない。

⑸　前述のとおり，平面図，漸長図とも，図法自体に伴う固有の誤差を有する。

しかし，使用目的に応じた海図を使用する場合，その誤差は微少で，高緯度において漸長図を使用するなどの特殊の場合を除き，実用上の考慮は要しない。

第4節　その他の水路図および水路書誌

1　その他の水路図

水路特殊図（Miscellaneous chart）

地磁気，航路，気象，海流に関する諸図，パイロットチャート，大圏図，水深図，参考図，底質図，漁業用図，海の基本図，海底地形図，大洋水深図等があり，特殊なものを除き，水路通報による改補は行わない。

2　水路書誌

⑴　水路誌（Sailing direction）

航路の状況，沿岸および港湾の地形，航路標識，航路，港湾に関する施設等を詳細に記載し，直接航海の手引きとすることを目的とした書誌である。

⑵　水路特殊書誌（Special publication）

航海計画，船位の決定等に直接または間接的に必要な事項を掲載した書誌類で，航路誌（大洋航路誌，Ocean going passage），近海航路誌（Coastwise passage），距離表（Distance table），灯台表（List of lights），潮汐表（Tidetable），天測計算表（Astronomical navigation table），天測暦（Nautical almanac），水路要報，水路図誌目録等がある。

注　海上保安庁海洋情報部発行の水路誌，灯台表，潮汐表等の記載範囲は，海図

と同じく，太平洋，インド洋および付近諸海であるから，大西洋方面のものは外国版の書誌によらねばならない。

おもに使用されるのは米国版または英国版のもので，米国版のものはD.M.Aカタログ（National Geospatial-Intelligence Agency，米国国家地理空間情報庁刊行），N.O.Sカタログ（National Ocean Service，海洋測量部刊行），英国版のものはB.Aカタログ（B.A; British Admiraltyの略，英国海軍水路部刊行）に刊行内容が記載されている。

水路図誌の主な販売所は下記のとおり。

三洋商事㈱　米国版，英国版，日本版など
日本水路図誌㈱　米国版，英国版，中国版，日本版など
コーンズ・アンド・カンパニー・リミテッド
　英国版，日本版など
㈶日本水路協会　日本版

上記以外の販売所については，書誌第900号「水路図誌目録」の巻末に掲載されている水路図誌販売所一覧を参照のこと。

第5節　水路通報および水路図誌の改補

1　水路通報

水路図誌の刊行または改版後の新資料中，直接，航海，停泊に影響のある事項，すなわち，暗礁，浅瀬，沈船の発見，水深の変化，航路標識の廃止，新設等は，これを船舶に通報し，注意を与えるとともに，水路図誌を訂正させる必要がある。

この通報を水路通報（Notices to mariners）といい，海洋情報部の測量の結果，船からの報告（後述），官公庁からの通知，外国の水路通報等から集めた資料を次の方法で一般に発表する。

⑴　情報提供の方法

情報の提供方法は以下の通りで，無料である。

①インターネット・ホームページ（http://www1.kaiho.mlit.go.jp/TUHO/tuhouj.html）

②携帯電話（http://www1.kaiho.mlit.go.jp/keitai/TUHO/keiho/）

③ E-mail

④ファクシミリ（一時関係通報事項のみ）

⑤印刷物（毎週金曜日発行，小改正通報事項のみ）

⑵　情報の内容

情報は日本語版，英語版の２種類あり，以下の内容が提供される。

①水路図誌の刊行に関する情報および船舶交通の安全に関する情報等（一時関係通報事項）

②水路図誌を最新の状態に維持するための改補に必用な情報（小改正通報事項）

水路通報の掲載対象区域は，主として太平洋およびインド洋となっているので，大西洋などについては，使用している外版海図に従って，当該海図発行国の水路通報を参照しなければならない。

水路通報の具体的な掲載内容としては以下の事項が挙げられる。

①出版

水路図誌の新刊，改版，廃版および近刊予告などが掲載される。

②一時関係および予告通報

海図の一時的な改補または小改正の予告に関する情報が掲載される。

③参考情報

船舶交通の安全および能率的な運航のために必要な情報が掲載される。

④有効な航行警報

1980年（昭和55年）４月以降の日本航行警報およびNAVAREA XI（NAVAREA：Navigational Warning Area）航行警報のうち，水路通報発行日において引き続き有効なものが掲載されている。ただし，水路通報発行日までに消滅する事項，漂流物，不審船，海賊行為に関する事項は掲載していない。

⑤小改正通報

海図の小改正に関する情報が掲載されている。

さらに，水路通報別冊として，以下の内容が和文および英文で提供されている。

イ　一時関係および予告一覧表（年４回）

ロ 水路通報索引（年2回）

ハ 在日アメリカ合衆国軍海上訓練区域一覧表（年1回）

ニ 水路通報要覧（年1回）

⑶ 使用する海図番号の前についている記号の意味

① W：世界測地系海図

「世界測地系」に基づいて製作され，日本語と英語で表記された海図。

② JP：英語版海図

海図番号にWを付した海図と包含区域，縮尺，測地系は同規格で，英語またはローマ字で表記された海図。

③ INT：国際海図

国際水路機関（IHO）の決議に基づき，各担当国が分担して刊行する統一図式による海図で，INT 番号は国際的な共通番号。日本担当以外の海図は複製して刊行される。

④ FW：漁業用海図

世界測地系海図に漁業水域などの漁業資料を加刷した海図。

⑷ 記事に対する留意事項

①小改正通報は，具体的な改補方法で記述されている。

②用語および使用記号は，特殊図第6011号「海図図式」によっている。

③経緯度の後に「(概位)」と記載してあるものは，海図上で当該物標を見つけやすくするために記載したもので，正確な位置を示したものではない。

④方位は真方位（360°方式）を用い，明弧および指導線の方位は海側からのものである。

⑤時刻は0000から2400（特に特記がなければ日本標準時 JST）の24時制を用いている。

⑥関係する前通報または削除する前通報がある場合には，その項数が冒頭に記載される。

2　管区水路通報

管区海上保安本部の担任水域およびその付近海域において，地域に密着した船舶交通の安全のために必用な情報を提供している。

(1)　情報提供の方法

情報の提供方法は以下の通りで，無料である。更新は原則として毎週1回で，その他必要に応じて随時行われている。

①インターネット・ホームページ（例 http://www1.kaiho.mlit.go.jp/）

② E-mail

③ファクシミリ

(2)　情報の内容

情報はおおむね水路通報と同様であるが，水路図誌の改補の指示記載はない。日本語を使用し，必要に応じて英語併記がなされている。

3　航行警報

航行の安全上緊急を要する事項については航行警報（Navigational warning）として情報提供がなされている。

(1)　国内の航行警報

国内の航行警報の種類および情報提供の方法等は以下のとおり。

① NAVAREA XI 航行警報

IMO（International Maritime Organization：国際海事機関）決議による「世界航行警報業務基本文書」に基づき世界的な枠組みの中で実施し，GMDSS（Global Maritime Distress and Safety System：海上における安全に関する世界的な制度）の中の航行警報としても位置づけられている。わが国は，全世界を21区域に分け，その中の第 XI 区域（北太平洋西部および東南アジア海域）の区域調整国として区域内の情報を収集，提供している。

情報提供の方法は，インマルサット静止衛星を利用した EGC システム（Enhanced Group Call：高機能グループ呼出し）およびインターネット・ホームページで行われている。また，当該航行警報中の有効なものを掲載した「Weekly Summary of NAVAREA XI Warning 」が原則として毎週1回作成され，インターネット・ホームページで提供されている。

②NAVTEX航行警報

NAVAREA XI航行警報と同様に世界的な枠組みで実施されている。沿岸からおおむね300海里以内を航行する船舶の安全のために緊急に通報を必要とする情報が，NAVTEX放送により提供されている。わが国では，英語以外に日本語でも放送がなされているが，日本語専用の受信機を備える必要がある。また，インターネット・ホームページからも入手することができる。

③日本航行警報

わが国独自の広域航行警報で，太平洋，インド洋およびその周辺海域を航行する日本船舶の安全のために，緊急に通報を必用とする情報がインターネット・ホームページで提供されている。また，同時に㈳共同通信社の船舶向けファクシミリ放送，㈳全国漁業無線協会の漁業無線でも提供され，有効な当該航行警報は毎週提供される水路通報にも掲載されている。

④地域航行警報

IMO決議による「世界航行警報業務基本文書」の中の局地警報（港湾管理者の管轄区域を含む沿岸水域に関する詳細な情報）に該当するもので，管区海上保安本部および海上保安（監）部が無線電話やインターネット・ホームページで，日本語または英語で提供している。

⑤ラジオ放送

海上保安庁から，船舶交通の安全に関する事項中，緊急を要する事項は，NHK第2放送にも提供され，各気象通報の後に放送されている。

⑵　外国の航行警報

NAVAREA航行警報は，外洋航海者の安全な航海に必要とされる情報を対象として，全世界を21の区域に分けて，それぞれに区域内調整国を設けて，インマルサット静止衛星を利用したEGCシステムで，英語および国連公用語（必要とする機関のみ）を用いた情報が提供されている。

注　上記21の区域のうち，北極海を対象とした５区域については2010年（平成22年）７月から試験運用が開始され，2011年（平成23年）６月から正式に運用が開始される。

注　昭和47年の第10回国際水路会議にて「調整された効果的な全地球航行警報業務の開設」が決議され，全世界を16の区域に分けて，各区域の責任を担う区域調整国が区域内の情報を収集して提供する世界航行警報業務（World Wide Navigational Warning Service：WWNWS）が開設され，その後北極海に5区域が追加されて現在に至っている。

⑵　無線電信およびラジオによる放送

水路通報中，航行の安全上緊急を要する事項は航行警報（Navigational warning）として，

1　毎日定時に，海上保安庁本庁通信所から無線放送により，

2　毎日定時に，NHK および民間放送局を通じラジオ放送により，

3　毎日定時に，共同通信および時事通信を通じファクス放送により，

周知を計っている。

放送時刻および電波等については，水路通報第１号に詳細記載されるが，ラジオ放送については時間内に放送されない場合もある。

⑶　文書による航行警報

管区海上保安本部は航行警報を必要のつど文書として発行し，所要のむきに配布してる。

4　水路図誌の改補

水路図誌は，常に最新の実状に適合していることが大切であるから，利用者は図誌入手後，水路通報によって新たに資料を得たときは，これを訂正しなければならない。これを図誌の改補（Correction）といい，次のような種類がある。

改補の具体的な要領については，海上保安庁発刊の「水路図誌使用の手引き，書誌第801号」を参照されたい。

⑴　海図の改補（Correction of charts）

1　小改正（Small correction）

小改正とは，水路通報により公示された事項（一時関係，予告，項外を除

く）により改補することをいい，海洋情報部では通報と同時に原版の一部を訂正し，また，すでに印刷された海図に対しては小改正を行う。船舶ではその通報の記事に従い，①必要な事項をインクにより記入または削除し，②補正図（Chartlet）を指定位置に貼付するなど，適当な手段で現有する海図を改補しなければならない。

小改正を行ったときは，定められた個所に通報の年号および項数を略記しておく。

（例）（昭和48年）—816—840

2　一時的な改補（Temporary correction）

水路通報により公示された事項のうち，一時関係，予告，項外および航行警報による海図の改補は，通報事項を鉛筆で記入するか，または，通報紙片を適当な個所に添付しておくものとし，海図欄外の通報の項数の記入は行わない。

⑵　水路書誌の改補（Correction of publications）

水路書誌の改補は，水路通報により公示される事項をいずれも手記によって訂正するものがほとんどであるが，まれには通報巻末に添付される別紙を指定ページに貼付するものもある。

改補を行ったときは，海図の場合と同様，改正記入表に通報の年号および項数を記入しておく。

なお，水路書誌のうち水路誌および灯台表の利用に際しては，水路通報による改補のほか海洋情報部が発行する水路誌追補および灯台表追加表を併用すべきである。

水路通報にもとづいて，利用者が行う上記の改補とは別に，海洋情報部においては，次のような方法で最新の実状に適合した水路図誌の刊行を計っているので，参考までに記す。

1　改版（New edition）

新しい資料による内容の改訂および包含区域，図積，縮尺等の変更のために，現在発行されている水路図誌の原版を新しく作りかえることを改版という。改版刊行後は，それまでのものが廃版となるが，図誌の番号は原則として変らない。

改版があれば水路通報で公示される。

2　再　版（Reprint）

再版とは，原版が摩滅のため使用に耐えなくなった場合，新たに原版を作りなおすことをいう。この場合，内容についても現状と一致するように改正される。

再版が発行されても，それまでのものは廃版とせず，従って水路通報にも掲載されない。

3　補　図（補　刻）

航泊に直接影響の少ない事項の変更等については，特に通報を行うことなく，海洋情報部で海図の原版を改刻することがある。この訂正を補図または補刻という。

補図を行ったときは，その年月日を掲載することもなく，従前の海図を廃版にすることもないから，同一版でも印刷年月日の新しいものは，小改正のほか多少訂正されたところがある。

4　追　補

追補とは，水路誌刊行後次回改版までの間に，水路通報によって訂正された事項およびその他の資料から得た事項を，各水路誌ごとに収録したもので，水路誌と併用するものである。

5　追加表

追加表は，灯台表の刊行後次回改版までの間に，水路通報によって訂正された事項およびその他の資料から得た事項を収録したもので，灯台表と併用するものである。

灯台表第1巻の追加表は毎月，その他の灯台表の追加表は2か月ごとに海洋情報部から刊行される。

第6節　航海上重要な事項等の報告

船舶において，水深の著しい変化，航路標識の異状，海上危険物の発見，沿岸築造物の新築および改廃，その他気象海象等に関し，航泊の資料となり，または現行図誌の改善に役立つ事項を調査見聞したときは，自船のみにとどめることなく，ことの大小にかかわらず，すみやかに海洋情報部に報告しなければならない。

報告の形式（フォーマット）・要領は，水路通報のおしらせ欄や海上保安庁海洋情報部のインターネット・ホームページに「航海重要事項の報告様式」があるので活用すればよい。

報告の項目は次のとおりである。

①船名および連絡先（住所，電話，ファックス番号，E メールアドレス等）
②報告事項
③位置（経緯度または著名物標からの方位，距離）
④測位の方法（GPS など）
⑤使用海図，刊行年月日
⑥最新の水路通報号数
⑦関係書誌（刊行年月），追補号数，灯台表番号等
⑧測得水深，測深した年月日，時刻（UTC または JST），測得時の喫水
⑨測深の種類（音響測深，錘測など）および測深記録紙
（レンジを切り替えて，再度水深の確認を行うこと）
⑩潮汐改正の有無および気象等の状況

1　水路報告

船舶において，現行図誌の訂正に必要な事項または航海停泊に参考となるべき事項を認めた場合，緊急を要する事項は無線電信により，その他の事項は適宜の方法により，海上保安庁海洋情報部または，もよりの管区海上保安本部海洋情報部へ報告すること。

なお，航海上危険と思われる水深を測得したときの報告要領については，水路通報第１号に掲載してあるので参考とされたい。

2　航海報告

気象，海流，海氷，目標物の視認状況等，船舶が航海中経験した事項および水路，港湾等について調査した事項を記録し，適宜の様式で報告すること。

注　灯台表の追加表は以下のインターネット・ホームページからも入手することができる。（http://www1.kaiho.mlit.go.jp/tkanko.html）

第4章　航程の線航法

出発地および目的地の緯度，経度より，本船のとるべき針路，航程を求め，あるいは出発地の経，緯度とその後の針路，航程により，到着地の経，緯度を求める算法を航法という。

航法には航程の線航法（Rhumb line sailing）と大圏航法（Great circle sailing）の二つがあるが，大圏航法も，実務上は，大圏上に変針点を定め，各変針点間は航程の線航法により航走するもので，航程の線航法の集成とみなして差し支えない。

航程の線航法とは，針路を一定に保ち航走する航法をいい，現在用いられている航程の線航法には，中分緯度航法（平均中分緯度航法）と漸長緯度航法の二法がある。

これらの航法は，いずれも，地物を対象とせず，地球の形状，大きさ，地球上の位置等に基づき，コンパスによる針路，ログによる航程等船内でえられる事項のみにより，必要な諸要素を算出するもので，一名，推測航法（Dead reckoning navigation）と呼ばれる。

なお，航法の用語は，平面航法（Plane sailing），連針路航法（Traverse sailing），流潮航法（Current sailing）等，各種の算法に広く用いられているが，これらはすべて，航程の線航法の前提算法または応用算法にすぎないので，本書においては，平面算法，連針路算法，流潮算法の用語を用いることとした。

ただし，距等圏航法（Parallel sailing）については，中分緯度航法の特殊な場合ではあるが，独立した航法として使用されているので，そのまま呼称することとした。

第1節　平 面 算 法

1　平面算法

船がFig 4-1のように，針路を一定に保ち，A. Y二点間を航走するとき，航程（Dist）AY，変緯（D. l）AY′，東西距（Dep）Bb′＋Cc′＋Dd′ ＋…＋Yy′および針路（Co）θの間には，下記の関係式が成立する。

この関係式はFig 4-2に示す平面直角三角形ABCの辺b，c，aおよび∠Aの相互関係と同一の関係にあるので，この中の二つの要素が既知で，他の二要素が未知のときには，平面直角三角形の解法と同一の解法で解くことができる。この算法を平面算法（Plane sailing）という。

（公式）

$D.l = Dist \times \cos Co$ ……………①

$Dep = Dist \times \sin Co$ ……………②

$\tan Co = \dfrac{Dep}{D.l}$ ……………③

$Dist = D.l \times \sec Co$ ……………④

または，$Dist = Dep \times \mathrm{cosec}\, Co$

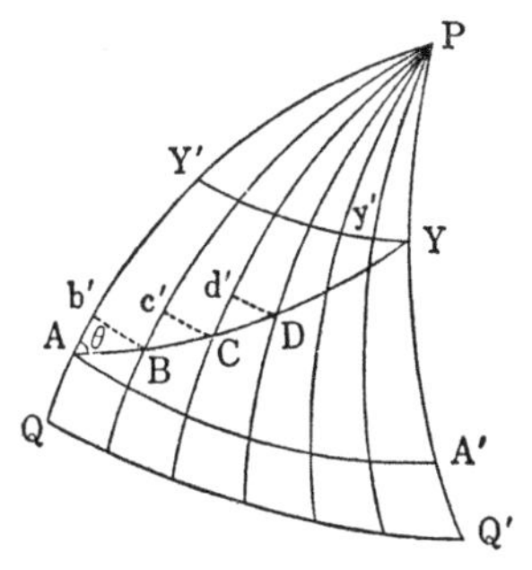

航程（Dist）AY
変緯（D. l）AY′
東西距（Dep）Bb′＋Cc′＋Dd′＋…＋Yy′
針路（Co）θ

Fig 4-1

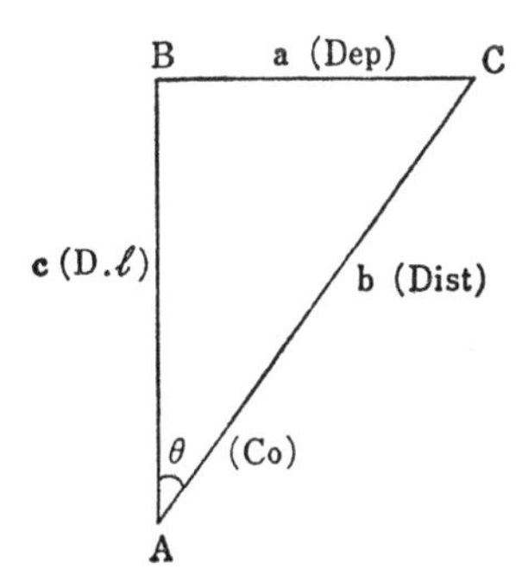

Fig 4-2

注　平面算法では，航程（Dist），変緯（D. l），東西距（Dep），針路（Co）の中の二要素が与えられれば，他の二要素を求めることができるが，直接，変経（D. L）を求めることはできない。また逆に，変経（D. L）が与えられた場合にも，その値を使用し，直接，他の要素を求めることはできない。東西距（Dep）は，距等圏上を航行する場合は航程に等しいが，その他の場合は特殊な値をとり，主として中分緯度航法における経度算出の補助値として用いられる。
　平面算法のその他の算式は，中分緯度航法，漸長緯度航法の前提算法として使用される。

公式の証明

Fig 4-3に示すように，地表面に描いた航程の線AYを無数の子午線で等分し，その交点をB，C，D……Yとし，これらの点から隣接子午線に距等圏を引き，その交点をb′，c′，d′…y′とすれば，無数の微少三角形ができる。これらの微少三角形は厳密にいえば，航程の線，子午線，距等圏によって囲まれた曲面三角形であるが，無限に細分した場合，平面と考えることができる。

従って，

$\varDelta$ABb′　において　$\varDelta l_1 = \varDelta D_1 \cos\theta$　　　$\varDelta d_1 = \varDelta D_1 \sin\theta$

$\varDelta$BCc′　において　$\varDelta l_2 = \varDelta D_2 \cos\theta$　　　$\varDelta d_2 = \varDelta D_2 \sin\theta$

$\varDelta$XYy′　において

辺々を加えて $(\varDelta l_1 + \varDelta l_2 + \cdots) = (\varDelta D_1 + \varDelta D_2 + \cdots)\cos\theta$

$$(\varDelta d_1 + \varDelta d_2 + \cdots) = (\varDelta D_1 + \varDelta D_2 + \cdots)\sin\theta$$

故に　$D.\,l = \text{Dist} \times \cos \text{Co}$ ……①　　　$\text{Dep} = \text{Dist} \times \sin \text{Co}$ …………②

従って，$\tan \text{Co} = \dfrac{\text{Dep}}{D.\,l}$ ………②　　　$\text{Dist} = D.\,l \times \sec \text{Co}$

$= \text{Dep} \times \text{cosec Co}$ ……④

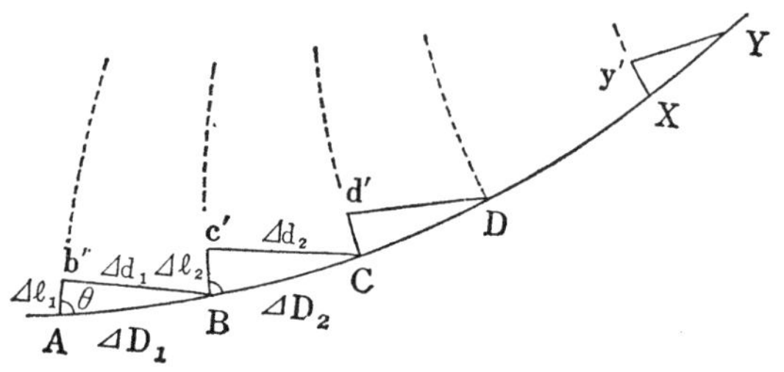

Fig 4-3

注　Fig 4-4において，AY′をAを通る子午線，YA′をYを通る子午線，AA′，YY′をAおよびYを通る距等圏とすれば，実際の航程AY，変緯AY′，針路θは図のような関係となる。また，AY間の東西距は，Fig 4-3における，Bb′＋Cc′＋Dd′＋……Yy′の値で，Fig 4-4に示すようにAA′より小さくYY′より大きく，A，Y点の中間緯度Mにおける距等圏上の東西距MM′にほぼ等しい。

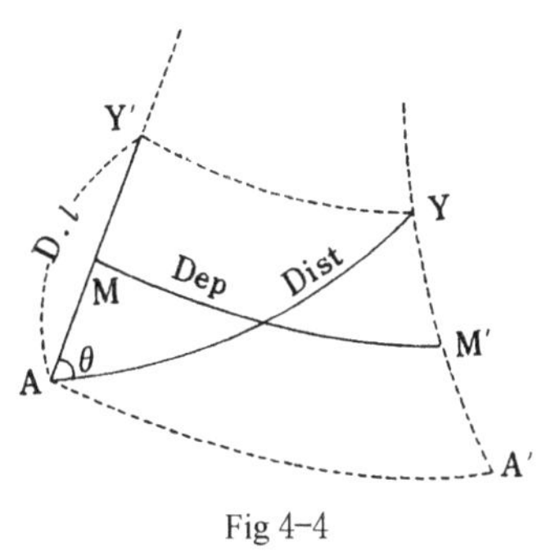

Fig 4-4

2　卓上計算器またはトラバース表による算法

平面算法は，前記の公式を用い市販の卓上計算器により容易に解くことができる。また，トラバース表（天測計算表第10表）は，平面算法の公式

D. l＝Dist×cos Co………①

Dep＝Dist×sin Co………②

に基づいて，針路と航程に対する変緯および東西距を計算し，表に構成したもので，変緯と東西距から，対応する針路と航程を求めることもできるし，同様に，平面算法の四要素の中二要素がわかれば，他の二要素を求めることもできる。

そのため，本表は平面算法の計算のみでなく，平面直角三角形の解法に関連をもつ各種の計算に広く使用される。

以下天測計算表第10表トラバース表について説明する。

⑴　表の構成

トラバース表はCoは度単位で1～89°まで，Distは海里単位で0～900海里まで，D. l，Depはそれぞれの Co，Distに対応する値を小数点以下1位の精度で表示している。

従って，その他の中間値に対しては，比例部分の挿入（Interpolation）を行うほかなく，その適否および巧拙が，表値の精度および表の利用度を左右することとなる。

Coについては，cos Co＝sin（90°－Co），sin Co＝cos（90°－Co）の関係に

あるため，Distが同一のときにはD. lとDepは互にCoの余角の関係となる。従って，Coが45°以下の場合と，45°以上の場合には，D. lとDepを逆に求めることにより，同一の表を使用することができる。

Distは900海里まで記載されているが，Distが大きくなれば表値の精度が落ちるため通常600海里以遠の場合は本表は使用しない。

⑵　表の使用法

1　Co，DistよりD. l，Depを求める法

表の上下欄にCo，左右欄にDistを求め，交点のD. l，Depを求める。（求めるDistが100′以上の場合は，100′の整数倍の部と端数部に分け，それぞれのD. l，Depを求め，その和をD. l，Depとする。）

CoがN（S）であれば，D. lにN（S）符を符する。

CoがE（W）であれば，DepにE（W）符を符する。

また，Coが45°以下の場合D. l，Depは上欄から，Coが45°以上の場合D. l，Depは下欄から求める。

Co，Distに端数がある場合は，比例部分の挿入により表値を求める。

例題 1　Co N26°E，Dist383′のとき，D. l，Depを求めよ。

（卓上計算器による解）

D. l = Dist × cos Co = 383′ × cos 26° = 344′.2N

Dep = Dist × sin Co = 383′ × sin 26° = 167′.9E

（トラバース表による解）

天測計算表　p101より，D. l 269′.6　　Dep 131′.5

D. l　74′.6　　Dep　36′.4

D. l 344′.2N　Dep 167′.9E

例題 2　Co S40°.5E，Dist 240′.8のとき，D. l，Depを求めよ。

（卓上計算器による解）

D. l = Dist × cos Co = 240′.8 × cos 40°.5 = 183′.1S

Dep = Dist × sin Co = 240′.8 × sin 40°.5 = 156′.4E

（トラバース表による解）

イ　Co S40°E，Dist 240′.0のD. l 183′.8，Dep 154′.3を基準値とする。

ロ　Co S40°E，Dist 241′のD. l，Depとの表差の8/10を求める。

D. l = ⊕0′.6　　Dep = ⊕0′.6

ハ　Co S41°E，Dist 240′のD. l，Depとの表差の5/10を求める。

D. l = ⊖1′.4, Dep = ⊕1′.6

ニ 基準値にロ，ハのD. l, Depを加算し，<u>D. l = 183′.0S, Dep = 156′.5E</u>を求める。

	240′	241′
40°.0	D. l 183′.8 Dep 154′.3	D. l 184′.6 Dep 155′.0
41°.0	D. l 181′.1 Dep 157′.4	

（天測計算表 p106より）

例題 3 Co S68° W, Dist 425′.5のとき，D. l, Depを求めよ。

（卓上計算器による解）

D. l = Dist × cos Co = 425′.5 × cos 68° = <u>159′.4S</u>

Dep = Dist × sin Co = 425′.5 × sin 68° = <u>394′.5W</u>

（トラバース表による解）

天測計算表 p100より

Dist 425′…………D. l 159′.2 Dep 394′.1

Dist 0′.5 ………D. l 0′.2 Dep 0′.5

Dist 425′.5 ………<u>D. l 159′.4S</u> Dep <u>394′.6W</u>

（Dist 0′.5については，Dist 5′に対するD. l, Depの表値の1/10をとり，小数点以下2位を四捨五入した。）

2 平面算法の四要素中，二要素が既知である場合，他の二要素を求める法

卓上計算器によるほか，トラバース表の表値を逆にとり，D. l, CoよりDep, Distを，Dep, DistよりD. l, Coを，D. l, DistよりDep, Coを，Dep, CoよりD. l, Distを求めることができる。しかし，D. l, DepよりCo, Distを求める法は前述の場合に比し，表値を求め難く，比例部分の挿入にも困難を伴う。

例題 1 D. l 329′.4N, Dep 88′.3Eであるとき，Co, Distを求めよ。

（卓上計算器による解）

tan Co = Dep ÷ D. l = 88′.3 ÷ 329′.4 ∴ Co = <u>N15°.0E</u>

Dist = D. l × sec Co = 329′.4 ÷ cos 15° = <u>341′.0</u>

（トラバース表による解）

便宜上，D. l 32′.9, Dep 8′.8（数値を1/10にとる。）として表に入り，表の最初の頁のDist 33′付近にD. l 32′.9を求め，頁を操り，天測計算表p98よりD. l 32′.8, Dep 8′.8（Co 15°, Dist 34′）を得る。

<u>Co N15° E, Dist 340′</u>

正確な値を必要とするときは，D. l 33′.8，Dep 9′.1（Co 15°，Dist 35′）の間に中間値を挿入し，D. l 32′.9，Dep 8′.8（Co 15°，Dist 34′.1）を得る。

Co N15° E，Dist 341′

例題 2　D. l 75′.0S，Dep 129′.9W であるとき，Co，Dist を求めよ。

（卓上計算器による解）

tan Co = Dep ÷ D. l = 129′.9 ÷ 75′.0　　∴ Co = S60° .0W

Dist = D. l × sec Co = 75′.0 ÷ cos 60° = 150′.0

（トラバース表による解）

便宜上，D. l 37′.5，Dep 65′（数値を½にとる。）として表に入り，天測計算表 p103より D. l 37′.5，Dep 65′（Co 60°，Dist 75′）を得る。

Co S60° W，Dist 150′

例題 3　D. l 14′.2N，Dep 3′.8W であるとき，Co，Dist を求めよ。

（卓上計算器による解）

tan Co = Dep ÷ D. l = 3′.8 ÷ 14′.2　　∴ Co = N15° .0W

Dist = D. l × sec Co = 14′.2 ÷ cos 15° = 14′.7

（トラバース表による解）

便宜上，D. l 71′，Dep 19′（数値を5倍にとる。）として表に入り，天測計算表 p99より D. l 71′，Dep 19′（Co 15°，Dist 73′.5）を得る。

Co N15° W，Dist 14′.7

例題 4　Co N33° E，D. l 131′.7であるとき，Dep，Dist を求めよ。

（卓上計算器による解）

Dist = D. l × sec Co = 131′.7 ÷ cos 33° = 157′.0

Dep = Dist × sin Co = 157′.0 × sin 33° = 85′.5E

（トラバース表による解）

天測計算表 p103より Dep 85′.4E，Dist 157′（便宜上数値を½として算出した。）

例題 5　D. l 171′.0N，Dist 195′.5であるとき，Co，Dep を求めよ。

（卓上計算器による解）

cos Co = D. l ÷ Dist = 171′.0 ÷ 195′.5　　∴ Co = 29° .0

Dep = Dist × sin Co = 195′.5 × sin29° = 94′.8

（トラバース表による解）

天測計算表 p103より Co 29°，Dep 94′.8（便宜上数値を½として算出した。この場合，Co および Dep の符号は判明しない。）

問　題

（本問の計算には卓上計算器を使用した。トラバース表の解とは若干の差異があるが，実務上はトラバース表の精度で十分である。）

問題 **1**　次の問題で，到着地の緯度および東西距を求めよ。

	出発地の位置		真針路	航程
1	29°－20′N	128°－42′E	S78°E	160′
2	34°－47′N	150°－19′E	N35°E	275′.5
3	10°－14′S	168°－32′E	294°	134′.3
4	18°－55′N	177°－51′W	S82°W	342′.8
5	12°－23′S	121°－18′W	N75°.5W	285′.7

問題 **2**　次の問題で，針路および航程を求めよ．

	変緯	東西距
1	56′.2N	36′.5E
2	63′.5N	184′.4W
3	249′.0S	105′.7W
4	436′.9N	286′.3E
5	97′.3S	131′.6E

問題 **3**　次の問題で，空欄の値を求めよ。

	真針路	変緯	東西距	航程
1	S35°W	93′.4S		
2	288°	101′.2N		
3	N21°E		176′.4E	
4		264′.8S	（W）	356′.3
5		（S）	429′.2E	485′.6

問題 **4**　42°－30′N にある港を発し，真針路120°，速力10ノットで航行すれば，39°－20′N の地点に達するには何時間を要するか。

問題 **5**　15ノットの速力の船が，35°－15′S にある A 港から北西方に航行し，一昼夜かかって31°－59′S にある B 港に到着した。この船の針路を求めよ。

▶解　　答◀

1

	緯　度	東西距
1	28°－46′.7N	156′.5E
2	38°－32′.7N	158′.0E
3	9°－19′.4S	122′.7W
4	18°－07′.3N	339′.5W
5	11°－11′.5S	276′.6W

2

	針　路	航　程
1	N33°E	67′.0
2	N71°W	195′.0
3	S23°E	270′.5
4	N33°.2E	522′.1
5	S53°.5E	163′.6

3

1	東西距	65′.4W	航　程	114′.0
2	東西距	311′.5W	航　程	327′.5
3	変　緯	459′.5N	航　程	492′.2
4	針　路	S42°W	東西距	238′.4W
5	針　路	S62°.1E	変　緯	227′.2S

4　38時間

5　N57°W

第2節　中分緯度航法

1　距等圏航法

船が緯度lの距等圏上を真東または真西に航走したとき，変経（D. L）と航程（Dist）（この場合，航程（Dist）がそのまま東西距（Dep）となる）の間には次のような関係がある。

D. L＝Dist（Dep）×sec l（第1章第2節第8項「東西距」を参照のこと）

この数的関係を求める算法を距等圏航法（Parallel sailing）という。

上式を平面直角三角形で表わせば，Fig 4−5のような関係となる。

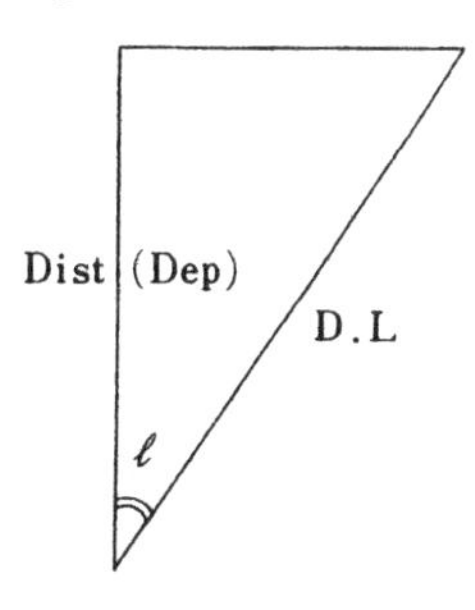

Fig 4−5

従って，卓上計算器によるほか，トラバース表を使用し，トラバース表の針路（Co）に緯度（l）を，変緯（D. l）に航程（Dist）をあてはめ，航程（Dist）の欄に変経（D. L）を求めることができる。

距等圏航法は，次に述べる中分緯度航法の特殊な場合（針路が90°または270°）であると考えることができる。

例 題 **1**　55°−30′Nの緯度において，某日正午から，10ノットの速力で，一昼夜，真針路真東に航走すれば，翌日正午までの変経はいくらになるか。

（卓上計算器による解）

D.L＝Dist（Dep）×sec l＝240′÷cos 55°−30′＝423′.7＝7°−03′.7E

（トラバース表による解）

Dist（Dep）＝10′×24＝240′をD. lに，

Lat　　　＝55°−30′をCoにあてはめ，

Distの欄より変経を求める。（天測計算表p104）

D.L ＝7°−03′E（423′）

例 題 **2**　某船は真針路270°で125海里航走し，変経3°−12′Wを生じた。緯度いくらのところを航海したか。

（卓上計算器による解）

COS l＝Dist（Dep）÷D.L＝125′÷192′　　∴ l＝49°.4

（トラバース表による解）

D.L = 192′（3° − 12′）を Dist に，

Dist = 125′ を D. l にあてはめ，Co の欄より緯度を求める。

<u>Lat = 49°.4</u>（天測計算表 p107）

注　卓上計算器またはトラバース表を使用する場合，数値のとり方，比例部分の挿入等により，解答に若干の差異を生じることは避けられないが，その差は僅少で実用上の支障はない。以下の計算問題についても同じ。

問　　題

（本問の計算には卓上計算器を使用した。）

問題 1　次の問題で，到着位置を求めよ。

	出発地の緯度	出発地の経度	真針路	航程
1	28°－03′.5N	122°－34′.0E	090°	166′
2	25°－18′.0N	154°－39′.0E	270°	140′
3	42°－36′.0S	151°－16′.0E	090°	255′
4	39°－47′.0N	178°－25′.0E	270°	168′
5	12°－23′.0S	4°－57′.0W	090°	346′

問題 2　緯度55°の距等圏上における変経1°は何海里か。

問題 3　16ノットの速力で真西に航行中，2月2日の正午位置は47°－58′N，178°－32′Wであった。このままで行った場合，180°の子午線通過日時を求めよ。（分まで求めよ）

問題 4　南緯の距等圏上を航行中の船がある。46海里航走するごとに経度が1°変るという。緯度何度の所を航行しているか。

問題 5　6月20日正午，甲丸は32°－20′N，143°－40′Eの地点に，また乙丸は甲丸の真東100海里の地点にあった。いま両船がこれらの地点から10ノットの速力で真北へ24時間航走すれば，そのときの両船間の距離は何海里となるか。

▶解　　答◀

1　1　28°－03′.5N　125°－42′.1E
　2　25°－18′.0N　152°－04′.1E
　3　42°－36′.0S　157°－02′.4E
　4　39°－47′.0N　174°－46′.4E
　5　12°－23′.0S　0°－57′.2E

2　34′.4

3　2月2日午後3時41分

4　39°.9S

5　95′.3

2　平均中分緯度航法

二地点間の東西距は，両地間の平均中分緯度における子午線間の距等圏の長さに等しい（本章第１節第１項，「公式の証明」注を参照のこと）と仮定し，平面算法，距等圏航法の公式を用い，本船の針路，航程より変緯，変経を，また両地の変緯，変経より本船のとるべき針路，航程を求める算法を平均中分緯度航法（Mid lat sailing）という。

平均中分緯度航法に使用する公式は下記のとおりで，各要素の相互関係は，Fig 4-6のように図示することができる。

したがって，卓上計算器によるほか，トラバース表を使用し，D. l，Dep，Co，Dist のほか，トラバース表の針路（Co）に平均中分緯度（mid l）を，変緯（D. l）に東西距（Dep）をあてはめ，航程（Dist）の欄に変経（D.L）を求めることができる。

（公　式）

$$\mathrm{D.}\,l = \mathrm{Dist} \times \cos \mathrm{Co} \cdots\cdots ①$$

$$\mathrm{Dep} = \mathrm{Dist} \times \sin \mathrm{Co} \cdots\cdots ②$$

$$\mathrm{mid}\ l = (l_1 + l_2) / 2 \ (\text{または，} = l_1 + \mathrm{D.}\,l / 2,\ = l_2 - \mathrm{D.}\,l / 2) \cdots\cdots ③$$

$$\mathrm{D.L} = \mathrm{Dep} \times \sec \mathrm{mid}\ l = \mathrm{Dist} \times \sin \mathrm{Co} \times \sec \mathrm{mid}\ l \cdots\cdots ④$$

$$\tan \mathrm{Co} = \frac{\mathrm{Dep}}{\mathrm{D.}\,l} = \frac{\mathrm{D.L} \times \cos \mathrm{mid}\ l}{\mathrm{D.}\,l} \cdots\cdots ⑤$$

$$\mathrm{Dist} = \mathrm{D.}\,l \times \sec \mathrm{Co} \cdots\cdots ⑥$$

または，$\mathrm{Dist} = \mathrm{Dep} \times \mathrm{cosec\ Co}$

計算は，おもに卓上計算器またはトラバース表を使用して行う。平均中分緯度航法は計算が簡易なため，日常の計算に最も多く使用されるが，次の事項に留意しなければならない。

1　平均中分緯度航法では，東西距は両地の平均中分緯度の距等圏の長さに等しいと仮定するため，航程が大きくなれば誤差も増大する。航程が600

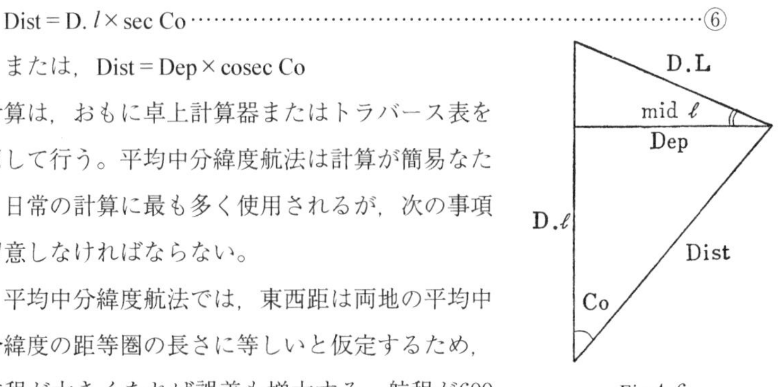

Fig 4-6

海里以下であれば実用上差し支えない。

2　航程が大きく，針路が小さいときは，変緯が大きくなり，真中分緯度（両地の東西距に等しい距等圏を有する中間緯度）と平均中分緯度の差も大きくなるので誤差は増大する。

3　高緯度のときは，sec または cos の変化が大きく，真中分緯度と平均中分緯度の誤差も拡大される。両地の緯度が60°以下であれば，実用上差し支えない。

4　両地が赤道をはさむ場合は，平均中分緯度の理に反するので，特殊な場合（両地が低緯度の場合には東西距を変経とみなし，または大きい緯度の平均中分緯度を用いて略算する場合がある。）のほかは使用しないこと。

例題 1　北緯24°－30′，東経116°－40′の地を発し，真針路 N40°E に375海里航走した。到着地の経度，緯度を求めよ。

（卓上計算器による解）

D. l = Dist × cos Co = 375′ × cos 40° = 287′.3N

Dep = Dist × sin Co = 375′ × sin 40° = 241′.0E

l_1	24°－30′N	l_1	24°－30′N
D. l	4°－47′.3N	½ D. l	2°－23′.7N
l_2	29°－17′.3N	mid l	26°－53′.7N

D.L = Dep ÷ cos mid l = 241′ ÷ cos 26°－53′.7 = 270′.2E

L_1	116°－40′E			
D. L	4°－30′.2E	答	l_2	29°－17′.3N
L_2	121°－10′.2E		L_2	121°－10′.2E

（トラバース表による解）

天測計算表 p107より

Dist　375′，Co　N40°E ……→ D. l　287′.3N，Dep　241′.0E

l_1	24°－30′N	l_1	24°－30′N
D. l	4°－47′.3N	½ D. l	2°－23′.7N
l_2	29°－17′.3N	mid l	26°－53′.7N

次に，Dep241′ を D. l に，mid l 26°－53′.7を Co におき，天測計算表 p100より Dist の欄に D.L の値を求める。すなわち，D.L270′E を求め，これを L_1に加減して L_2を求める。

L_1	116°－40′E			
D. L	4°－30′E	答	l_2	29°－17′.3N
L_2	121°－10′E		L_2	121°－10′E

例 題 2　南緯1°－45′，西経173°－53′の地を発し，南緯5°－28′，東経178°－25′に至る真針路および航程を求めよ。

（卓上計算器による解）

l_1　1°－45′S	L_1　173°－53′W
l_2　5°－28′S	L_2　178°－25′E
D. l　3°－43′S＝223′S	352°－18′
	360°
l_1　1°－45′S	D.L　7°－42′＝462′W
½ D. l　1°－51′.5S	
mid l　3°－36′.5S	

tan Co＝D.L×cos mid l÷D. l＝462′×cos 3°－36′.5÷223′

∴ Co＝S64°.2W

Dist＝D. l÷cos Co＝223′÷cos 64°.2＝512′.4

（トラバース表による解）

D. l，D. L，mid l を求める法は上記に同じ。

mid l 3°－36′.5（Co）
D. L　462′（Dist）｝天測計算表 p95より Dep（D. l）461′を求める。

次に

D. l 223′
Dep 461′｝天測計算表 p101より｛Dist 510′ / Co S64° W を求める。

例 題 3　速力16ノットの船が，10日の正午位置，北緯13°－25′，東経178°－40′の地点から真針路140°で航走すれば，赤道は何日何時何分に通過するか。またそのときの経度はいくらか。

（卓上計算器による解）

Dist＝D. l÷cos Co＝805′÷cos 40°＝1050′.9

D.L＝Dep÷cos mid l＝Dist×sin Co÷cos mid l

＝1050′.9×sin 40°÷cos 6°－42′.5＝680′.2E

所要時間＝1050′.9÷16′＝65.68時間＝2日17時間41分

10日　12－00	L_1　178°－40′E
2日　17－41	D.L　11°－20′.2E
13日　05－41（赤道通過日時）	190°－00′.2E
	360°
	L_2　169°－59′.8W（通過経度）

（トラバース表による解）

まず，

D. l 805′（13°－25′）
Co S40° E｝（D. l 805′は表値がないので1/15，D. l 53′.7として表値を求め，求めた値を15倍する。）

すなわち，

D. l 805′ ｝ Co 40° ｝ 天測計算表 p107より ｛ Dist 1051′.5 ／ Dep 675′

次に，

mid l　13°－25′×½＝6°－42′.5（Co）｝天測計算表 p95より

Dep　675′（D. l）｝（Dist）680′＝D.L

所要時間＝1051′.5÷16′＝65.72時間＝2日17時間43分

10日	12－00	
2日	17－43	
13日	05－43	（赤道通過日時）

L_1	178°－40′E	
D.L	11°－20′E	
	190°－00′E	
	360°	
L_2	170°－00′W	（通過経度）

注　本例は航程が600海里を超えるが，概略値を求める場合，例外として平均中分緯度航法が使用されることも少なくない。

問　　題 (本問の計算には卓上計算器を使用した。)

問題 1 前日正午の実測位置38°－16′S, 158°－02′Eより真針路126°に航走した。下記各地点の推測位置を求めよ。

1 ログ示度 132′
2 〃 198′.5
3 〃 265′
4 〃 328′.5
5 〃 392′.5

問題 2 甲地から乙地に至る真針路および航程を求めよ。

1 甲地 34°－50′N 24°－03′E
　乙地 37°－55′N 16°－04′E
2 甲地 34°－50′N 124°－03′E
　乙地 35°－15′N 122°－02′E
3 甲地 30°－15′N 150°－03′E
　乙地 34°－54′N 139°－53′E

問題 3 日本海の洋上Lat 40°－46′N, Long 138°－04′Eの地点から舞鶴港Lat 35°－30′N. Long 135°－21′Eに向う真針路および距離を求めよ。

▶解　　答◀

1	1	39°－33′.6S	160°－19′.3E
	2	40°－12′.7S	161°－29′.4E
	3	40°－51′.8S	162°－40′.1E
	4	41°－29′.1S	163°－48′.3E
	5	42°－06′.7S	164°－57′.6E
2	1	N64°.4W	428′.2
	2	N75°.8W	101′.9
	3	N61°.5W	584′.7
3	S22°.1W	341′.1	

注 この解においては，全ての数値を小数点以下2位まで求め，2位の数値を四捨五入した。数値の精度は，船位は分位の，針路は度の，航程は海里の小数点以下1位までで十分で，小数点以下の数値については過度の配慮は不要である。
　トラバース表を使用の場合，適当な数値を得難い場合は，小数点以下を省略して差し支えない。(例題2参照)

3　真中分緯度航法

平均中分緯度航法では，両地の平均中分緯度の距等圏の長さは，両地の東西距に等しいと仮定したが，地球を真球と考えた場合，真の東西距を表わす距等圏の緯度，すなわち真中分緯度は平均中分緯度より常に高緯度に偏する。

いま，真中分緯度を lt とすれば，

平均中分緯度航法の公式より

$$\tan \mathrm{Co} = \frac{\mathrm{Dep}}{\mathrm{D.}\,l} = \frac{\mathrm{D.L} \times \cos lt}{\mathrm{D.}\,l}$$

また，後述の漸長緯度航法の公式より

$$\tan \mathrm{Co} = \frac{\mathrm{D.L}}{\mathrm{m.d.}\,l} \qquad \therefore \quad \cos lt = \frac{\mathrm{D.}\,l}{\mathrm{m.d.}\,l}$$

上式より真中分緯度を求めることができる。

真中分緯度を使用した平均中分緯度航法を真中分緯度航法（True mid lat sailing）という。真中分緯度航法では，平均中分緯度航法の理論的な欠陥，すなわち，両地間の東西距は，平均中分緯度の距等圏に等しいと仮定するために生じる誤差を消去することができるが，このような正確さを必要とする場合には，計算の便宜上，漸長緯度航法が広く用いられているので，この航法の利用度は少ない。

4　連針路算法

船が航海するにあたり，風潮の影響や，途中の陸地や暗礁などのため，目的地に向かって直進することができず，たびたび針路を変えなければならない場合がある。

このようなとき，これら種々の針路，航程を総合して船位を求め，また，船が出発地より到着地に向かって直航したものと仮定して，直航針路（Course made good；Co.m.g）および直航航程（Distance made good；Dist.m.g）を求める算法を連針路算法（Traverse sailing）という。

計算方法としては，各針路ごとの変緯，東西距の代数和を求め，平均中分緯度航法により，直航針路，直航航程および到着地の経，緯度を求めるのが通例

である。

この算法は後述の日誌算法にも用いられる。

例題　北緯30°－15′，東経130°－20′の地を発し，下記のように航走した。到着経，緯度および直航針路，直航航程を求めよ。

N23°E　35′　　S70°E　120′　　S12°W　73′

N83°E　56′　　N18°W　13′

（トラバース表による解）

T. Co	Dist	D. *l*		Dep	
		N	S	E	W
N23°E	35′	32′.2		13′.7	
S70°E	120′		41′.0	112′.8	
S12°W	73′		71′.4		15′.2
N83°E	56′	6′.8		55′.6	
N18°W	13′	12′.4			4′.0
		51′.4	112′.4	182′.1	19′.2

51′.4　　19′.2

61′.0S　162′.9E

l_1	30°－15′N	Dep, mid *l* → 天測計算表p103より	D. L ＝188′E	
D. *l*	1°－01′S			
l_2	29°－14′N		L_1	130°－20′E
½ D. *l*	30′.5		D. L	3°－08′E
mid *l*	29°－44′.5N		L_2	133°－28′E

D. *l*, Dep → 天測計算表p101より　Co＝S69°E（Co. m. g）　　Dist＝174′（Dist. m. g）

（卓上計算器による解）

D. *l*，Dep，mid *l* の算出は上記に同じ。

D. L＝Dep÷cos mid *l*＝162′.9÷cos29°－44′.5＝187′.6E

∴ L_2＝133°－27′.6E

tan Co＝Dep÷D. *l*＝162′.9÷61′.0　　∴ Co＝S69°.5E

Dist＝D. *l*÷cos Co＝61′.0÷cos69°.5＝174′.2

問　題

（本問の計算にはトラバース表を使用した。
卓上計算器を使用してもほぼ同一の解を得る。）

問題 1　北緯46°－40′，西経179°－40′の地を発し，下記のように航海した。到着地の経，緯度および直航針路，直航航程を求めよ。

N67°W　35′.7　　N19°W　28′.6　　S23°W　41′.3
N 6°E　34′.8　　N38°E　23′.5

問題 2　某船は午前7時0分，A灯台（41°－55′.4N，143°－14′.9E）を磁針方位N60°W（偏差5°－30′W）10海里に認め，これよりコンパス針路S20°W（自差3°－15′E，偏差5°－15′W）に転針して，正午までに60海里を航走した。正午の推測位置を求めよ。

問題 3　A船は，3月10日1200（日本標準時）35°－20′N，147°－10′Eの地を発し，真針路0°で200海里，真針路090°で250海里を航走した。本船が出発地に戻るためにとるべき真針路，航程および到着予定日時を求めよ。ただし，A船の速力は10ノット，風潮の影響はないものとする。

▶解　答◀

1　到着経，緯度　47°－36′.1N　179°－20′.9E
直航針路　N35.°5W　直航航程　69′.0

2　40°－54′.2N　143°－02′.2E

3　S51°.3W　320′.2　13日午後5時

5　日誌算法

航海日誌に記入した諸要素（コンパス針路，自差，偏差，航程，風向，風力等）を要素として，当日正午の推測位置を求め，これを実測位置と比較して，その間の流程（Drift），流向（Current set），流速（Current rate）の平均値を求める航海集計を日誌算法（Days work）といい，主として平均中分緯度航法により計算する。

例 題　10月15日正午，本船の天測位置はLat 18° − 45′S，Long 99° − 18′E であった。その後24時間，下記日誌のように航海した。16日正午の本船推測位置を求めよ。また，天測による正午位置が Lat 15° − 19′S，Long 99° − 56′E であったとすれば，流潮の流向，流程はいくらか。

時刻	コンパス針路	航　程	風　向	風圧差	自　差	記　事
13	N45° E	8′.8	ESE	3°	3.° 0E	偏差30° W
14		9.2				
15		9.5				
16		8.5				
17		8.0				
18		7.8				
19		7.5				
20		7.2				
21		7.5				
22	N76° E	8.0	SE	3°	2.° 0E	
23		8.5				
MN		8.5				
1		8.5				
2		8.5				
3		8.0				
4		8.0				
5	N27° E	8.0	East	5°	2.° 0E	
6		8.0				
7		7.5				
8		7.5				
9		7.5				
10		7.5				
11		8.0				
Noon		8.0				

注　船舶の航海日誌は，毎日0時より次の日の0時までの24時間を1日として作られているが，例題では，正午から次の正午までの24時間を1日とし，日誌算法に必要な部分だけを記載した。

（トラバース表による解）

真針路に改める。

	(1st Co)	(2nd Co)	(3rd Co)
C. Co	45° RN	76° RN	27° RN
Dev	3° R	2° R	2° R
M. Co	48° RN	78° RN	29° RN
Var	30° L	30° L	30° L
	18° RN	48° RN	1° LN
L. W	3° L	3° L	5° L
T. Co	15° RN	45° RN	6° LN
	N15° E	N45° E	N 6° W

No.	T. Co	Dist	D. l		Dep	
			N	S	E	W
1	N15° E	74′	71.5		19.2	
2	N45° E	58′	41.0		41.0	
3	N 6° W	62′	61.7			6.5

D. l，Dep から，　174′.2N　60.2　6.5

T. Co. m. g　N17° E　　= 2° − 54′.2N　　6.5

Dist. m. g　182′.2　　　　53′.7E

推測経，緯度を求める。

15th Noon l_1	18° − 45′S	L_1	99° − 18′E
D. l	2° − 54′.2N	D. L	56′.2E
16th Noon l_2	15° − 50′.8S	L_2	100° − 14′.2E
½ D. l	1° − 27′.1		
mid l	17° − 17′.9		

流向，流程を求める。

D. R. lat	15° − 50′.8S	D. R. Long	100° − 14′.2E
Obs. lat	15° − 19′.0S	Obs. Long	99° − 56′.0E
D. l	31′.8N	D. L	18′.2W
mid l	15° − 34′.9	Dep	17′.5W
Current set	N29° W	Drift	36′.3

（卓上計算器による解）

D. l，Dep，mid l　の算出は上記に同じ。

$\tan$ T. Co. m. g = Dep ÷ D. l ∴ T. Co. m. g = N17°.1E

Dist. m. g = D. l ÷ cos T. Co. m. g = 182′.3

D. L = Dep ÷ cos mid l = 56′.2E ∴ L_2 = 100° − 14′.2E

Dep = D. L × cos mid l = 17′.5W

tan Current set = Dep ÷ D. l ∴ Current set = N28°.8W

Drift = D. l ÷ cos Current set = 36′.3

第3節 漸長緯度航法

漸長緯度航法では，漸長緯度の理論に基き，漸長変緯（Meridional difference of latitude；m. d. l；D. m. p ともいう）から変経を求め，針路，航程，変緯の計算には平面算法を用いる。

すなわち，Fig 4–7を漸長図とし，AB を航程の線とすれば，BB′ は変経に等しく，AB′ は漸長変緯であるから，針路，変経，漸長変緯の関係は次式により表わされる。

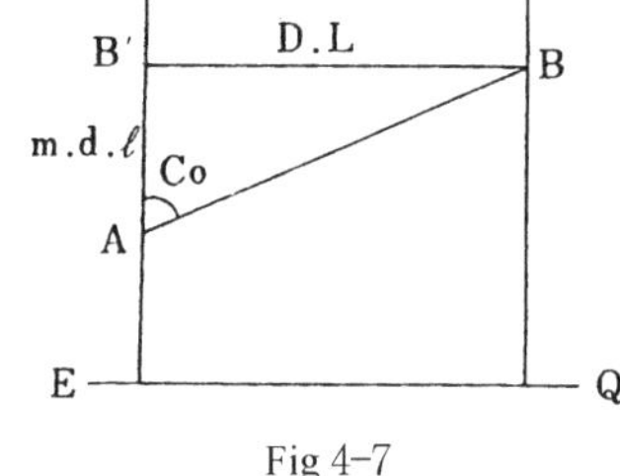

Fig 4–7

$$\tan \text{Co} = \frac{\text{D. L}}{\text{m. d. } l}$$

また，各緯度ごとの漸長緯度は，天測計算表第12表漸長緯度表（Meridional parts）に掲載されているので，二地点の漸長緯度（m・p）の表差（二地点が赤道を挟む場合はその和）より漸長変緯を求め，上式および平面算法の公式を用い，針路，航程，変緯，変経の中の二要素を知ることによって，他の二要素を求めることができる。

このような理論に基く航法を漸長緯度航法（Mercator's sailing）という。

漸長緯度航法に使用する公式は下記のとおりで，各要素の相互関係は Fig 4–8（内方の三角形は①④式を，外方の三角形は②③式を表わすものとし，針路は共通とする）のように図示することができる。

（公式）

D. l = Dist × cos Co……………………①

$$D.L = m.d.l \times \tan Co \quad \cdots\cdots ②$$

$$\tan Co = \frac{D.L}{m.d.l} \quad \cdots\cdots ③$$

$$Dist = D.l \times \sec Co \quad \cdots\cdots ④$$

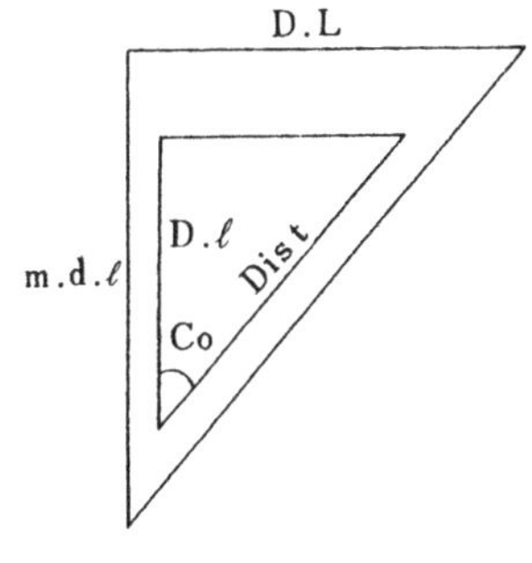

Fig 4−8

このように，漸長緯度航法の解法も，平面直角三角形の解法により行うことができるので，トラバース表を用いて計算を簡略にすることもできるが，この計算を行う場合は，平均中分緯度航法が使用に適しないか，または，とくに精密な結果を必要とする場合であるから，対数表（天測計算表第14～第19表）または卓上計算器で計算するのが通例である。

漸長緯度航法は，航程の線を航海するあらゆる場合に用いて最も正確な航法であるが，針路が90°に近い場合，すなわち，変経が大きく，変緯が小さいときは tan の値が大きくなり，漸長変緯の小さい誤差も変経の誤差を増大する結果となり，また，緯度がことに高い場合は漸長緯度の変化が急で，誤差を生じやすいから注意しなければならない。

漸長海図の緯度尺は漸長変緯（m. d. l）を用いているので，海図上で作図により求めた諸要素は，漸長緯度航法の計算により求めた要素と全く等しい。

例題 1　北緯34° − 10′，東経133° − 20′ の地を発し，S28° E へ705′ 航走した。到着地の経，緯度を求めよ。

D. l = Dist × cos Co より

log 705	2.8482	l_1	34° − 10′N
log cos 28°	9.9459	D. l	10° − 22′.5S
log D. l	2.7941	l_2	23° − 47′.5N
D. l	622′.5		

l_1 34° − 10′	m. p	2170.7	（天測計算表 p113）
l_2 23° − 47′.5	m. p	1461.2	（天測計算表 p112）
	m. d. l	709.5	

D. L = m. d. l × tan Co より

log　709.5…………2.8510		L_1	133° − 20′E
log tan 28° …………9.7257		D. L	6° − 17′.3E

log D. L　2.5767　　L_2　139° − 37′.3E

D. L　377′.3

注（卓上計算器による解）

漸長緯度航法の公式①，②にそれぞれの数値を代入し，l_2 = 23° − 47′.5N，L_2 = 139° − 37′.2E を得る。

例題 2　北緯45° − 30′，西経32° − 15′ の地点より，北緯41° − 20′，西経38° − 50′ の地点に至る真針路および航程を漸長緯度航法により求めよ。

l_1　45° − 30′N…m. p　3056.2　　L_1　32° − 15′W

l_2　41° − 20′N…m. p　2713.0　　L_2　38° − 50′W

D. l　4° − 10′S m. d. l　343.2　　D. L　6° − 35′W

250′S　　395′W

$\tan Co = \dfrac{D.L}{m.d.l}$ より　　Dist = D. l × sec Co より

log 395……………2.5966　　log 250　……………2.3979

log 343.2 ……………2.5356　　log sec 49° − 01′……0.1832

log tan Co　…………0.0610　　log Dist………………2.5811

Co　………49° − 01′　　Dist………………381′.1

S49° − 01′W

注（卓上計算器による解）

漸長緯度航法の公式③，④にそれぞれの数値を代入し，Co = S49° − 01′W，Dist = 381′.2を得る。

例題 3　3月3日の正午位置40° − 30′N，175° − 15′W の地点から真針路 N63° W へ，15ノットの速力で航走すれば，180° の子午線を通過するのは何日何時何分か。また，その地の緯度はいくらか。

m. d. l = D. L × cot Co より

L_1　175° − 15′W　　log 285 ……………2.4548

L_2　180° − 00′W　　log cot 63° …………9.7072

D. L　4° − 45′W　　log m. d. l …………2.1620

285′W　　m. d. l ………… 145.2

l_1　40° − 30′N……→ m. p　2647.1

m. d. l　145.2 +（符号に注意）

l_2　42° − 19′.3N ←… m. p　2792.3

D. l　1° − 49′.3N

109′.3N

Dist = D. l × sec Co より

log 109.3……………2.0386

log sec 63°　…………0.3430

log Dist ……………2.3816

Dist ………………240′.8

所要時間＝240′.8÷15′＝16時間3分

答　通過時刻　3月4日　0403，緯　度　42°－19′.3N

注（卓上計算器による解）

漸長緯度航法の公式②，④にそれぞれの数値を代入し，l_2＝42°－19′.3N，Dist＝240′.8を得る。

問　　題 （本問の計算には対数表を使用した。卓上計算器を使用しても略同一の解を得る。）

問題 **1** Lat 24° −10′N, Long 105° −30′E の地から，真針路 S16° W へ2645海里航走した。到着地の経，緯度を求めよ。

問題 **2** 下記の出発地から到着地に至る真針路および航程を求めよ。

	出 発 地		到 着 地	
1）	12° −13′N	55° −04′E	5° −16′N	63° −30′E
2）	15° −45′S	90° −20′W	23° −07′S	72° −18′W
3）	9° −50′N	13° −35′W	18° −24′S	38° −00′W

問題 **3** 5月10日正午位置 5° −21′N, 7° −08′E の地から，毎時18海里の速力で，14° −58′S, 4° −45′W の地に向け航走するものとして，赤道通過時刻およびこのときの経度を求めよ。

問題 **4** 30° −16′N, 147° −10′E の地から野島埼（34° −54′N, 139° −54′E）に至る真針路および航程を漸長緯度航法と中分緯度航法により計算し，結果を比較せよ。

問題 **5** 1° −07′S, 158° −57′E の地を発し，真経路280° で578海里航走した。到着地の経，緯度を求めよ。

▶解　　答◀

1 18° −12′.5S　93° −07′.3E

2 1） S50° −21′.0E　653′.6
2） S66° −41′.0E　1116′.5
3） S40° −40′.0W　2233′.0

3 5月11日　0838　4° −01′.6E

4 漸長緯度航法による場合
N53° −00′W　461′.9
中分緯度航法による場合
N53° W　461′

5 0° −33′.4N, 149° −31′.0E

第4節　流 潮 算 法

計算により，あるいは海図上から求めた推測位置（Dead reckoning position；D. R）と陸上物標，天体観測等により求めた実測位置（Observed position；O. P）とは多くの場合一致しない。その原因の一つに海潮流の影響がある。

流潮算法（Current sailing）とは，

1　推測位置と実測位置との差により，流向（Current set），流程（Drift），流速（Current rate）を求める場合

2　流潮を加味した自船の対地針路（Coures over the ground），対地速力（Speed over the ground）または推定位置（Estimated position；E. P）を求める場合

3　流潮を予測し，予定地に直航するためにとるべき針路，速力を求める場合

等の算法をいい，実際の船の運動と流潮の影響をベクトル的に合成または分解し，作図により求める法と，平面三角の公式を使用し計算（主としてトラバース表または卓上計算器を使用する）により求める法の二法がある。

1　推測位置と実測位置との差により，流向，流程，流速を求める法

最も簡単な方法は作図による法で，推測位置と実測位置とを海図に記入し，両者を結べば，その方位が流向，距離が流程，流程を所要時間で除したものが流速となる。

また，両地の変緯，変経から，平均中分緯度航法により流向，流程および流速を求めることもできる。

通常，Co, Dist から D. *l*, Dep を求めるにはトラバース表による。

ただし，表値を逆にとる場合および三角関数の計算には卓上計算器によるのが手近な算法といえよう。

例 題　本船，正午の推測位置は，南緯21°－54′，東経37°－55′で，天測位置は南緯22°－38′，東経37°－32′であった。前日正午より当日正午までの偏位は海流によるものとして，流向，流程，流速を求めよ。

（解）

l_1	21° −54′S	l_1	21° −54′S	L_1	37° −55′E
l_2	22° −38′S	½ D. l	22′S	L_2	37° −32′E
D. l	44′S	mid l	22° −16′S	D. L	23′W

Dep = D. L × cos mid l = 21′.3W

tan Current set = Dep ÷ D. l　　∴ Current set = S25°.8W

Drift = D. l ÷ cos current set = 48′.9

48′.9 ÷ 24 = 2′.0

答　流向　S25°.8W，流程48′.9，流速2′.0

2　流潮を加味した対地針路，速力または推定船位を求める法

Fig 4-9において，ABの方位を本船の視針路，その長さを対水速力（Speed through the water），ACの方位を流向，その長さを流速とすれば，平行四辺形の対角線ADの方位は対地針路を，その長さは対地速力を示す。

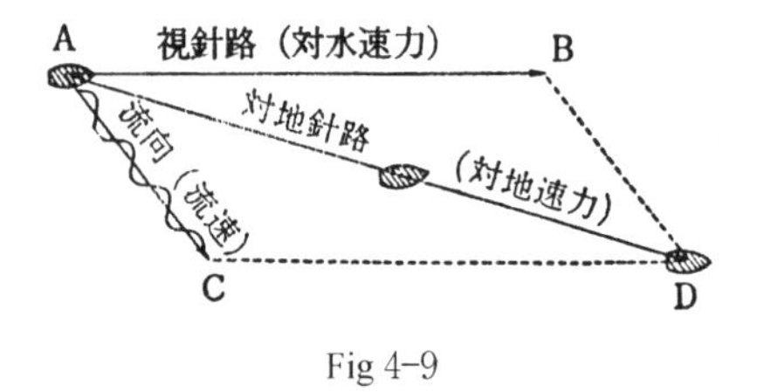

Fig 4-9

また，ABを航程（対水），ACを流程とすれば，Dは推定船位となる。

注　この種の問題で，力の平行四辺形を考える場合，ベクトルの各要素の単位を同一にとること，すなわち，速力に対しては流速を，航程に対しては流程を対応させることが必要で，如何に複雑な問題であってもこの原則を忘れてはならない。

例題　流向070°に3ノットで流れる海流を横切り，真針路（視針路）315°に12ノットの速力で航海したときの対地針路および速力を求めよ。

i　作図による法

A点を座標の中心とし，船の針路，速力によりB点を，流向，流速によりC点を求め，力の平行四辺形ABDCを作図すれば，ADは対地針路および対地速力を示す。

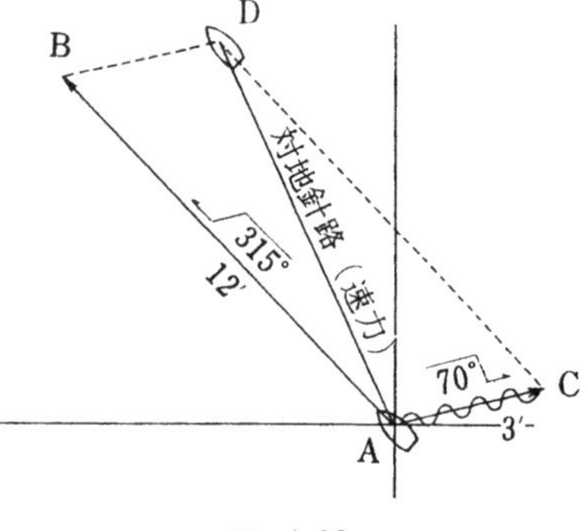

Fig 4-10

ii 連針路算法による法

上図において，最初AからBに，次にBからDに航行したものとして，連針路算法により，ADを求めることができる。

		D. l		Dep	
Co	Dist	N	S	E	W
N45° W	12′	8′.5			8′.5
N70° E	3′	1′.0		2′.8	
		9′.5N			5′.7W

tan Co = Dep ÷ D. l　　∴ Co = N31° W

Dist = D. l ÷ cos Co = 11′.1

答 対地針路 N31° W，対地速力 11.1ノット

（最初にAからCに，次にCからDに航行したと考えても同一の結果をうる）

iii 補助線を引き直角三角形を作り，トラバース表または卓上計算器を使用する法

DからABに垂線DEを下す。⊿BDEで，∠DBE = 65°，∠BDE = 25°，BD = 3′であるから，

Dist（BD）　3′
Co（∠BDE）　25°
……→
D. l（DE）　2′.7
Dep（BE）　1′.3　をうる。

従って，AE = AB − BE = 12′ − 1′.3 = 10′.7

⊿ADEで

tan∠DAE = Dep ÷ D. l

∴∠DAE = 14°.2

Dist = D. l ÷ cos∠DAE = 11′.0

従って，対地針路（ADの方向） = 315° + 14°.2 = 329°.2（N30°.8W）

対地速力 = 11′

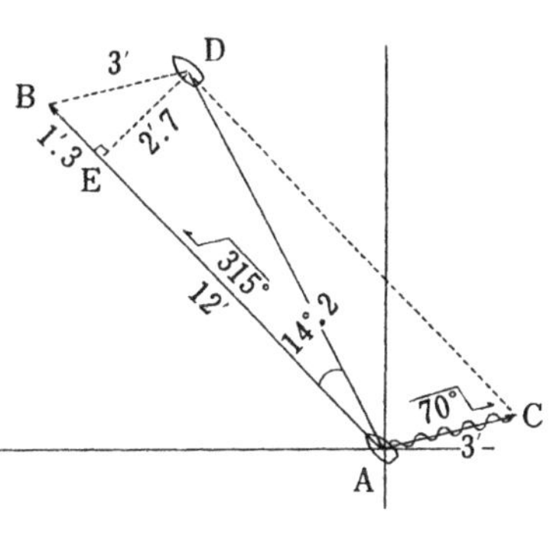

Fig 4-11

iv 正弦，余弦法則による法

上図において，⊿ABDに余弦法則を適用し，

$$AD = \sqrt{AB^2 + BD^2 - 2\,AB \cdot BD \cdot \cos\angle ABD}$$

従って，$AD = \sqrt{122.6} \fallingdotseq 11'.1$

次に，⊿ABDに正弦法則を適用し，

$$\frac{BD}{\sin\angle BAD} = \frac{AD}{\sin\angle ABD}$$

従って，sin∠BAD = 0.2449　　∴　∠BAD ≒ 14.°2

従って，対地針路＝315°＋14°.2＝329°.2（N30°.8W）
　　　　対地速力＝11′.1

注　上述のように，流潮算法の解法は一法にとどまらない。いずれの解法によるかは，計算の難易，精度の疎密によるが，極力，トラバース表または卓上計算器を活用し，計算の迅速化を意図すべきである。その点からも，上例ではiiの解法が一般的な解法といえよう。

3　流潮を予測し，予定地に直航するためにとるべき針路，速力を求める法

例 題　某地を発し，真方位080°に毎時3海里の速さで流れる海流を横切り，真方位110°，48海里にある港に，4時間後に到着する予定の船がとるべき真針路および速力を求めよ。

i　作図による法

題意により，力の平行四辺形を描く。すなわち，ACを流向，流速に，ADを対地針路，対地速力にとれば，ABが本船のとるべき真針路および速力である。

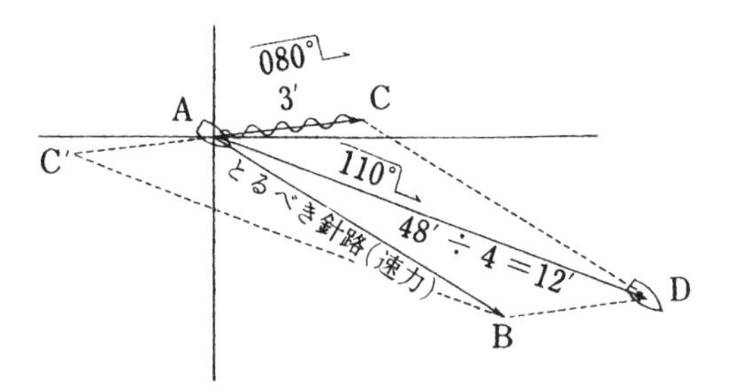

Fig 4–12

ii　連針路算法による法

上図において，最初AからDに，次にDからBに（流向の反方位となる点に留意のこと）航行したものとして，連針路算法によりABを求めることができる。

		D. l		Dep	
Co	Dist	N	S	E	W
S70°E（110°）	12′		4′.1	11′.3	
S80°W	3′		0′.5		3′.0
			4′.6	8′.3	

tan Co＝Dep÷D. l　　∴ Co＝S61°.0E

Dist＝D. l÷cos Co ＝9′.5

答　とるべき真針路　S61°E，とるべき速力　9.5ノット

（最初にAからC′に，次にC′からBに航行したと考えても同一の結果をうる）

iii　補助線を引き直角三角形を作り，トラバース表または卓上計算器を使用する法

B から AD に垂線 BE を下す。

⊿BDE で

∠BDE＝30°，BD＝3′であるから，

Dist（BD）　3′
Co（∠BDE）　30°　……→

D. l（DE）　2′.6
Dep（BE）　1′.5

従って，AE＝AD－DE＝12′－2′.6＝9′.4

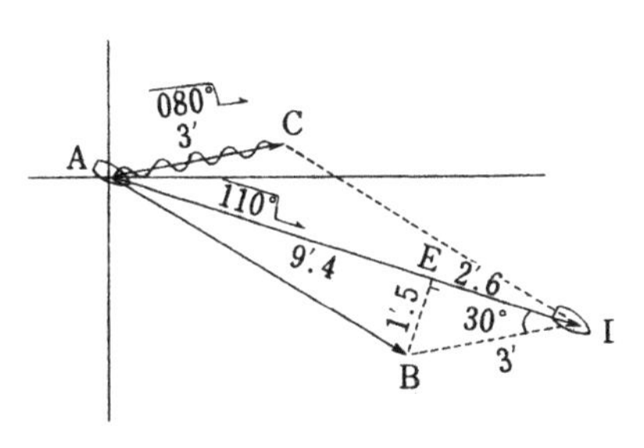

Fig 4-13

⊿ABE で

tan∠BAE＝Dep÷D. l　∴　∠BAE＝9°.1

Dist＝D. l÷cos∠BAE＝<u>9′.5</u>

従って，

とるべき真針路（AB の方向）	＝110°＋9°.1＝119°.1（S60°.9E）
とるべき速力	＝9′.5

iv　正弦，余弦法則による法

上図において，⊿ABD に余弦法則を適用し，

AB＝$\sqrt{12^2 + 3^2 - 2 \times 12 \times 3 \times \cos 30°}$ ≒ 9′.5

次に⊿ABD に正弦法則を適用し，

sin∠BAD＝0.158　従って，∠BAD ≒ 9°.1となり，上記と同様の結果をうる。

注　上記例題の解法の中では，前記例題と同様，ii の解法が一般的な解法といえよう。

流潮算法を大別すると概ね上記1，2，3の型に分類できるが，いずれの場合においても，①正確な作図によって題意を完全に読みとり，②問題がいずれの型に属するかを判断し，③必要に応じ，補助線の挿入または位置の線の転位を行い，④計算手段（作図によるか，トラバース表または卓上計算器を使用するか，三角関数によるか）を決定しなければならない。

以下，個々の例題について考えてみよう。

4　例　　題

例題 1　速力15ノットの船が，流向215°，流速2ノットの海流を横切り，真

方位266°，250海里にある港に直航する場合，とるべき針路および所要時間を求めよ。

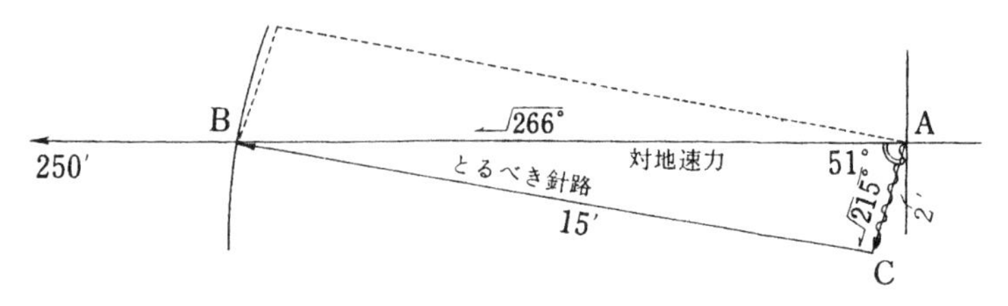

Fig 4–14

i　作図による法

Aを座標の中心とし，流向，速流によりCを決定し，Cを中心として描いた半径15′の円周が266°の方位線と交わる点をBとすれば，CBの方位がとるべき針路，ABの長さが対地速力となる。

ii　計算による法

⊿ABCにおいて

$$\sin\angle ABC = \frac{2 \times \sin 51°}{15}$$

$$\therefore \quad \angle ABC = 5° - 57' \fallingdotseq 6°$$

従って，

とるべき針路（CBの方向）は266° + 6° = 272°

また，∠ACB = 180° − （6° + 51°） = 123°であるから

$$AB = \frac{15 \times \sin 123°}{\sin 51°}$$

∴ AB ⟶ 16′.2　これが対地速力であるから

所要時間 = 250′ ÷ 16′.2 = 15.43時間（15時間26分）

（この種の問題はCからABに垂線を下し，トラバース表または卓上計算器を使用して解くこともできる）

例題 2　L灯台より135°，65海里の地点から，流向250°に2ノットの速さで流れる海流を横切り，4時間後に同灯台を右げん正横7海里で航過しなければならない場合，この船がとるべき針路（視針路）および速力をトラバース表を使用して計算せよ。

(考え方)

i　題意より，4時間にうける海流の影響は，250°方向に2′ × 4 = 8′（上図におけるAC）である。

ii　次に，海流の影響がないものとして，Cより，Lを中心とする半径7′の円に接線CBを引けば，CBの方向がとるべき針路（視針路）である。すなわち，本船はA地を発し，CBに平行な直線ADを針路として，4

時間後にD点に到達すべきであるが，DB（＝AC）なる海流の影響をうけB点に達したものと解釈できる。

iii　従って，とるべき速力は，AD（＝CB）を所要時間で除することにより求めることができる。

(計　算)

LからCに補助線を引き，C→A→Lの連針路算法によりCLの方位および距離を求め，次に直角三角形CBLよりトラバース表を使用して，CBの方位および距離を算出する。

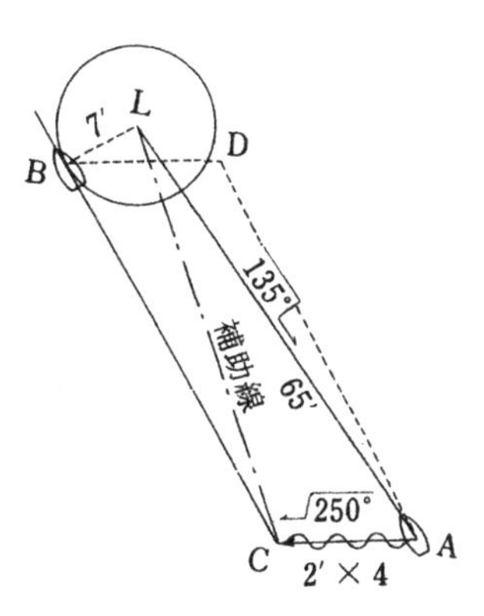

Fig 4-15

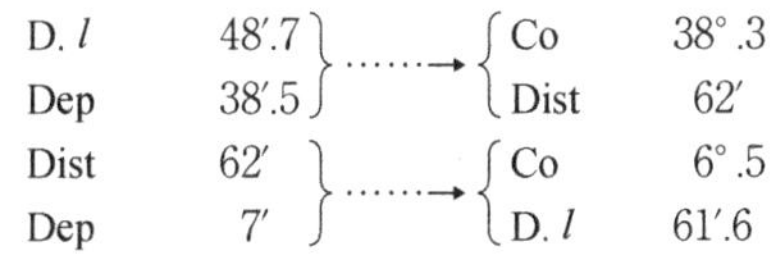

Co	Dist	D. l N	D. l S	Dep E	Dep W
N70° E	8′	2′.7		7′.5	
N45° W	65′	46′.0			46′.0
		48′.7			38′.5

D. l	48′.7	……→	Co	38°.3
Dep	38′.5		Dist	62′
Dist	62′	……→	Co	6°.5
Dep	7′		D. l	61′.6

従って，<u>とるべき針路＝38°.3＋6°.5＝N44°.8W</u>

<u>とるべき速力＝61′.6÷4＝15.4ノット</u>

例題 3　本船は12ノットの速力で300°に航行中，ある灯光を345°，21海里に見てから1時間30分の後に同灯光に並んだ。この付近には流向90°の海流がある。流速および同灯光の正横距離をトラバース表により求めよ。

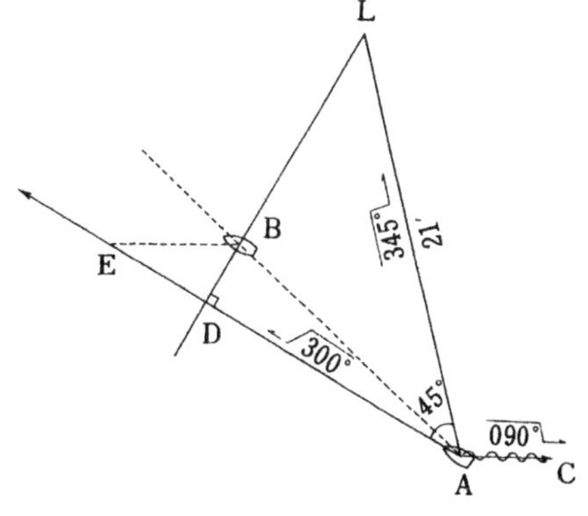

Fig 4-16

(考え方)

i　Lより300°の針路線に垂線を下し，その脚を

D とすれば，船は LD 上のいずれかの点で，灯光に並航したこととなる。

ii　AD の距離は直角三角形 ADL から求まる。

iii　海流がないものとして，1時間30分後の船位 E を求める。すなわち，12′×1.5＝18′ を A から視針路上にとれば，AD の延長上に E が求まる。

iv　E から流向 AC に平行線を引き，LD と交わる点を B とすれば，LB が正横距離，EB が流程となる。

この場合，本船は，潮流の影響がないものと仮定すれば，1時間30分後に E 点に到達すべきであるが，その間 EB なる海流のため B まで圧流され，その地で灯光 L に並航したものと解釈できる。

（計　算）

直角三角形 ADL において

Co	45°	……→	D. l	14′.8＝AD
Dist	21′		Dep	14′.8＝LD

AE ＝12′ ×1.5＝18′

直角三角形 BDE において，

ED＝AE－AD＝18′－14′.8＝ 3′.2，∠BED＝30° となるから

Co	30°	……→	Dep	1′.85＝BD
D. l	3′.2		Dist	3′.7＝EB

従って，正横距離 LB＝LD－BD＝14′.8－ 1′.85＝12′.95≒13′.0

流速＝ 3′.7÷1.5＝2.5ノット

例 題 **4**　機船 A 丸は，風波のない平穏な海面を，ジャイロコース082°（誤差－2°）速力10ノットで航行中，L 灯台（35°－00′N，138°－25′E）の灯光を，午後7時，8時，9時と隔時観測し，それぞれ，真方位015°，350°，320° をえた。また，午後9時には M 灯台（34°－56′N，138°－58′E）の灯光を真方位049° に測定した。この場合の A 丸の実航真針路および実速力を求める方法について，図示説明し，船位の偏位は海流によるものとして，この海域における海流の流向，流速を作図により求めよ。

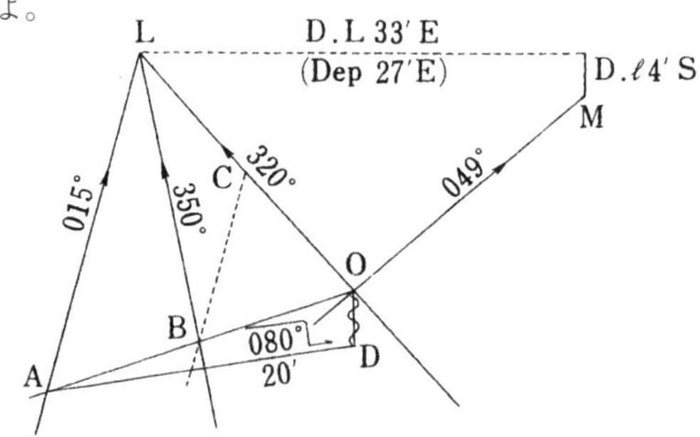

Fig 4–17

(考え方)

i　題意に従い略図を描くと，2100の船位は，第3方位線（320°）と第4方位線（049°）の交点Oとなる。

ii　船が実際に進んだ航跡，すなわち，対地針路は，Oを通り，しかも，第1，第2，第3方位線で等分される（同一時間々隔であるから）直線である。（実航針路の限定）

iii　対地針路が決定すれば，2100の船位から逆算して1900の船位Aを決定できる。従って，2100の推測位置Dは，対水速力と視針路により決定する。

iv　iで決定した実測船位Oと，iiiで求めた推測船位Dとの偏位量により流向，流速は求まる。

(作　図)

L灯台	35°－00′N	138°－25′E	mid l	……→ Dep　27′E
M灯台	34°－56′N	138°－58′E	D.L	
	D. l　4′S	D. L　33′E		

（作図に天測位置決定用図を使用すれば，上記計算は不要である）

i　L，Mを図上に決定し，題意の方位線を引く。

ii　2100に観測したL灯台とM灯台の方位線の交点Oを2100の船位とする。

iii　OLを2等分する点Cから，第1方位線に平行線を引き，第2方位線との交点をBとする。

iv　O，Bを結んだ直線が第1方位線と交る点をAとすれば，AOは2100の実測位置Oを通り，かつ直線LBにより2等分される直線であるから，方位AOが求める対地針路すなわち実航真針路，線分AOが2時間の対地航程，従って，対地速力すなわち実速力はAO/2となる。

v　また，Aから視針路080°，対水航程20′をとった点Dは2100の推測位置で，DOが流向，その距離が2時間の流程，従って，流速はDO/2となる。

従って，作図により，実航真針路N70°E，実速力10.5ノット，流向N3°W，流速2ノットをうる。

注　この問題を解くには，隔時観測（後述）に関する若干の基礎知識を必要とする。従って，題意および解法を理解し難い場合には，第7章第2節第1項「ランニング・フイックスによる船位決定法」を参照されたい。

問　題

問題 1　某船はA灯台より真方位230°，距離30海里の地点を発し，毎時9ノットの速力で真方位124°へ3時間航走し，A灯台を真方位015°，距離20海里に測った。この間の海流の流向，流速を求めよ。

問題 2　N65°W に毎時2½海里の速さで流れる海流を横切り，S50°W，15海里の地点に1時間後に到着する予定の船がとるべき針路および速力を計算せよ。

問題 3　速力13¼ノットの某船が流向306°，流速2½ノットの海流を横切り，031°にある港に向け航海する場合にとるべき真針路を算出せよ。

問題 4　静水中で12ノットの速力の船が，4ノットの平行な流れの河を直角に横切るにはどの方向に航走すればよいか。また，河幅が1000メートルとすれば，これを航走するにはどれだけの時間を要するか。

問題 5　某船は真針路075°，速力15ノットで航行中，午前8時20分A灯台を左げん正横17海里に航過し真針路045°に変針した。いま，この船が真方位275°へ毎時3½海里の速さで流れる海流の影響を受けながら，A灯台より真方位052°，24海里にあるB灯台に最も近づく時刻（分位まで）と，そのときの距離を，トラバース表により求めよ。

問題 6　某船の正午位置はL灯台より真方位121°，距離72海里の地点で，いま，この船が真方位060°へ毎時3½海里の速さで流れる海流を横切り，午後6時0分灯台を右げん正横15海里で通過しなければならない場合，この船がとるべき視針路および速力を，トラバース表を使用して計算せよ。

問題 7　某船が毎時12海里の速力で真針路256°へ航行中，某灯台の真方位を283°，距離30海里に測り，1時間航走後，ふたたび同灯台を306°，19海里に測った。この間の偏位は海流によるものとして，後測地点から同灯台を2時間で右げん正横6海里の距離で並航するためには，針路および速力をいくらにすればよいか。

問題 8　流向120°，流速4ノットの潮流を横切り，針路255°，速力14ノットで航行中，午前9時0分某灯台の方位を220°に測定し，さらに午前9時30分に185°に測定した。午前9時30分の船位を計算により求めよ。

問題 9　汽船甲丸は，針路290°，速力14ノットで，流向050°，流速毎時3海里の海流を横切って航行中，午前11時0分および11時30分にA灯台の方位を測定して，それぞれ330°および355°をえた。午前11時30分における甲丸より灯台までの距離を算出せよ。

問題 10　真針路055°へ毎時15ノットの速力で航行中，船位を測定するため某灯台の方位を左げん船首30°に測り，次に左げん船首60°に測って，その間ログ示度11海里をえた。いま，この間，真方位110°へ毎時３海里の海流があるものとして，計算により，後測時における灯台までの正しい距離を求めよ。

▶解　　答◀

1　流向 N17° W，流速5.2ノット
2　とるべき針路 S40° $\frac{2}{3}$W，とるべき速力14.1ノット
3　とるべき真針路 N41° －50′E
4　正横より19° －28′だけ河上に向ける。所要時間２分52秒
5　最接近距離4.9海里，最接近時刻1057
6　とるべき針路 N81°.8W，とるべき速力13.8ノット
7　とるべき針路 N56°.9W，とるべき速力8.55ノット
(流向　S54° W
流速　2.72ノット)
8　0930の船位は灯台より N5° E，3.57海里の地点
9　灯台までの距離7.2海里
10　灯台までの正確な距離15.39海里

注　表値の引き方の目安とするため解答は詳細に求めたが，実務上は，針路は度の，航程・距離は海里の，船速・流速はノットの小数点以下１位までで十分で，船位についても分位の小数点以下の数値について過度の配慮は不要である。

第５章　大圏航法

大圏航法（Great circle sailing）とは，大圏上を航海して，両地間の最短距離を航走する航法をいう。大圏はすべての子午線と異なった交角をもって交わるため，大圏上を航走するには，厳密な意味では，時々刻々に，その針路を変更しなければならない。しかし行船上そのようなことはできないので，実施にあたっては，大圏上を変経10°もしくは適当な航程（約１日の航程）に区分し，その間を航程の線航法で航海し，極力，大圏にそい航走するよう計画する。このために生じる航程の損失は極めて微少で問題とするにたりない。

大圏航法と航程の線航法による航程の差は，両地の距離が500海里程度なら約１％程度で大差はないが，1000海里以上にもなると航程は比較的短縮され，一般に経済的である。

野島埼（34°－54′N，139°－55′E），サンフランシスコ（37°－49′N，122°－29′W）間の航程は，大圏によれば4477′.6，航程の線によれば4719′.3である。

大圏航法の利点，欠点は次のとおりである。

利点　航程が短縮されるため，航海日数の短縮，燃料の節約，載貨量の増大等の経済効果が期待される。一般に二地点が南北にあるとき，または低緯度のときは，航程の差は少ないが，両地の緯度が高く，経差の大きい場合は有利である。

欠点　航法の計算が複雑で，実施面でも針路をしばしば変更しなければならない。また，大圏航路は，一般に高緯度の海域を航過するため，自船の耐航性能，気象，海象の影響等を考慮し，航路の選択を行う必要が生じる。

第1節　用語の説明

Fig 5-1で，P，P′を地球の両極，弧EQを赤道，弧ABをA，B二地点を通る大圏（Great circle）とし，A地からB地に航走する場合，

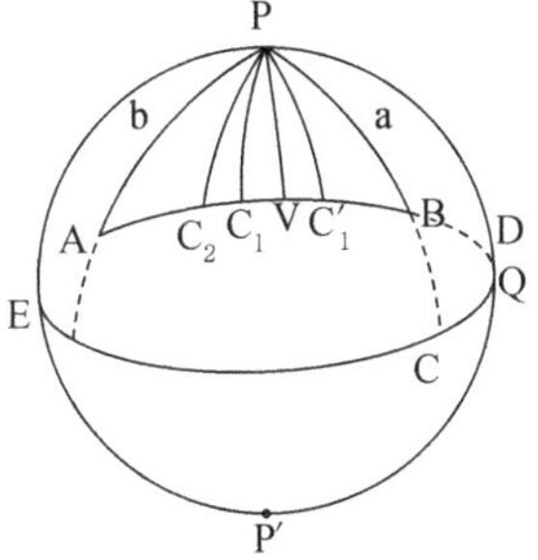

Fig 5-1

A：出発点（Departure point），B：到着点（Arrival point）

∠APB：経度差（D.Long：D.L.）

∠PAB：出発針路（Initial Co.：I.Co.）

∠CBD：到着針路（Final Co.：F.Co.）

注　∠PBAは，擬似到着針路と呼び，到着針路である∠CBDの対頂角となる。大圏航法計算では球面三角形PABを使用するので，便宜上この角度を計算して求めることにしている。F′.Co.と略記して，F.Coと区別している。到着針路と角度は同一であるが，到着針路ではないので，象限符号を付す場合に注意が必要である。

弧ABを海里で表わしたものを大圏距離（Great circle distance），弧ABまたはその延長線上にある最高緯度の点Vを頂点（Vertex）という。

また，大圏上において頂点Vより適宜の変経を有する諸点，

C_1，C_1'，C_2……を変針点とする。

大圏は，赤道に対し彎曲（凹）し，極に対し屈曲（凸）した曲線となる。

頂点を通る子午線は，頂点において大圏に直交する。

出発針路，到着針路のいずれもが鋭角の場合，頂点は大圏の弧内に，いずれかが鈍角の場合，頂点は大圏の弧外に偏する。

図において，子午線PA，PB，PV，PC_1，PC_1'，PC_2……，弧ABはすべて大圏である。

球面上で大圏にかこまれた三角形を球面三角形という。従って，⊿PABは球面三角形，⊿PAV，⊿PBV，⊿PC_1V，⊿PC_1'V……はいずれも球面直角三角形である。

球面三角形（または球面直角三角形）は平面三角形（または平面直角三角形）に類似の解法により解くことができる。

以上のことから，大圏航法に必要な諸要素（大圏距離ならびに頂点および変針点の経，緯度）は，地球を球と仮定し，上記球面三角形（または球面直角三角形）を球面三角法により解くことにより求めることができる。

解法に必要な球面三角法の公式は見返しの部に掲載した。

第2節　卓上計算器による解法

1　大圏距離を求める法

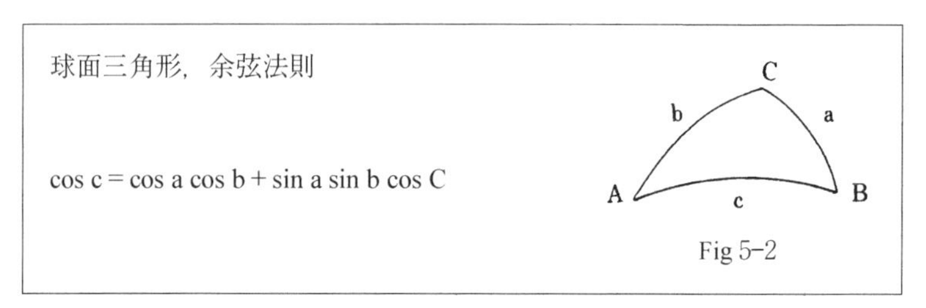

球面三角形，余弦法則

$$\cos c = \cos a \cos b + \sin a \sin b \cos C$$

Fig 5-2

Fig 5-3，球面三角形 PAB において，出発地 A，到着地 B の緯度をそれぞれ l_A，l_B，両地の変経を D.L. とすれば，

$a = 90° - l_B$

$b = 90° - l_A$

$\angle P =$ D.L. となる。

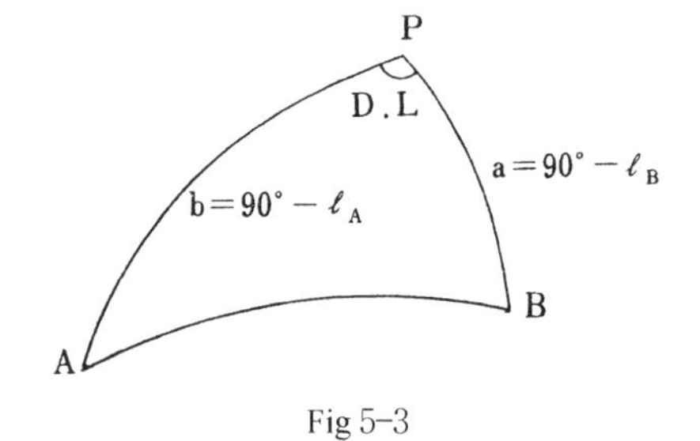

Fig 5-3

これを上式に適用し，大圏距離 p を求めることができる。

すなわち，

$$\cos p = \cos(90° - l_B)\ \cos(90° - l_A)\ + \sin(90° - l_B)\ \sin(90° - l_A)\ \cos \text{D.L.}$$

$$= \sin l_B \sin l_A + \cos l_B \cos l_A \cos \text{D.L.}$$

ここで，p: 大圏距離，l_A: 出発緯度，l_B: 到着緯度，D.L.: 経度差

注　l_A，l_Bの符号は北を（＋），南を（－）として代入する。

2　出発針路，到着針路を求める法

Fig 5-4，球面三角形PABにおいて，∠Aを出発針路，∠Bを擬似到着針路とすれば，正弦法則の式を変形して，次のように求めることができる。

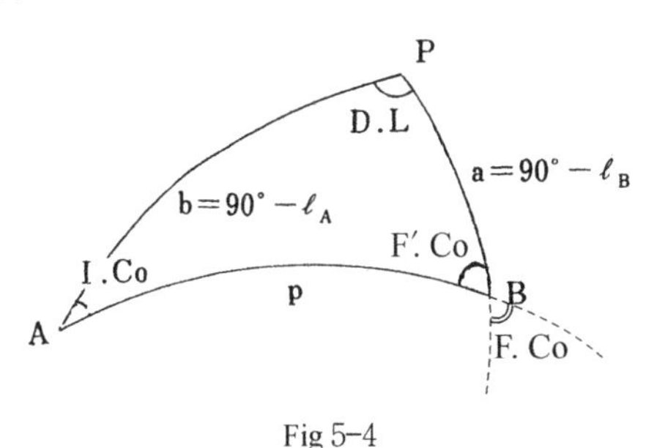

Fig 5-4

$\sin \text{I.Co.} = \sin(90° - l_B) \sin \text{D.L.} / \sin p$

$= \cos l_B \sin \text{D.L.} / \sin p$

$\sin \text{F}'\text{.Co.} = \sin(90° - l_A) \sin \text{D.L.} / \sin p$

$= \cos l_A \sin \text{D.L.} / \sin p$

球面三角形，正弦法則

$\sin a \sin B = \sin b \sin A$

またはこれを変形して

$\sin a / \sin A = \sin b / \sin B = \sin c / \sin C$

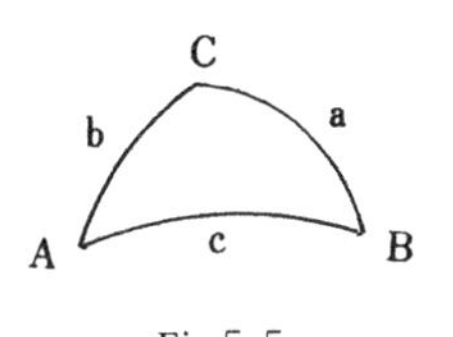

Fig 5-5

ここで，I.Co.：出発針路，F′.Co.（＝F.Co.）：擬似到着針路（＝到着針路），l_A：出発緯度，l_B：到着緯度，D.L.：経度差，p：大圏距離

注　l_A，l_Bの符号は北を（＋），南を（－）として代入する。擬似到着針路と到着針路は数値的には全く同一であるが，電卓で求めた針路は0°～90°の範囲で表現されるので，象限判別をする必要がある。EあるいはWの向きは船の航走する方向で容易に判別することが可能である。NあるいはSについては，必ず擬似到着針路の反対の符号を到着針路にはつけなければならない。この理由については作図を併用すれば簡単に理解することができるので説明は省略する。

注　出発針路及び擬似到着針路は，球面三角形の余弦法則から求めることもできる。

Fig 5-2において，余弦法則より，

$\cos a = \cos b \cos c + \sin b \sin c \cos A$

$\cos A = (\cos a - \cos b \cos c) / \sin b \sin c$　……①

$$\cos b = \cos a \cos c + \sin a \sin c \cos B$$

$$\cos B = (\cos b - \cos a \cos c) / \sin a \sin c \quad \cdots\cdots②$$

出発針路は，①式及び Fig 5-4より，

$$\cos I.Co. = (\sin l_B - \sin l_A \cos p) / \cos l_A \sin p$$

擬似到着針路は，②式及び Fig 5-4より，

$$\cos F'.Co. = (\sin l_A - \sin l_B \cos p) / \cos l_B \sin p$$

同様に，他の球面三角形の公式（例えば「ナピヤの公式」）でも求めることができるが，式が複雑になり，卓上計算器では計算ミスを犯しやすくなるため推奨しないことにしたい。

3　針路の符号のつけ方

針路の符号（両地の経度差が180度以下のとき）の一般的な判別法は以下のとおり。

⑴　両地が同一半球にある場合

①頂点が両地を通る大圏の弧内に存在する場合（出発針路及び到着針路が共に鋭角のとき）は，出発針路には緯度と同名の符号を針路の前に付し，到着針路には異名の符号を付する。また，東航の場合には E を，西航の場合には W をそれぞれの針路の後に付する。

②頂点が両地を通る大圏の弧外に存在する場合（出発針路及び到着針路の一方が鋭角，一方が鈍角の場合）は，①と同様の針路符号を付し，鈍角となる出発針路または到着針路の N あるいは S を反転する。

⑵　両地が赤道をまたがる場合

①頂点が両地を通る大圏の弧内に存在する場合（出発針路及び到着針路が共に鋭角のとき）は，出発針路には出発緯度と到着緯度のうち値の大きい方の緯度と同名の符号を針路の前に付し，到着針路には異名の符号を付する。また，東航の場合には E を，西航の場合には W をそれぞれの針路の後に付する。

②頂点が両地を通る大圏の弧外に存在する場合（出発針路及び到着針路の一方が鋭角，一方が鈍角の場合）は，①と同様の針路符号を付し，鈍角となる出発針路または到着針路の N あるいは S を反転する。

注　計算によって求めた出発針路あるいは擬似到着針路からだけでは，頂点の位

置が弧内にあるか弧外にあるか判断することはできないので，個別に頂点の位置を計算するか，あるいは大圏図を併用するなど，作図によって判断することになる。

㊟　針路につける符号については，天測計算表第６表「高度方位角計算表」の欄外にある方位角につける符号で，緯度（l）と赤緯（d）をそれぞれ出発緯度や到着緯度に置き換えて，出発針路や擬似到着針路につける符号を判別することは可能である。また，天測計算表第23表「三角法主要公式」には，球面三角形，直角球面三角形の主要公式が掲載されているので参考にされたい。

4　頂点を求める法

球面直角三角形の公式

$\sin A = \sin a \operatorname{cosec} c$ …①

$\cos B = \tan a \cot c$ …②

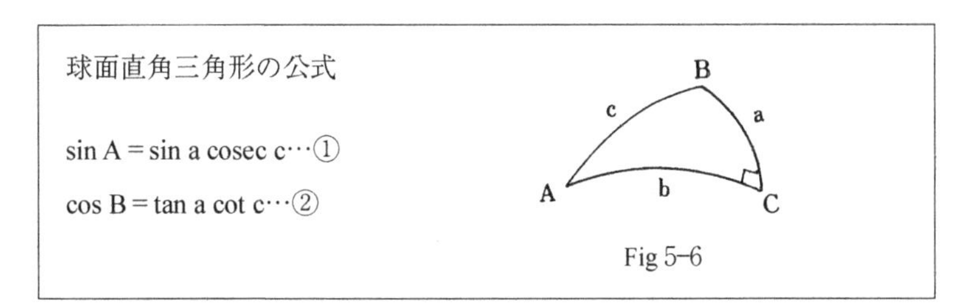

Fig 5−6

(1)　頂点の緯度を求める法

頂点Ｖの緯度を l_V とする。公式①の Fig 5−7球面直角三角形 PAV に適用し，$\sin A = \sin(90° - l_V) \cdot \operatorname{cosec}(90° - l_A) = \cos l_V \sec l_A$

$\therefore \cos l_V = \sin A \cos l_A$

上式より頂点Ｖの緯度 l_V は求まる。

㊟　頂点Ｖの緯度 l_V は，
公式①を球面直角三角形 PBV に適用し，$\cos l_V = \sin B \cos l_B$ により求めることもできる。

(2)　頂点の経度を求める法

頂点Ｖの経度を L_v とする。公式②を，Fig 5−7球面直角三角形 PAV に適用し，

$\cos\angle APV(= D.L.) = \tan(90° - l_v) \cot(90° - l_A)$

$= \tan l_A / \tan l_v$

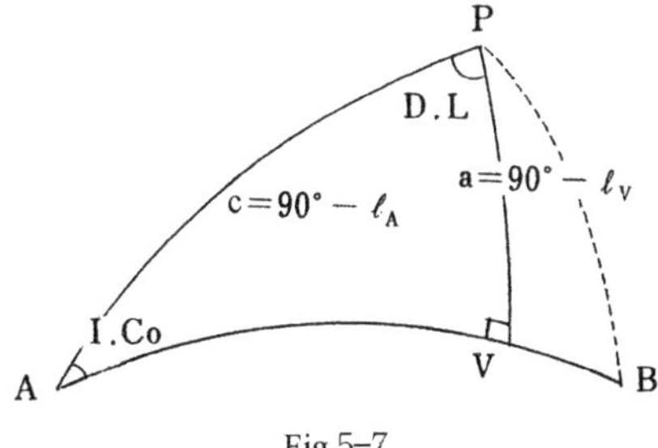

Fig 5−7

ここで球面直角三角形 PAV における∠APV（＝D.L.）は，A と V の二地点間の経度差であるから，∠APV（＝D.L.）を A 地の経度に改正すれば頂点 V の経度 L_v は求まる。

注 1　頂点 V の経度 L_v は，公式②を球面直角三角形 PBV に適用し，
$\cos \angle BPV = \tan l_B / \tan l_v$ により求めることもできる。

2　変経の加減は，出発針路，到着針路がともに鋭角の場合は頂点が弧内に，いずれかが鈍角の場合は，鈍角の弧外に存在するように加減するものとする。

5　変針点を求める法

Fig 5–8に示すように変針点 C_1 および C_1'，C_2 および C_2'……は，頂点 V を中心とし，大圏上に適宜の航程（変経 λ）をもつ対称点である。

頂点 V において子午線 PV は大圏に直交するので，このようにして求めた球面直角三角形 $\varDelta PC_1V$ および $\varDelta PC_1'V$，$\varDelta PC_2V$ および $\varDelta PC_2'V$，……はいずれも対称球面直角三角形を構成する。そのため，対称点 C_1 および C_1'，C_2 および C_2'，……の緯度は等しい。

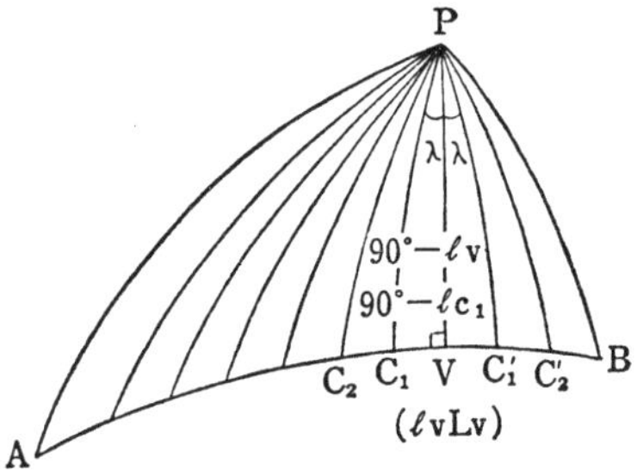

Fig 5–8

従って，変針点の緯度は，対称点のの一方の緯度を求めればよく，経度は頂点の経度に変経 λ を算術的に加減することにより求めることができる。すなわち，各変針点の経，緯度を lc_1，Lc_1，lc_1'，Lc_1'……とし，

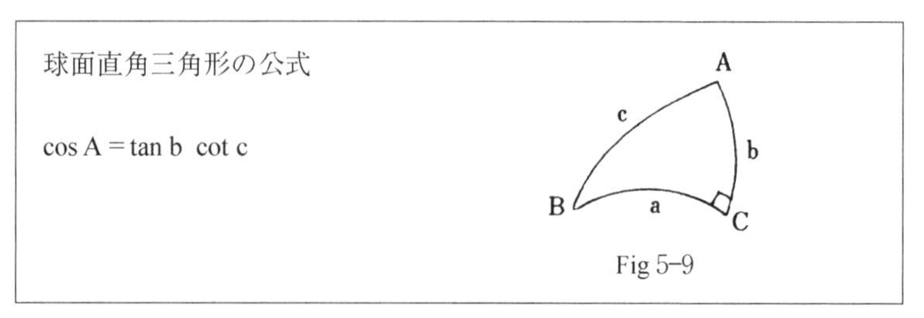
球面直角三角形の公式

$$\cos A = \tan b \ \cot c$$

Fig 5–9

上記公式を Fig 5–8球面直角三角形 PC_1V に適用すれば，

$$\cos \lambda = \tan(90° - l_V) \cot(90° - l_{C1})$$

Fig 5−10

北太平洋大圏航法図

GNOMONIC CHART FOR FACILITATING GREAT CIRCLE SAILING

NORTH PACIFIC OCEAN

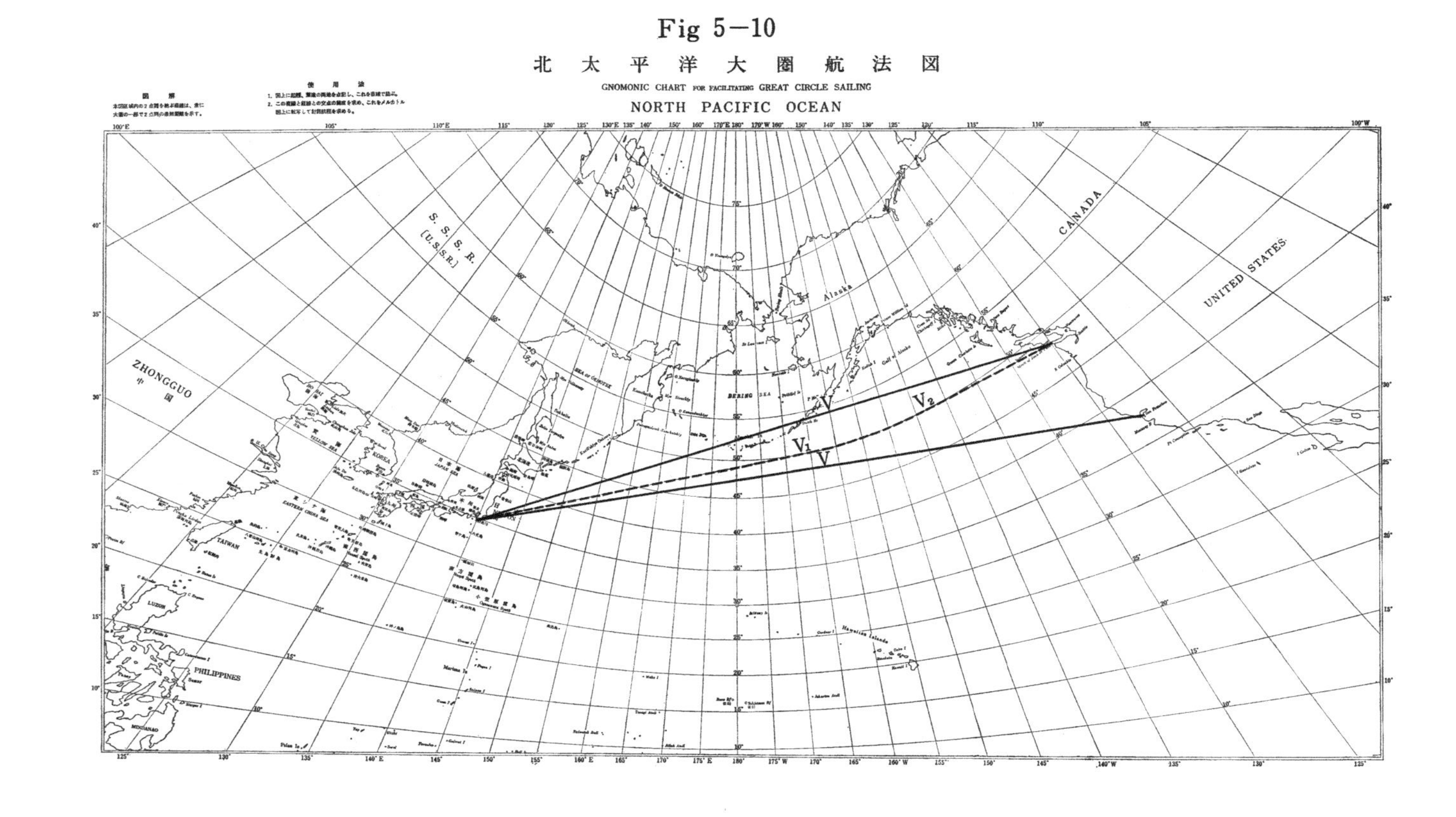

Fig 5 −11

北太平洋漸長図

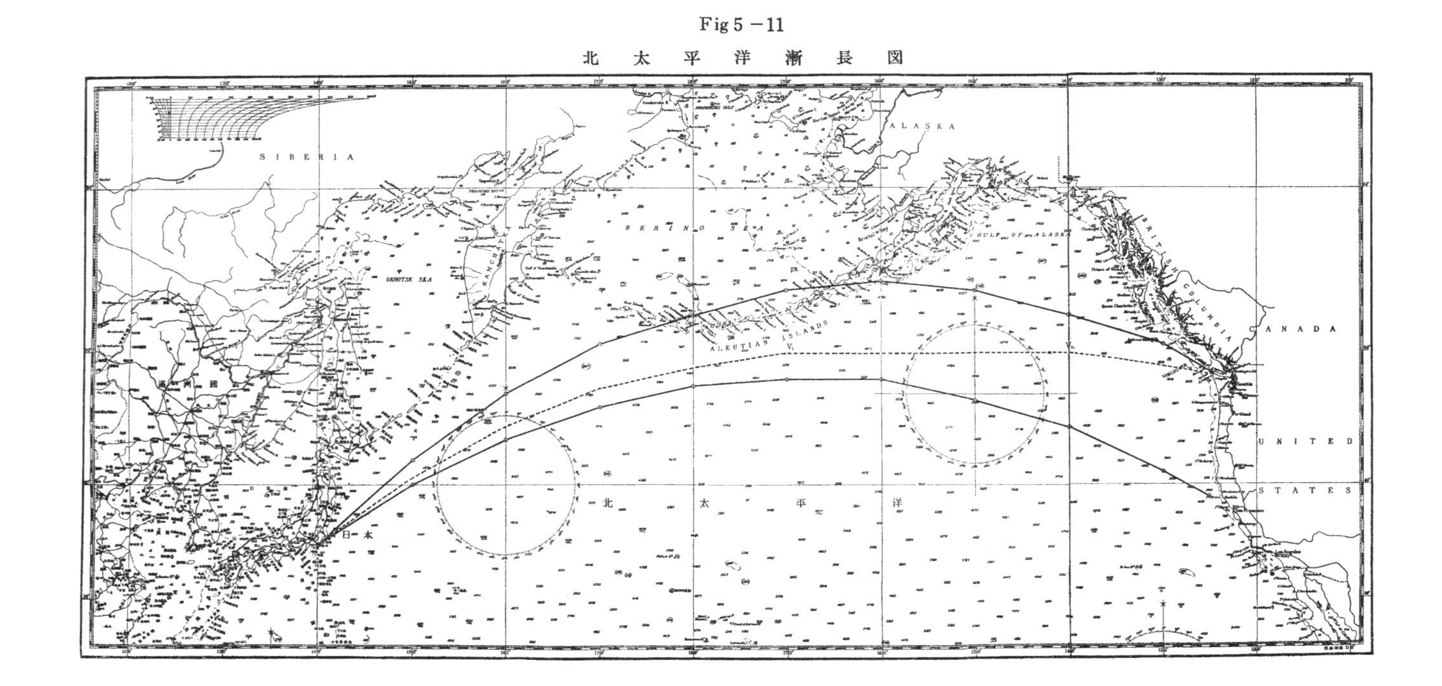

$\therefore \tan l_{C1} = \cos\lambda \tan l_V$

上式より変針点C_1の緯度lc_1（$= lc_1'$），以下同様にlc_2（$= lc_2'$），……の緯度を求めることができる。

また，変針点C_1の経度Lc_1は頂点の経度L_Vに変経λを算術的に加減することにより，以下同様にLc_1'，Lc_2，Lc_2'，……の経度を求めることができる。

例 題　A地点（北緯35°－00′，東経141°－00′）からB地点（北緯32°－30′，西経122°－00′）に至る大圏航路に関して各項を求めよ。

(1)　大圏距離

出発緯度（l_A）＝35°－00′N，到着緯度（l_B）＝32°－30′N

経度差（D.L.）＝360°－（141°＋122°）＝97°－00′

大圏距離（p）は以下の式で求めることができる。

$\cos p = \sin l_B \sin l_A + \cos l_B \cos l_A \cos D.L.$

$= \sin(32° - 30')\sin(35° - 00') + \cos(32° - 30')\cos(35° - 00')\cos(97° - 00')$

$= 0.22398\cdots$

大圏距離(p)≒4623.4マイル(77°－03.4′)

(2)　出発針路及び到着針路

出発針路（I.Co.）は以下の式で求めることができる。

$\sin I.Co. = \cos l_B \sin D.L. / \sin p$

$= \cos(32° - 30')\sin(97° - 00') / \sin(77° - 03.4')$

$= 0.85892\cdots$

出発針路(I.Co.)≒ N59.2°E

擬似到着針路（F′.Co）は以下の式で求めることができる。

$\sin F'.Co = \cos l_A \sin D.L. / \sin p$

$= \cos(35° - 00')\sin(97° - 00') / \sin(77° - 03.4')$

$= 0.83424\cdots$

擬似到着針路(F′.Co.)＝56.5°　→　到着針路(F.Co.)＝S56.5°E

(3)　頂点の位置

頂点緯度（l_v）は以下の式で求めることができる。

$\cos l_v = \sin I.Co. \cos l_A$

$= \sin(59.2°)\cos(35° - 00')$

$= 0.70361\cdots$

頂点緯度(l_v)≒45°－16.9′N

頂点経度（L_v）は以下の式で求めることができる。

$\cos(D.L.) = \tan l_A / \tan l_v$　（D.L.：出発経度と頂点経度との間の経度差）

$= \tan(35° - 00') / \tan(45° - 16.9')$

$= 0.69335\cdots$

D.L. = 46° − 06.2′E

頂点経度(L_v) = 出発経度(L_A) + D.L.

= (141° − 00′E) + (46° − 06.2′E)

= 187° − 06.2′E

= 172° − 53.8′W

(4)　180度子午線と交差する大圏航路の緯度

180度子午線と交差する大圏航路の緯度 ($l_{180°}$) は以下の式で求めることができる。

$\tan l_{180°} = \tan l_v \cos$ D.L.　(D.L.は，頂点経度と180°子午線との経度差)

$= \tan(45° - 16.9') \cos(7° - 06.2')$

$= 1.00212\cdots$

180度子午線と交差する大圏航路の緯度($l_{180°}$) = 45° − 03.7′N

第3節　天測計算表および大圏図による解法

大圏航法に必要な諸要素を卓上計算器だけで求めることは可能であるが，実務上は，天測計算表または大圏図を使用することにより比較的容易にこれらの要素を求めている場合も多い。

1　天測計算表を併用し，対数計算または卓上計算器により求める法

出発針路，到着針路および大圏距離は天測計算表により，頂点および変針点は対数計算または卓上計算器により求める法をいう。

2　大圏図および天測計算表を使用して求める法

頂点，変針点は大圏図により，大圏距離は天測計算表により求める法で，計算が簡単で，実務上必要な精度をうることができるため，大圏航法の航海計画に広く用いられている。

注　天測計算表の使用法は下巻において説明するので，1，2の例題および練習問題は下巻に掲載のこととする。

3　大圏図の使用について

大圏図の利用価値は，大圏航路がどのような海域を航過するかを速断しうること，および図上より変針点を求め，漸長海図上に大圏航路の概要を描きうることにある。

(1)　大圏図上に，出発地と到着地を結ぶ直線を描けば大圏が，大圏上で最高緯度の距等圏に接する点の経，緯度をとれば頂点が求まる。

Fig 5–10（北太平洋大圏航法図）において，野島埼とシヤトル，野島埼とサンフランシスコを結ぶ直線（実線）は，それぞれの大圏を示し，54° −30′N，160° −00′W は前者の，48° −00′N，168° −00′W は後者の頂点である。

(2)　頂点から変経10°あるいは適宜の航程を有する地点を順次大圏上にとれば，所要の変針点がえられる。

(3)　各変針点を漸長海図に転記し，各点を直線で結べば，漸長海図上における略近の大圏航路が求まる。

注　実務上は，各変針点間の針路，航程は航程の線航法により求めるのが通例である。
Fig 5–11（北太平洋漸長図）における曲線（実線）は，野島埼とシヤトルおよび野島埼とサンフランシスコ間の大圏航路を漸長図に転記したものである。

4　大圏図の特殊な使用法について

大圏図は，現在では世界各地のものが作られており，使用上の不便はないが，その特殊な使用法について一，二説明する。

(1)　大圏図は，図法の特性上，図上から直接，針路（方位），距離を求めることはできない。しかし米版大圏航路図のように，簡単な補助図表や目盛尺を記載し，概略の針路（方位），航程を，直接，図上から求められるようにしたものもある。

(2)　北半球の大圏図上に，南半球にまたがる大圏の方位を描くには，次の二法がある。

1　大圏図上に，赤道をはさんで到着地の対称点をとりうる場合

Fig 5–12において，A を大圏図上の北緯の一地点，B を図載外の南緯の一地点とする。B を通る北緯の子午線上に，B の赤

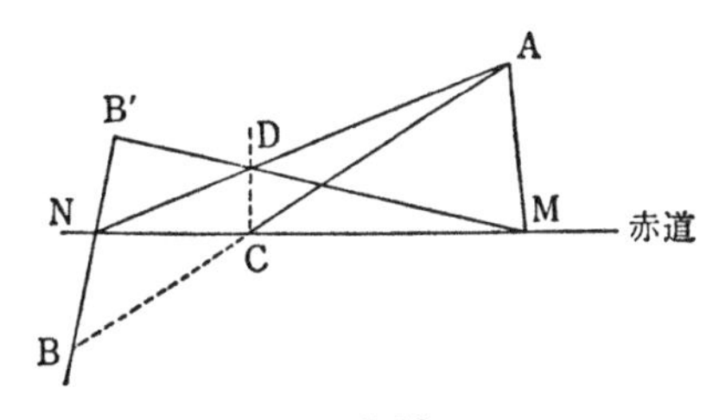

Fig 5–12

道に対する対称点B′をとり，AおよびBを通る子午線と赤道との交点をM，Nとする。AN，B′Mを直線で結び，交点Dを求め，Dを通る子午線と赤道との交点をCとし，ACを結べば，ACの方位が求める方位である。（証明略）

2　大圏図上に，赤道をはさんで到着地の対称点をとりえない場合

Fig 5-13においてAを大圏図上の北緯の一地点，Bを図積外の南緯の一地点とする。大圏図上，図の端に近い任意の北緯の子午線上に，Bの緯度に等しくB′をとり，B′の子午線からA側に180°－λ（λはAB間の経差）に相当する子午線を描き，Aを通る距等圏との交点をTとする。次に，B′Tを結んで延長し，その線上に，Tから任意の経差μを有する点Uをとり，Uを通る距等圏とAを通る子午線との交点をWとする。Wより，距等圏上B′側に経差μなる点Vを求め，AVを結べば，AVの方位が求める方位で，180°－B′TがABの大圏距離である。（証明略）

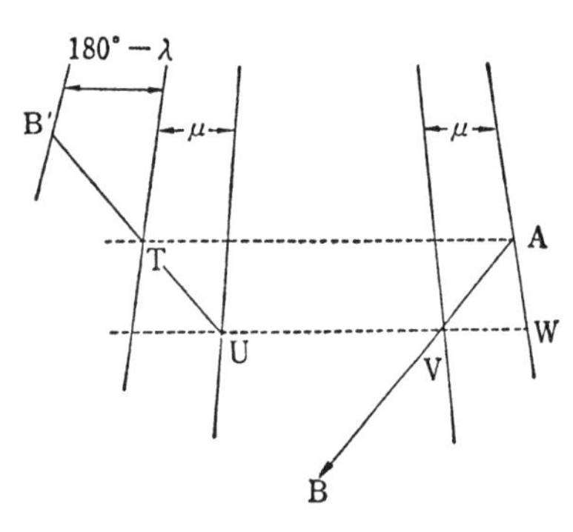

Fig 5-13

第4節　集成大圏航法

1　概　　説

大圏航路は，その性質上，高緯度の海域を航過することが多いので，風雪，流氷，酷寒等の自然条件や，島，陸地等に妨げられて，航海に危険や困難を伴うことが多い。このような場合に，安全な範囲内の最高緯度を定めて，大圏航法と距等圏航法を併用する航法が一般に用いられる。この航法を集成大圏航法（Composite great circle sailing）という。

Fig 5-14で，Aを出発地，Bを到着地，*ll′*を安全な範囲の最高緯度の距等圏

とし，AV_1，BV_2を，AおよびBから距等圏ll'に接する大圏の弧とすれば，子午線PV_1，PV_2はV_1，V_2でこれらの大圏に直交するから，V_1，V_2はそれぞれの大圏の頂点となる。

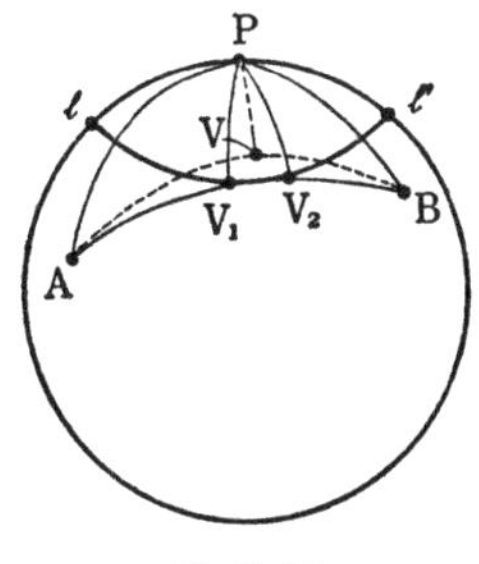

Fig 5-14

また，大圏(AV_1)＋距等圏(V_1V_2)＋大圏(BV_2)は安全な範囲内におけるAB間の最短距離で，この距離を集成大圏距離という。この場合，制限緯度をどこに定めるかは自船の性能や，航海海域の状況，操船者の経験や技倆等により決すべきものである。

2　卓上計算器による集成大圏航法の解法

集成大圏航法に必要な諸要素は，いずれも球面直角三角形の解法により求めることができる。すなわち，

Fig 5-8において出発地A，到着地B，頂点V_1，頂点V_2の緯度をそれぞれl_A，l_B，l_{V1}（$=l_{V2}$），また，経度をL_A，L_B，L_{V1}，L_{V2}とすれば，球面直角三角形PAV_1に球面直角三角形の公式（見返しの部参照）を適用し，

$$\sin\angle PAV_1=\sin PV_1/\sin PA=\sin(90°-l_{V1})/\sin(90°-l_A)$$
$$=\cos l_{V1}\sec l_A\cdots\cdots①$$

$$\cos\angle APV_1=\tan PV_1/\tan PA=\tan(90°-l_{V1})/\tan(90°-l_A)$$
$$=\cot l_{V1}\tan l_A\cdots\cdots②$$

$$\cos AV_1=\cos PA/\cos PV_1=\cos(90°-l_A)/\cos(90°-l_{V1})$$
$$=\sin l_A\ \mathrm{cosec}\ l_{V1}\cdots\cdots③$$

同様に，球面直角三角形PBV_2より，

$$\sin\angle PBV_2=\cos l_{V2}\sec l_B\cdots\cdots④$$

$$\cos\angle BPV_2=\cot l_{V2}\tan l_B\cdots\cdots⑤$$

$$\cos BV_2=\mathrm{cosec}\ l_{V2}\sin l_B\quad\cdots\cdots⑥$$

前述の距等圏航法の公式より，

$$V_1V_2=D.L\times\cos l_{V1}\ \cdots\cdots\cdots\cdots⑦$$

以上の算式のうち，①④式から出発針路および擬似到着針路（＝到着針路）

を，②⑤式から求めた変経を L_A，L_B に加減することにより頂点 V_1，V_2の経度を，③⑥式から大圏距離 AV_1，BV_2を求めることができる。

また，⑦式から距等圏上の距離 V_1V_2が求まるので，③＋⑥＋⑦が集成大圏距離となる。

変針点を求める方法は，前節の大圏航法の場合と同様である。

このようにして，集成大圏航法の各要素も卓上計算器により求めることができる。

例 題 野島埼（北緯34° －54′，東経139° －55′）から Seattle 港外（北緯48° －32′ 西経125° －00′）に，最高緯度を北緯50° －00′ として集成大圏航法を行う。集成大圏航法の各項および V_1点から西側に経差10° の変針点の位置を求めよ。

(1) 出発針路，到着針路を求める。

出発針路（I.Co.）は以下の式で求めることができる。

$$\sin\angle PAV_1(=\mathrm{I.Co})=\cos l_{V1}\sec l_A$$
$$=\cos(50°-00'\mathrm{N})/\cos(34°-54'\mathrm{N})$$
$$=\cos((+)50°-00')/\cos((+)34°-54')$$
$$=0.78374\cdots$$

I.Co. ＝ N51.6° E

到着針路（F.Co）は，擬似到着針路（F′.Co.）を以下の式で算出し，求めることができる。

$$\sin\angle PBV_1(=\mathrm{F'.Co})=\cos l_{V2}\sec l_B$$
$$=\cos(50°-00'\mathrm{N})/\cos(48°-32'\mathrm{N})$$
$$=\cos((+)50°-00')/\cos((+)48°-32')$$
$$=0.97070\cdots$$

F′.Co. ＝ 76.1°

F.Co. ＝ S76.1° E

(2) 二つの頂点 V_1，V_2の経度を求める。

頂点 V_1の経度 L_{V1}は以下の式で求めることができる。

$$\cos\angle APV_1=\cot l_{V1}\tan l_A$$
$$=\cot(50°-00'\mathrm{N})\tan(34°-54'\mathrm{N})$$
$$=\tan((+)34°-54')/\tan((+)50°-00')$$
$$=0.58536\cdots$$

$$\angle APV_1(\mathrm{D.L.}_{V1})=54°-10.3'\mathrm{E}$$

$$L_{V1}=L_1+\mathrm{D.L.}_{V1}$$
$$=(139°-55'\mathrm{E})+(54°-10.3'\mathrm{E})$$

$= 194° - 05.3'E$

$= 165° - 54.7'W$

頂点 V_2 の経度 L_{V2} は以下の式で求めることができる。

$\cos \angle BPV_2 = \cot l_{V2} \tan l_B$

$= \cot(50° - 00'N)\tan(48° - 32'N)$

$= \tan((+)48° - 32') / \tan((+)50° - 00')$

$= 0.94954\cdots$

$\angle BPV_2(D.L._{V2}) = 18° - 16.7'W$

$L_{V2} = L_2 + D.L._{V2}$

$= (125° - 00'W) + (18° - 16.7'W)$

$= 143° - 16.7'W$

(3)　AV_1 および BV_2 の大圏距離を求める。

AV_1 の大圏距離は以下の式で求めることができる。

$\cos AV_1 = \mathrm{cosec}\, l_{V1} \sin l_A$

$= \mathrm{cosec}(50° - 00'N)\sin(34° - 54'N)$

$= \sin((+)34° - 54') / \sin((+)50° - 00')$

$= 0.74688\cdots$

$AV_1 = 2500.7$ マイル

BV_2 の大圏距離は以下の式で求めることができる。

$\cos BV_2 = \mathrm{cosec}\, l_{V2} \sin l_B$

$= \mathrm{cosec}(50° - 00'N)\sin(48° - 32'N)$

$= \sin((+)48° - 32') / \sin((+)50° - 00')$

$= 0.97819\cdots$

$BV_2 = 719.2$ マイル

(4)　V_1V_2 間の東西距（距等圏距離）を求める。

V_1V_2 間の東西距（距等圏距離）は以下の式で求めることができる。

$V_1V_2 = D.L.(L_{V1}\text{-}L_{V2})\ \cos l_{V1} (= l_{V2})$

ここで，$L_{V1} = 165° - 54.7'W$，$L_{V2} = 143° - 16.7'W$

$D.L.(L_{V1}\text{-}L_{V2}) = L_{V2} - L_{V1} = 22° - 38'E$

$V_1V_2 = (22° - 38'E)\ \cos(50° - 00'N)$

$= 872.9$ マイル

（注）距離を求めるので符号は無視する。

(5)　集成大圏距離を求める。

集成大圏距離は以下の式で求めることができる。

集成大圏距離（C.G.C.D.：Composite Great Circle Distance）

$= AV_1 + V_1V_2 + BV_2$

$= 2500.7 + 872.9 + 719.2$

$= 4092.8$ マイル

⑹　変針点の位置を求める。

変針点の緯度（l_C）は以下の式で求めることができる。

（注）大圏航法の変針点を求める方法を参照。

$\tan l_C = \cos \lambda \ \tan l_V$

ここで，λ は，頂点 V_1 から変針点までの経度差，l_V は V_1 の頂点緯度

$\tan l_C = \cos(10° - 00'W) \tan(50° - 00'N)$

$= \cos((-)10° - 00') \tan((+)50° - 00')$

$= 1.17364\cdots$

変針点の緯度$(l_C) = 49° - 34.1'N$

変針点の経度$(L_C) = L_{V1} + \lambda = (165° - 54.7'W) + (10° - 00'W)$

$= 175° - 54.7'W$

3　大圏図による集成大圏航法の解法

大圏図により集成大圏航法を行うには，出発地および到着地から制限緯度の距等圏に接線を引き，接点（頂点）V_1，V_2の間は距等圏で結び，集成大圏航路とする。

変針点は，大圏航法におけると同一の要領により大圏図上より求め，集成大圏距離は前例に準じ卓上計算器により求める。

Fig 5-10（北太平洋大圏航法図），Fig 5-11（北太平洋漸長図）に記した点線は50° − 00′N を制限緯度とした場合の，野島埼，シヤトル間の集成大圏航路を示す。

第6章　位置の線

船位がその線上に存在する直線または曲線を位置の線（Position line ; P.L.）という。

第1節　位置の線の種類

1　方位による位置の線

コンパスにより地物の方位を測定し，海図上に地物から反方位の線を引けば，位置の線をうる。方位による位置の線（方位線）は，沿岸航海中，最も頻繁に使用される。

レーダの画面に表示される方位は，レーダに連結されているジャイロコンパスのレピータ・コンパスの方位で，コンパスによる方位とまったく同一のものである。

注　光波，電波は二地点間の最短距離，すなわち，大圏を通る。

Fig 6-1において，A を地物，B を船位とした場合，地表面上で A を方位 α に望む点は無数にあり，漸長図上においてこれらの諸点を結ぶと等方位の曲線（Fig 6-1における曲線 BB′B″B‴A）をうる。

この曲線を等方位曲線（Azimuth gleiche）という。

しかし，遠距離から測定された無線方位のような場合を除けば，この等方位曲線は漸長方位線（漸長図上に描いた直線をいい，Fig 6-1における直線 BA のような線をいう）に近似するため，特殊な場合を除き，観測方位の反方位線を漸長図上に描き，等方位の位置の線として差し支えない。

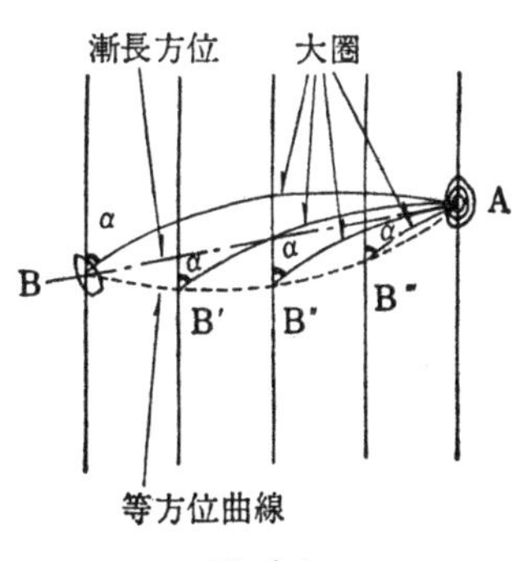

Fig 6-1

2　重視線による位置の線

二物標を一線に望む場合，船位は海図上の二物標を連ねる線上にある。このような方位線を重視線（Transit line）といい，測者と測者に近い物標の距離が重視物標間の距離の三倍より小さいときは，極めて正確な位置の線をうることができる。

3　水平夾角による位置の線

六分儀により二物標の水平夾角を測り，海図上に二物標を通りその夾角を含む円周を描けば位置の線をうる。（Fig 6-2参照）

注　地球表面における円周，すなわち，小圏を漸長図に描くと特殊な曲線を描く。
　ただし，対象を地球表面の小範囲に限定した場合には，そのために生じる歪は極めて微少で，上述のようにして描いた円弧を位置の線とみなして差し支えない。4の水平距離による位置の線についても同様である。

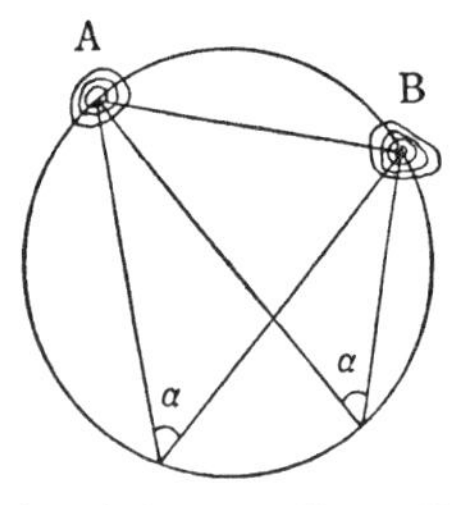

水平夾角による位置の線
Fig 6-2

4　水平距離による位置の線

物標と船との水平距離を測定し，海図上に，物標の位置を中心とし，測定距離を半径とする円を描けば位置の線をうる。（Fig 6-3参照）

水平距離を測定するには主としてレーダを使用するが，レーダ，測距儀等の測距計器によるほか，次のような方法も用いられる。

⑴　仰角距離法

標高既知の物標の仰角を六分儀により測角し，次式または図表により距離を

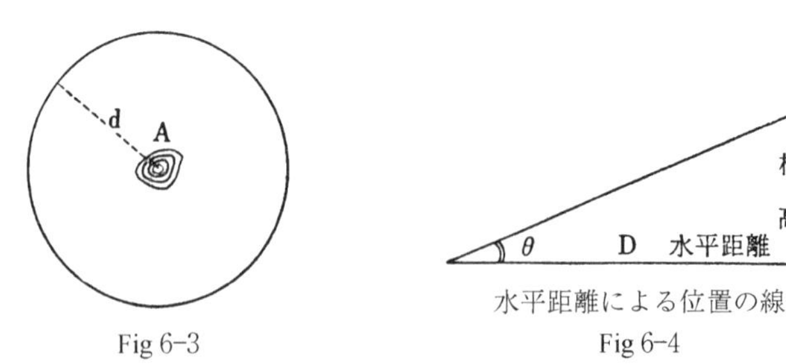

Fig 6-3

水平距離による位置の線
Fig 6-4

測定する方法をいう（Fig 6–4参照）

$D = H\cot\theta$

ただし，Dは水平距離（m），Hは標高（m），θは仰角

測者が眼高を有する場合は，この算式により求めた距離は実際の距離より概ね過少である。

しかし，通常，その差は僅少で，問題とするに足りない。これらの誤差については第８章において詳述する。

また，仰角θについては，水平線より近い物標については，測角に眼高差，または陸岸眼高差を改正すれば足りるが，（通常，眼高差は小さいので無視して差し支えない），水平線より遠い物標については，地球の湾曲や光線の屈折等により複雑な計算を要する。

仰角距離法を実施するにあたり注意しなければならない事項は次のとおりである。

1　灯台の仰角を測定する場合には，水平線または水涯線（すいがい）（Shore horizon）から火口までの仰角を測ること。これは，海図または灯台表に記載の灯高は，平均水面から火口までの高さを記しているためである。

2　測者から水ぎわまでの距離が，水ぎわから物標までの距離より小さい場合の精度は概ね不良である（Fig 6–5参照）

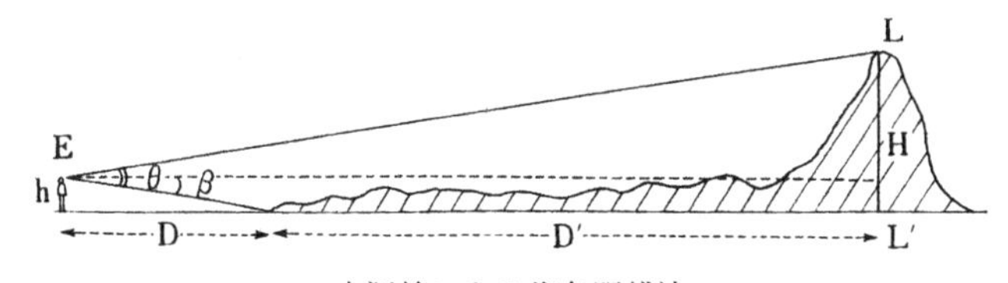

水涯線による仰角距離法

Fig 6–5

3　近距離の水涯線上に物標の仰角を測った場合は，陸岸眼高差を測得仰角から減じなければならない。（Fig 6–5参照）

$D = H\cot(\theta - \beta)$　ただし，βは陸岸眼高差

注１　陸岸眼高差βは，水涯線までの概略距離を用い，天測計算表第５表「陸

岸眼高差表」より近似値を求めることができる。

2　精度を要する場合は，D＝（H－h）cot（$\theta-\beta$）により計算すること。ただしｈは眼高（m）

4　船が山または島に接近して航行中は，手前の峰を奥まった峰と誤認することがある。

5　精測されていない地方の山の高さあるいは位置は，海図そのものに誤差があるため精度は落ちる。

⑵　双眼鏡の分画を利用し概測する法

双眼鏡には，1,000m の距離で１m の長さのものが張る角を１分画とする目盛が縦横に刻まれている。したがって，10,000m の距離であれば20m の物標は２分画にみえる。この分画を使用し次式により物標までの距離を概測することができる。

$$D=\frac{H}{N}\times 1{,}000$$

ただし，D は水平距離（m），H は物標の幅または高さ（m），N は分画

⑶　標高既知の物標の初認距離による法

標高既知の物標の初認距離は，灯台表巻頭の地理的光達距離表または次式により求めることができる。

$$D=2.08\ (\sqrt{H}+\sqrt{h})$$

ただし，D は水平距離（海里），H は標高（m），h は眼高（m）

このようにして求めた値は，大気の平均状態におけるもので，気温，水温に差のあるときは，天測計算表記載の「眼高差の変化に対する改正値」（1°につき0′.2）の２倍の値を気温の高いときは（＋），水温の高いときは（－）する必要がある。

船舶において最も多く使用されるのは灯火の初認距離で，海図または灯台表記載の光達距離より求める際には，測者の眼高に応じ，次のような改正を行う。

$$D = 光達距離 + 2.08\ (\sqrt{h} - \sqrt{5})$$

しかし，このようにして求めた距離は，異常気差などの際には，甚しく実際と相違することがあるから注意しなければならない。

(4)　音波の伝播速度により概測する法

断崖をなす海岸付近を航行中，船舶から発する気笛の反響音により離岸距離を概測することができる。この場合の略算式は次のとおりである。

$$水平距離 = 0.18海里 \times \frac{経過時間（秒）}{2}$$

5　水深による位置の線

一定速力で航行中，一定の間隔をおいて連続測深を行い，水深および底質を透写紙片（Tracing paper）に記入し，使用海図上の推定船位付近を，適宜，針路線に平行に移動させ，水深，底質の最もよく符号する線を位置の線とする。

測深による位置の信頼度は，次の要件に左右される。

1　使用海図は精確でその水深を信頼しうること。また，海図の尺度は適当であること。

2　等深線の変化に秩序があり，かつ，容易に船位を定めることができるような特徴を有すること。

3　水深が適当であること。

4　風潮の影響が少なく，針路および速力を推定しやすいこと。

5　測深儀は短時間に水深を連測しうること。

6　無線方位による位置の線

陸上の無線標識局から発射された標識電波の到来方向を，無線方位測定機等により測定して求めた位置の線をいう。

しかし，このようにして測定した方位は大圏方位であるから，近距離であればそのまま漸長方位として海図上に記入して差し支えないが，遠距離の場合は方位の改正を必要とする。

この場合の方位線は，正確な意味では位置の線ではないが，実務上推測位置付近においては位置の線とみなして差し支えない。

注　方位の改正量は両地が同一経度線上にあれば零で，同一緯度のとき最大となり，緯度が高いほど増加する。同一緯度線上にある両地の距離が，緯度30°で約100海里，緯度60°で約30海里の場合，改正量は0.°5に達する。したがって，これ以上の遠距離の際には方位の改正を必要とする。

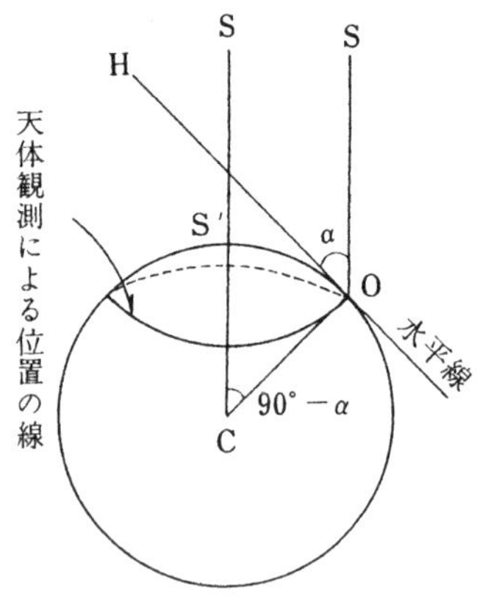

天体観測による位置の線
Fig 6-6

7　ロランCによる位置の線

球面上で，二つの固定局からの距離の差が一定である点の軌跡は球面双曲線を描く。ロランCでは両局からの発信電波の位相差を測定することにより，海図上に球面双曲線の一つとしての位置の線を求めることができる。

8　天体観測による位置の線

Fig 6-6において，Cを地球の中心，Sを天体，地心と天体を結ぶ直線が地表面と交る点をS′，測者をO，測者の水平線をOH，観測高度をαとすると，地球の中心角1分が地表に張る弧の長さは1海里であるから，測者はS′を中心とし，S′からの距離が高度の余角に等しい等距離圏上のいずれかの地点にあることがわかる。この位置の圏の一部を，天体観測による船位の決定において，位置の線として用いる。

9　転　位　線

ある時刻における位置の線を，次の時刻までの針路，航程に応じ，針路方向に平行移動してえられる位置の線を転位線（Transferred position line）という。

転位線には，転位時間中に受ける外力の推定誤差を含むため，実測位置の線に比し精度は落ちるが，単一物標による船位の決定（隔時観測による船位の決定）には不可欠のものである。

第2節　位置の線の利用

1　船位の決定

二本以上の位置の線の交点により，船位を決定することができる。

この場合，船位の精度を高めるためには，次の要件が必要である。

1　それぞれの位置の線の精度が高いこと。

2　位置の線の交角が適当であること。二本の位置の線の場合は交角が90°，三本の位置の線の場合は交角が60°または120°のものが望ましい。

2　避険線としての利用

危険物の多い狭水道を通航するような際，頻繁に船位を確認することは困難であるが，このような場合，あらかじめ避険線（Clearing line）を設定することにより，操船者は自船の安全な行動海域を容易に知ることができ，余裕をもって変針，避航等の操船に専念することができる。

避険線には，①肉眼で容易に確認しうるもの，②誤認のおそれのないもの，③観測誤差の少ないもの，さらに，できうれば，④概略の船位を確認しうるもの，⑤変針目標にも利用できるもの，⑥昼夜ともに利用可能なものが望ましい。

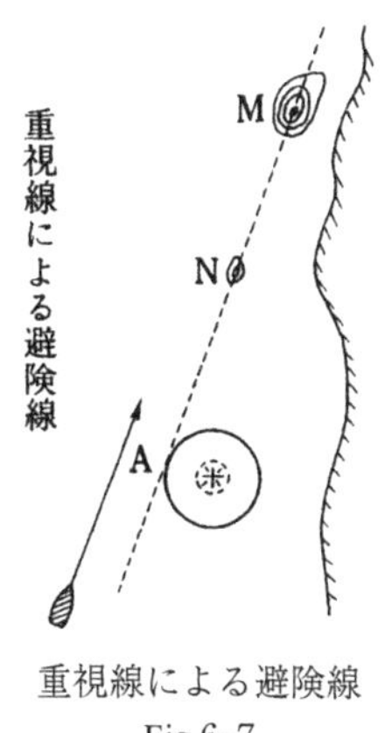

重視線による避険線
Fig 6-7

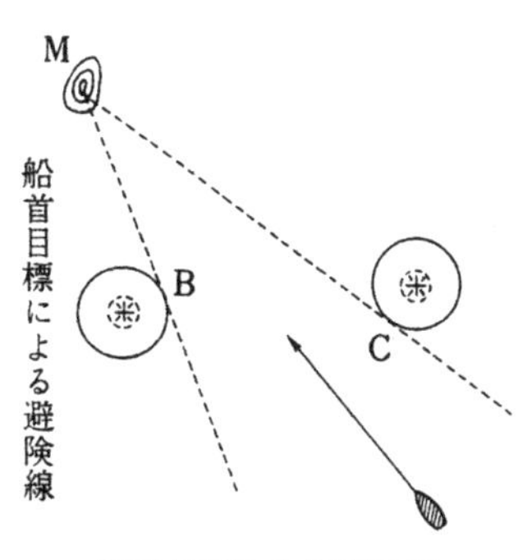

船首目標による避険線
Fig 6-8

避険線には主として次のような位置の線が用いられる。

(1)　二物標の重視線

Fig 6-7に示すように，危険物の外方に適当な離隔距離（通常半径1海里，以下同じ）を有する小円を描き，この小円が物標NMの重視線の内方にあれば，重視線の外方は安全海域である。

この種の避険線は，精度も高く，利用度も多い。

(2)　船首目標の方位線

Fig 6-8に示すように，危険物の外方に適当な離隔距離を有する小円を描き，物標Mから引いた接線の接点をB，Cとするとき，物標Mを方位BMとCMの間にみる海域は安全海域である。

(3)　顕著な一目標の方位線

Fig 6-9に示すように，沖合いの危険物の外方に適当な離隔距離を有する小円を描き，物標Lから引いた接線の接点をAとすれば，方位線ALの外方は安全海域である。

(2)の方位角BM，CM，(3)の方位角ALを危険方位角（Danger bearing）という。

(4)　物標の水平距離によるもの

Fig 6-10に示すように，危険物の外方に適当な離隔距離を有する小円を描き，その外方より物標Mまでの水平距離をdとすれば，物標Mからd以上の

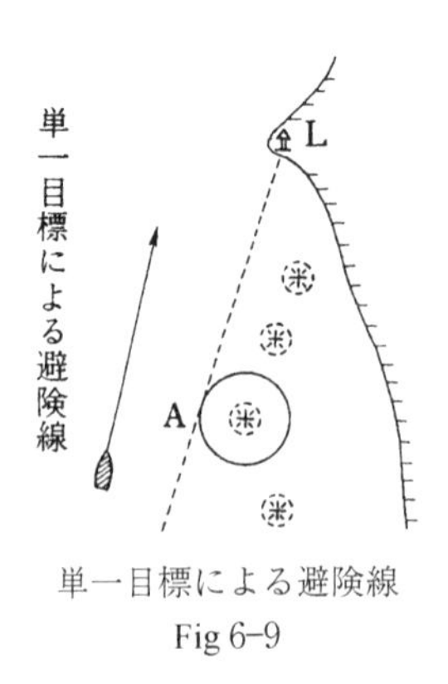

単一目標による避険線
Fig 6-9

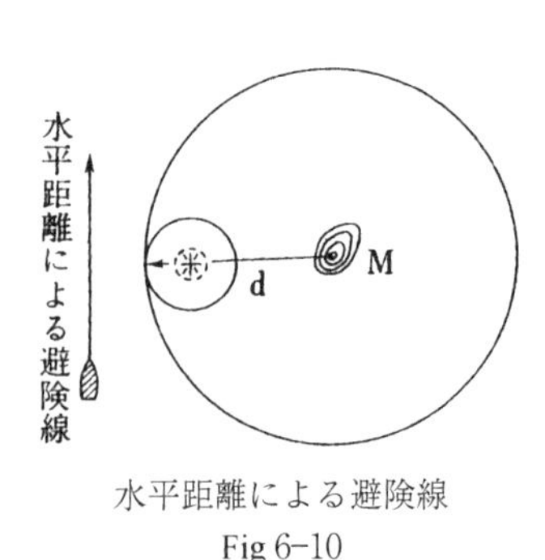

水平距離による避険線
Fig 6-10

水平距離を有する海域は安全海域である。

⑸　標高既知の物標の垂直角によるもの

Fig 6-11に示すように，危険物の外方に適当な離隔距離をとり，その点から望む物標の垂直角をθとすれば，物標の垂直角をθより過少に測りうる海域は安全海域である。

このような垂直角θを垂直危険角（Vertical danger angle），このような避険線の設定法を垂直危険角法といい，沿岸航海中，航路付近にある暗礁等を避け安全に航過するような場合に用いられる。

⑹　二物標の水平夾角によるもの

Fig 6-12に示すように，危険物の外方に適当な離隔距離を有する小円を描き，任意の二物標を結ぶ直線ABの垂直二等分線上に中心を有し，ABを通り小円に外接する円を求め，弦ABのもつ頂角をθとすれば，二物標の水平夾角をθより過少に測りうる海域は安全海域である。

このような水平角θを水平危険角（Horizontal danger angle），このような避険線の設定法を水平危険角法といい，垂直危険角法と同様な目的に使用される。

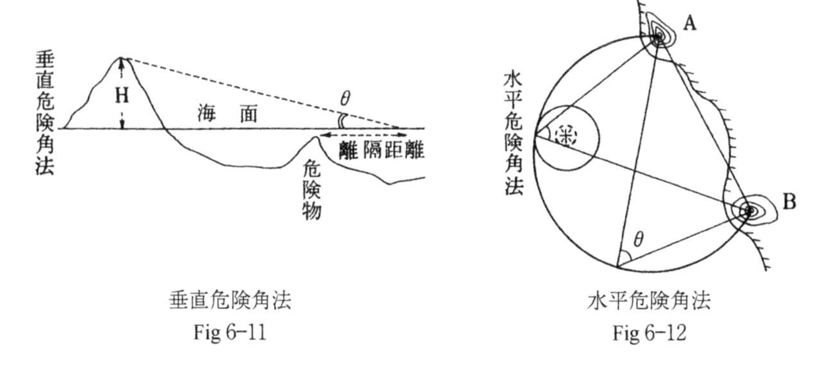

垂直危険角法
Fig 6-11

水平危険角法
Fig 6-12

⑺　水深によるもの

危険物の存在海域の水深，たとえば，水深15m以浅の海域に危険物が存在するような際，若干の余裕をもって，水深20mの等深線を避険線とするような法をいう。

注　大陸棚と大陸傾斜の境界線を200m等深線といい，本州東方約20海里を通る200m等深線は，単に避険線としてのみならず，針路線としての利用度も高い。(Fig 6-13参照)

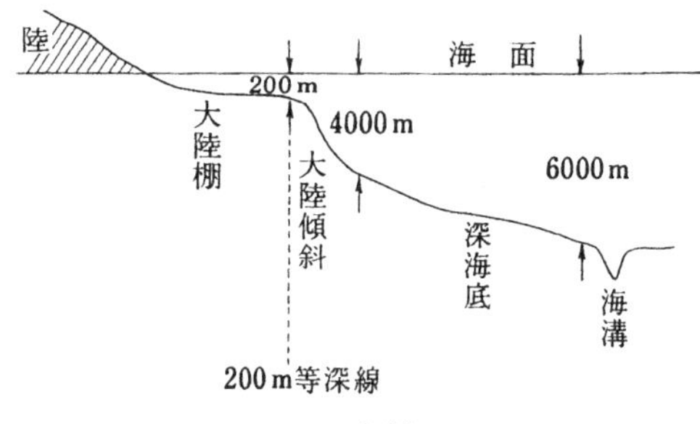

Fig 6-13

(8)　航路標識（導標，導灯，照射灯，分弧等）によるもの

3　針路線としての利用

一本の位置の線しか得られないような場合，位置の線の展開方向が本船の進行方向である場合には針路線（誘導針路）として利用できる。

さらに，①天体観測による単一位置の線，②無線方位による位置の線，③ロランによる位置の線等も針路線として利用しうる場合が少なくない。

4　コンパスの自差，器差の測定

二物標の重視線の方位は，海図上より容易に求めることができ，その精度も高いので，沿岸航海中におけるコンパスの自差，器差の測定に広く利用される。

第７章　陸測位置の線による船位の決定

沿岸航行中の船舶では，主として地形，航路標識，水深等，陸上の地物により位置の線を求め船位を決定する。このような船位の決定法を，陸測位置の線による船位の決定法という。以下その主なものについて説明する。

第１節　同時観測による船位決定法

同時またはほとんど同時に，二本またはそれ以上の位置の線を観測し，船位を決定する法を同時観測（Simultaneous observation）という。

同時観測では，位置の線の転位による誤差を含まないので，比較的正しい船位を求めることができる。

1　交差方位法（Fix by cross bearing）

二本または二本以上の方位線の交点により船位を決定する法をいい，簡単でしかも正確な船位を測定することができるので，日常最も多く使用される。

(1)　交差方位法により船位を決定する場合の注意事項は次のとおりである。

1　方位線の交角は二本のときは90°，三本のときは互いに60°または120°に近いこと。

交角が大きすぎるか，小さすぎる場合は，船位は不正確となる。

二本の場合には，船首方向と正横方向の二物標を選定することが望ましい。

2　遠い物標より近い物標の方が，船位の移動に伴う方位の変化が大きく，正確な方位線を得ることができる。

3　方位の測定および海図への記入は迅速に行うこと。観測に際しては，方位の変化の遅い船首尾方向の物標を先に，方位の変化の速い正横付近の物標を最後に観測すること。

4　物標は，位置が正確でかつ顕著な地物を選び，傾斜のゆるやかな山頂や岬角，浮標，灯船などの移動物標は避けること。

5　三物標の場合でも，物標および本船が同一円周上にある場合には，方位線に定誤差が含まれていても誤差三角形を生じないので，誤差量の判定が困難となる。

6　船位を求めたときは必ず観測時刻およびログの示度を記録しておくこと。

⑵　それぞれの位置の線に誤差を含まない場合には位置の線は一点に会するが，通常三本の位置の線は一点に会さず，微少な三角形を構成する。この三角形を誤差三角形（Cocked hat）という。誤差三角形が小さい場合はその中心を船位と推定して差し支えない。

誤差三角形の発生原因には次のようなものがある。

1　観測機器の機械的誤差

2　観測誤差および観測時間差により生ずる誤差。（隔時観測においては転位誤差が含まれる。）

3　作図上の誤差

4　目標の不正確，図載位置の誤差等

2　一標の方位と他標との水平夾角による法（Fix by bearing and angle）

Fig 7-1に示すように，A 物標の方位線 A′A と，A，B 二物標の水平夾角 α を測定し，位置の線 AA′ 上の任意の点 D において，AA′ と夾角 α をなす直線 DD′ を描き，直線 DD′ を目標 B まで平行移動させ，AA′ との交点 F を船位とする法をいう。

この法は，交差方位法によって船位を求めるとき，一物標の方位が，障害物等のため測り得ないような場合に用いられる。

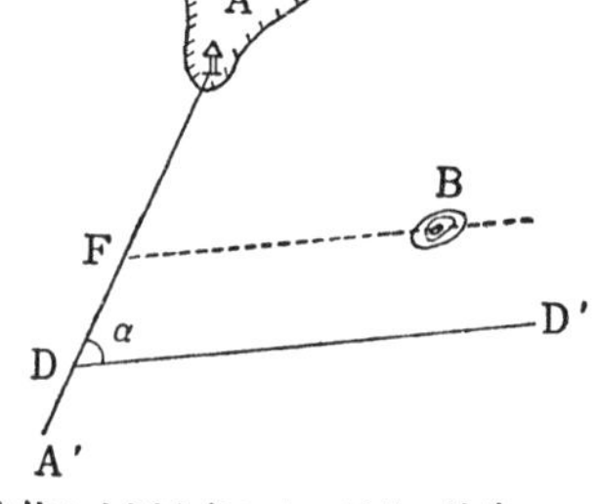

方位と水平夾角による船位の決定

Fig 7-1

3　三標両角法（Fix by horizontal sextant angles）

二組の水平夾角による位置の線の交点を船位とする法で，Fig 7-2のように顕著な三物標を選び，六分儀により中央物標と左右両標との水平夾角αおよびβを測定し，三桿分度器を使用して，この両角を含む円周の交点Fを船位とする法をいう。

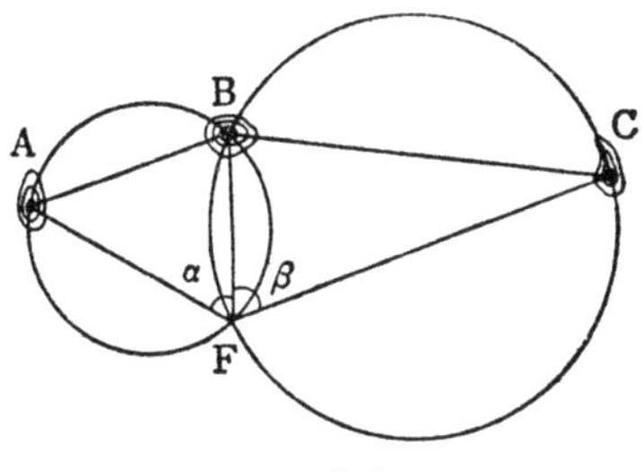

Fig 7-2

この法は他の船位決定法に比し，次のような利点，欠点を持つ。

利点 1　六分儀の測角精度は極めて高いので，正確な船位を求めることができる。

2　コンパスを使用しないので，コンパスの誤差に対する考慮を要しない。また，船体の動揺等によりコンパスカードが不安定なときにも正確な船位を求めることができる。

3　船内外任意の場所で測定が可能で，コンパスが使用不能の際においても船位を求めることができる。

欠点 1　測定にやや手数を要する。

2　航行中の夾角測定は努めて迅速に行わなければならない。

3　物標の図載位置が不正確な場合にも，誤差三角形を生じないので，一見して船位の精度を推定することができない。

4　三物標を要し，かつ物標の選定に下記の配慮を必要とする。

選定要件

1　三物標および船位が同一円周上にある場合には船位は決定できない。

2　二つの位置の円が直交するような物標を選定することが望ましい。

一般に，①測者が三物標の内側にある場合，②中央物標が左右両標を結ぶ線の内方，すなわち測者に近く，両角の和が60°より大きく120°より小さい場合，③三物標がおよそ一直線上にあり，両角の和が60°より大きく120°より小さい場合には，比較的精度の高い船位を求めることができる。

3　物標は低く，かつ同高度のものが望ましい。

4　重視線と，他標との水平夾角または他標の方位線による法（Fix by transit and horizontal angle or transit and bearing）

Fig 7–3に示すように，二つの物標が重なって見える瞬間に，他標との水平夾角または他標の方位を測定し，重視線と相対方位線または方位線との交点Fを船位とする法をいい，水平夾角または一物標の方位を測定するのみの手数により，比較的精度の高い船位を求めることができる。

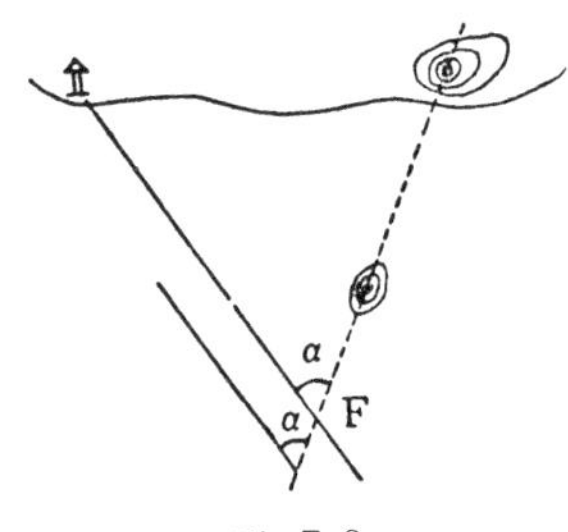

Fig 7–3

また，その際，重視線の方位を測定し，海図上から求めた方位と比較することにより，正確なコンパスの誤差を求めることができるので，沿岸航行中の船舶においては，機会あるごとにこの法によりコンパスの誤差を確かめることが望ましい。

5　二本の重視線による法（Fix by transit lines）

Fig 7–4に示すように，物標AB，CDがそれぞれ重なって見える瞬間の時刻を読めば，その時刻における船位は二重視線の交点Fである。

この法は，狭水道通過や錨地進入の際等，多忙のため船位測定の時間をさき難く，しかも，正確な船位の確認を要するような場合に予め計画すべき利用法で，特に，一重視線を針路線として航行しているような場合には努めて利用すべき船位確認法である。

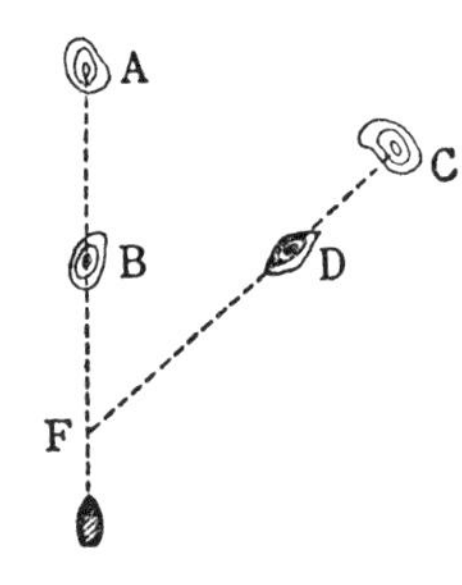

Fig 7–4

6　一標の方位と水平距離による法（Fix by bearing and distance）

一物標の方位と水平距離を同時に測定し，方位線と水平距離による位置の線との交点を船位とする法をいい，一物標しか視認しえないような場合の船位決定法である。水平距離の測定は主としてレーダを使用して行う。ただし，レーダによる映像の方位には方位誤差を含むため，方位は極力，肉眼でコンパスにより測定することが望ましい。

この方法は，極めて迅速に船位を決定することができるため，交差方位法とともに，出入港時，狭水道通過時等の船位決定に広く用いられる。

7　二標の水平距離による法（Fix by distance）

Fig 7−5に示すように，二物標の水平距離 D，D′ を求め，位置の線の交点 F を船位とする法をいう。

レーダの距離測定性能は，方位測定性能に比し精度が高いため，夜間，レーダにより二物標を観測したような場合には，この法により，比較的精度の高い船位を求めることができる。

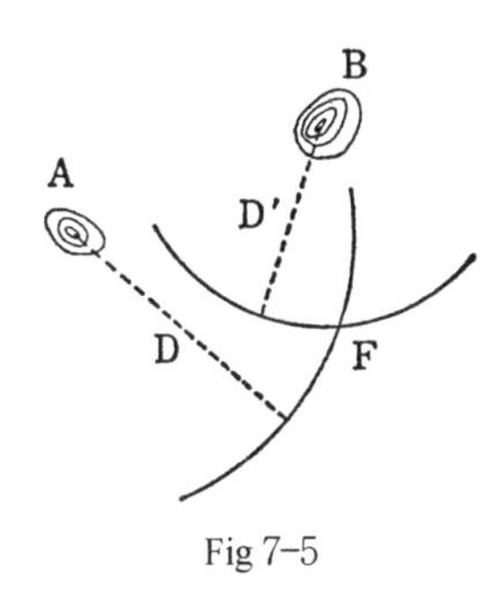

Fig 7−5

8　測深と他の位置の線による法

沿岸航海中，霧，雪，雨等のため地物を視認できないようなとき，測深による位置の線と電波等による位置の線の交点により船位を求めることができる。

なお，例外的なものとしては，前述の測深条件に適合した位置の線を得たようなとき，測深結果と海図上の水深，底質とを比較し，測深結果のみにより，測深線上に概略の船位を推定し得る場合もあるが，過大な信頼度を期待することはできない。

注　船位を表わす記号について

船位には推測船位（D. R），推定船位（E. P），実測船位（O. P）があり，さらに，実測船位には，陸測によって求めた陸測船位，天体観測によって求めた天測船位，無線方位測定機，ロランの電波計器によって求めた船位があるが，信頼度はそれぞれ異なる。

これらの船位を海図に記入する際の記号については，とくに定めはないが，次のように記されているのが通例である。

⊙　陸測船位

⊕　大洋航行中の実測船位（主として正午位置）

△　推測船位（正午以外のもの）

⊥△　正午推測船位および天測地点の推測船位

ロランによる実測船位（正午位置として用いるときは　と記す）

天体による実測船位のうちで星のみによる船位

天体による実測船位のうちで，太陽と星とによる船位で，正午位置以外のもの（正午位置として用いるときは　と記す）

推定船位

上記のほか，月と太陽による天測船位やロランによる船位等もあるが，その記号は区別されていない。

上記の記号を用いて，大洋航海中の一昼夜の船位（一例）を航洋図に表わすと下図のようになる。

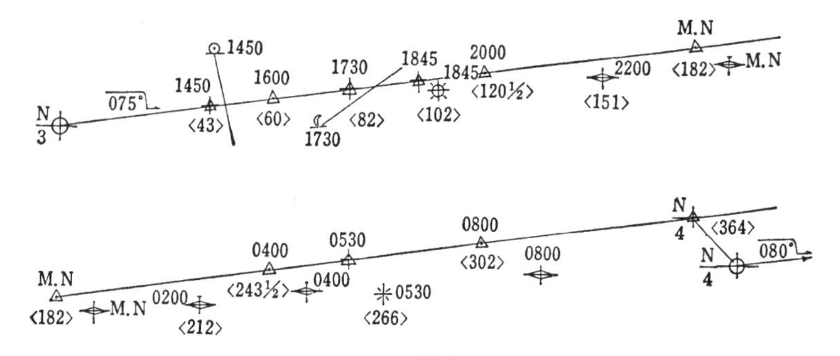

Fig 7-6

注　〈　　〉内の数字はログの示度を示す。
　　太陽の観測による位置の線を示す。
　　月の観測による位置の線を示す。

上図は次のことを意味する。

i　3日の正午位置から真針路075°で航走した。

ii　1450太陽の下辺高度を観測してP．Lを得た。（D．Rより若干前方にいると推定される）

iii　1730月の下辺高度を観測してP．Lを得た。（D．Rより若干前方にいると推定される）

iv　1845ログ示度102′のとき星の観測を行い，午後の太陽観測の結果を併用して船位を求めた。(推測位置の南東に偏位していることが判明する。)

v　2200, M. N, 0200, 0400にそれぞれロランにより船位を測定した。

vi　0530ログ示度266′のとき，星の同時観測を行い船位を求めた。(推測位置の南東に偏位していることを確認する。)

vii　0800ロランにより船位を測定した。(推測位置の南東に偏位していることを再び確認する)

viii　0800よりNoonまでのデータは，正午における船位決定の参考とするため位置決定用図に記入し，直接，航洋図には記入しない。

ix　４日の正午観測により正午位置を決定し，次の針路080°に変針した。

第２節　隔時観測による船位決定法

一物標の方位しか観測できないような場合，一本の位置の線のみによって船位を決定することはできない。このような場合に，時間を隔てて同一物標を観測し（前者を第一観測，後者を第二観測という)，第一観測による位置の線を第二観測時までの針路，航程に応じ転位し，転位線と第二観測による位置の線との交点により船位を決定する法を隔時観測（Non-simultaneous observation）という。この場合，第二観測における物標は，必ずしも，第一観測時の物標と同一物標であることを要しない。

この方法は，一物標のみを視認し，その方位を測ることはできるが，距離を測ることができないような場合に広く使用されてきたが，現在では，レーダにより，多くの場合，方位と同時に距離を求めることができるので，このような面での利用度は少なくなった。

転位は，方位による位置の線のみでなく，すべての位置の線について行うことができる。

このように転位線を用いて船位を求める法を，一名ランニング・フイックス（Running fix）という。

転位線には，位置の線の転位に伴う針路誤差，航程誤差が導入されるため，外力の影響の大きい沿岸海域での使用には充分な配慮を必要とする。そのためにも，転位時間は極力短時間（沿岸航海中は通常30分～１時間以内）であることが望ましい。

以下，その主なものについて述べる。

1　ランニング・フイックス（Running fix）による船位決定法

(1)　二本の方位線と針路・航程により船位を求める法（一名，両測方位法，Fix by transferring a bearing line）

Fig 7-7に示すように，外力の影響のない海域で，一物標の方位 AL を測定した後，一定の針路，速力で航走し，再び，同一物標の方位 BL を測定したものとすれば，第一位置の線の転位線 CD と，第二位置の線 LB との交点 F が船位となる。

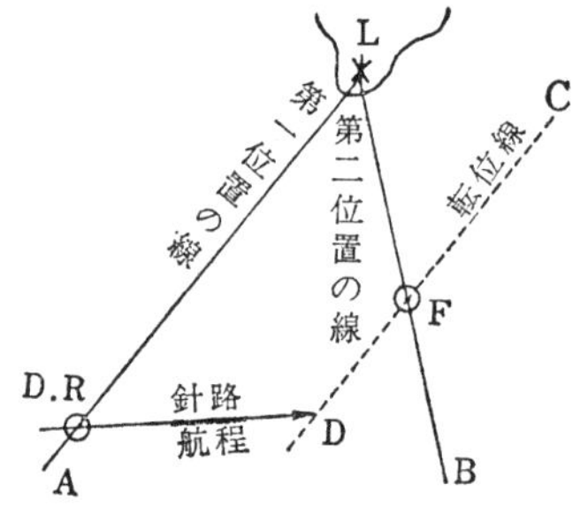

Fig 7-7

外力の影響既知の海域で本法を行う際には，風圧差，流圧差の影響を加味して，Fig 7-8の要領により，位置の線を転位しなければならない。

(2)　三本の方位線と針路・航程により船位を求める法

Fig 7-9に示すように，外力の影響のない海域で，臨時観測により同一物標の三本の方位線を求めた場合には，第一方位線の転位線 FG，第二方位線の転位線 FH と第三方位線 AZ との交点 F が船位となる。

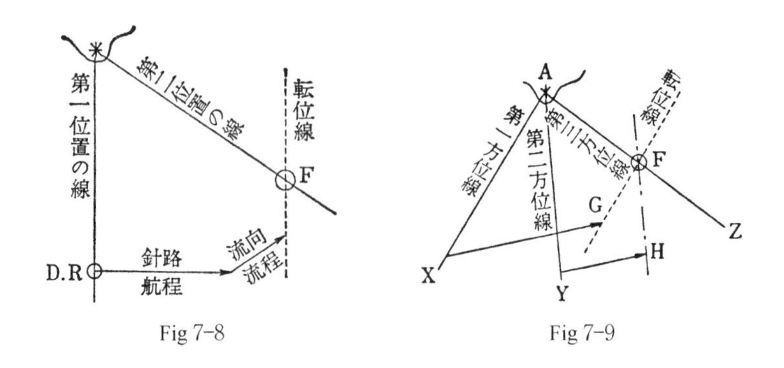

Fig 7-8　　Fig 7-9

外力の影響既知の海域で本法を行う際の転位線の求め方は(1)に準ずる。

(3)　外力の影響未知の海域で船位および流向，流程を求める法

外力の影響未知の海域では，上述の方法により，直接，船位および流向，流程を求めることはできない。しかし，何等かの方法により，船位または流向，流程の一要素を求めえた場合には，次の方法により他の諸要素を求めることができる。

1　対地針路に平行な直線を求め，他の一要素を併用する法

Fig 7-10において，L灯台の方位を測り，LA，LB，LCの三方位線を得たものとする。この場合，第三方位線LC上に，物標Lからの距離が，第一，第二観測間の航程と第二，第三観測間の航程，またはその比に等しい点D，Eを定め，Dを通って第一方位線に平行な直線を引き，第二方位線との交点Fを求め，EFを結ぶ直線EFGを描けば，これが対地針路に平行な直線となる。さらに，このとき，他の一要素，すなわち，第三方位線測定時に，第二物標Mの方位を測定し，実測船位を得たような場合には，次の方法により流向，流程を求めることができる。

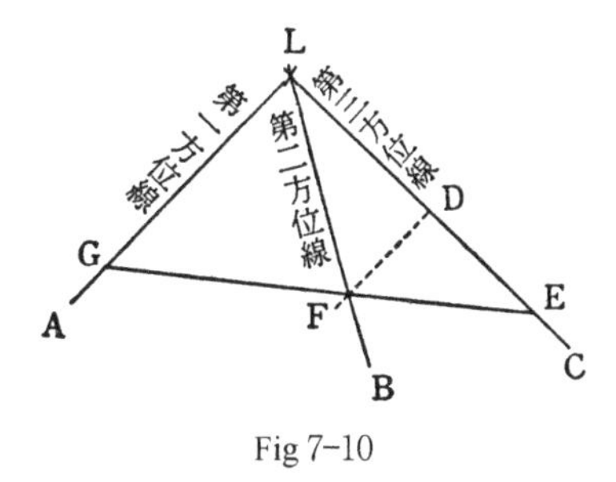

Fig 7-10

Fig 7-11において，A′B′C′を対地針路に平行な直線，MFを第二物標Mの方位線，Fを実測船位とすれば，Fを通り，A′B′C′に平行な直線A″B″Fは対地針路で，A″は第一観測時の船位である。したがって，A″から視針路と航程をとって推測船位Dを求め，DFを結べば，DFは所要の流向，流程を示す。

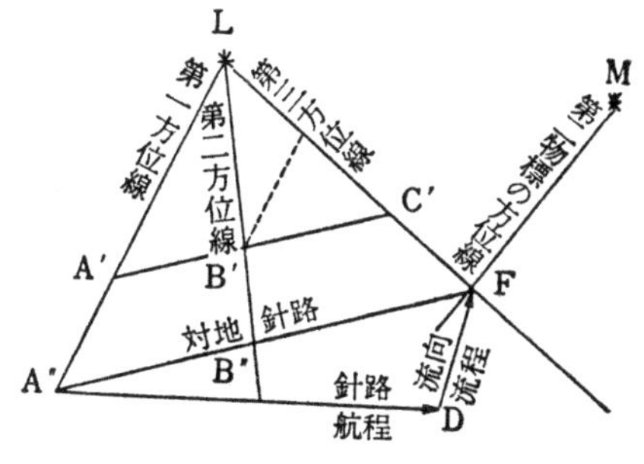

Fig 7-11

また，このとき，他の一要素，すなわち，流向または流程を求めえたものと

すれば，次の方法により，船位および流程または流向を求めることができる。

すなわち，Fig 7-12において，A′B′C′ を対地針路に平行な直線とし，流向が既知なるものとすれば，A′ より視針路 A′D を描き，A′D を第一，第三観測間の航程に等しくとる。D より視針路流向 DE を描き，A′B′C′ との交点を E とし，E より第一方位線に平行な直線 EF を描き，第三方位線との交点を F とすれば，F は第三方位線観測時の船位，F を通り A′B′C′ に平行な直線 A″B″ F は対地針路，DE は流程となる。

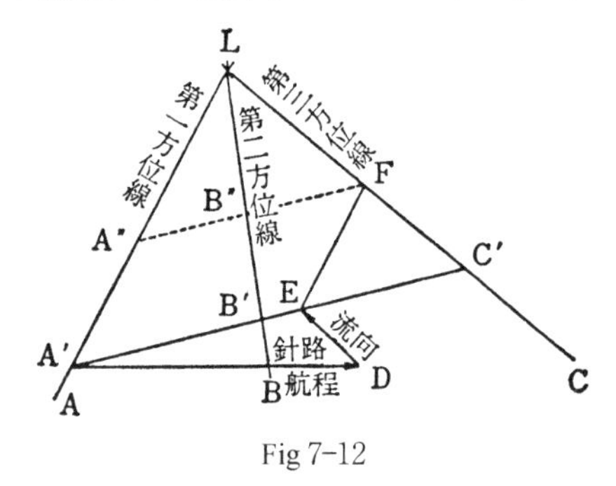

Fig 7-12

また，予め，流程を求め得た場合でも，ほぼ同様の考え方で船位および流向を作図により求めることができる。

2　実測位置と，二本の方位線より，船位，対地針路および流向，流程を求める法

Fig 7-13において，E を実測位置，E Kを視針路，第一方位線 LA，第二方位線 LB を得たときの推測船位をそれぞれ D，G とする。E から任意の補助線 EC を引き，EC と LA の交点を A とする。DA を結び，AC と，G を通って DA に平行な直線 GI との交点を I とし，I を通って第一方位線に平行な直線 IF を引き，第二方位線との交点を F とすれば，F は第二方位線観測時の船位，EHF は対地針路，DH，GF は E を実測してから第一，第二方位線観測時までの流向，流程を示す。

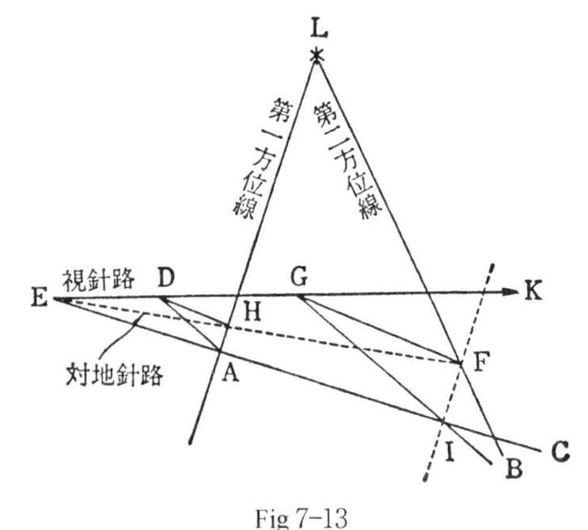

Fig 7-13

注　隔時観測において，流潮により生じる船位の誤差については，第8章において詳述する。

2　ランニング・フイックスの特殊な利用法

ランニング・フイックスには位置の線の転位を必要とするが，特殊な時機を選ぶことにより，転位の操作を行うことなく船位を求めることができる。

以下，その主なものについて説明する。

(1)　船首倍角法（Fix by doubling the angle of the bow）

この方法はランニング・フイックスの特殊な場合であって，Fig 7−14に示すように，第一観測時に物標と船首の交角 α およびログの示度を読み，次に物標と船首との交角が 2α となったとき，物標の方位およびログの示度を読めば，両測間のログの示度の差，すなわち，航走距離は第二観測時における本船と物標との水平距離を示す。したがって，第二観測により求めた方位と水平距離により船位Fは決定する。

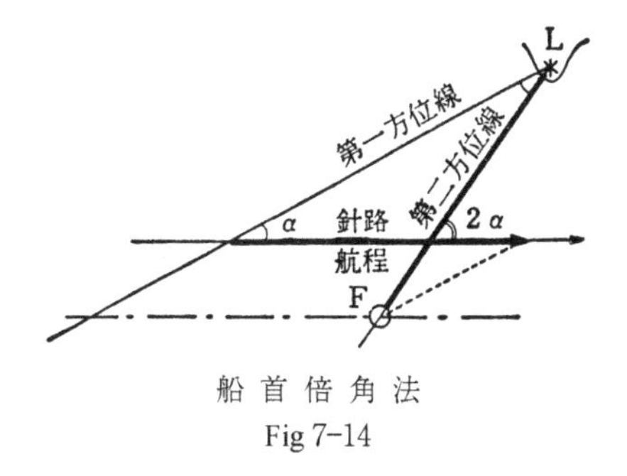

船首倍角法
Fig 7−14

(2)　四点方位法（Fix by four point bearing）

この方法は(1)の特殊な場合であって，前法における第一船首角を45°，すなわち4点，第二船首角を90°，すなわち8点にとれば，両測間の航程がそのままその物標に並航時の正横距離となる。(Fig 7−15参照)

沿岸航海中の船舶では，著明な目標を航過するたびに時刻および正横距離を航海日誌に記入する必要があるので，この法は著明な目標の航過時における船位の確認に広く用いられる。

(3)　正横距離法（Fix by beam distance）

一般的な方法としては，任意の船首角 θ を観測した場合，正横距離は，正横距離＝航走距離×tan θ により求めることができる（Fig 7−16参照）

この計算にトラバース表を使用する場合は，針路に船首角を，変緯に航走距離を挿入し，東西距の欄に正横距離を求めることができる。

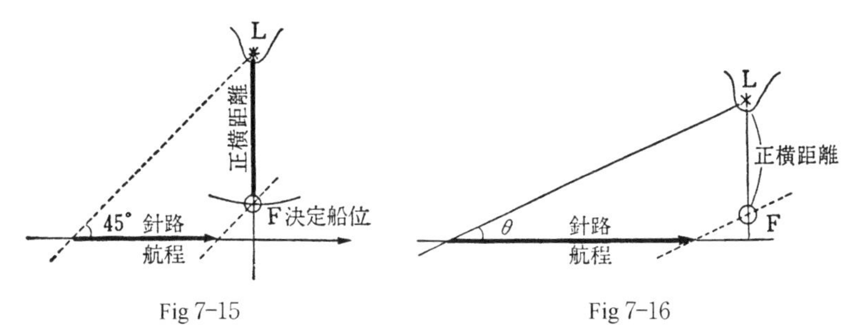

Fig 7-15　　　　　　　　Fig 7-16

(4)　正横距離予測法

沿岸航行中の船舶では，変針時の船位の確認または危険物の離隔距離等についての考慮から，予め通過物標の正横距離を予測する必要がある場合が少なくない。このような場合には，次の方法により正横距離を予測することができる。

1　物標の二方位線とその間の航程より正横距離を予測する法。(灯台表記載の“2船首角により物標の正横距離を求める表”を使用する法)

Fig 7-17において，α, βを第一，第二方位線と針路との交角，Dを両測間の航程，aを第二観測時の物標までの距離，xを正横距離とすれば，

$$\frac{a}{\sin\alpha}=\frac{D}{\sin(\beta-\alpha)},\quad また,\ x=a\sin\beta$$

$$\therefore\quad x=\frac{D\sin\alpha\sin\beta}{\sin(\beta-\alpha)}$$

灯台表には，本式により計算した数値が掲載されているので，この表を使用し容易に正横距離を求めることができる。

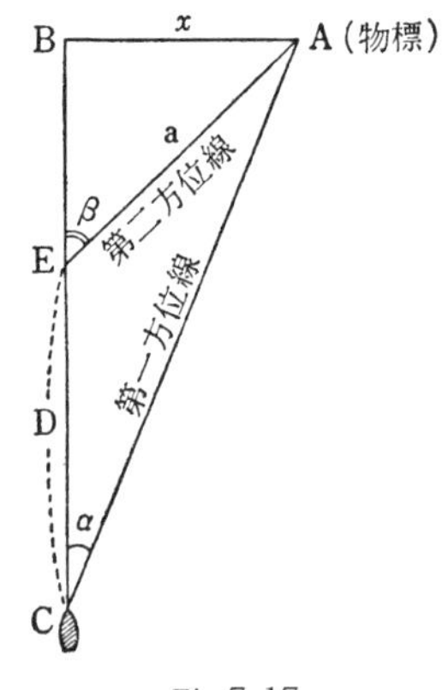

Fig 7-17

2　物標と船首方位の交角および推定距離により正横距離を概測する法

Fig 7-18において，αを物標と船首方位との交角，Dを物標までの推定距離，xを正横距離とすれば，

$x = \mathrm{D} \sin \alpha$

sinの値は，α（単位，度）が微少値の場合には，$\sin \alpha \fallingdotseq \dfrac{\alpha}{60}$の近似値をとるので，交角$\alpha$が小さいときの正横距離$x$は，

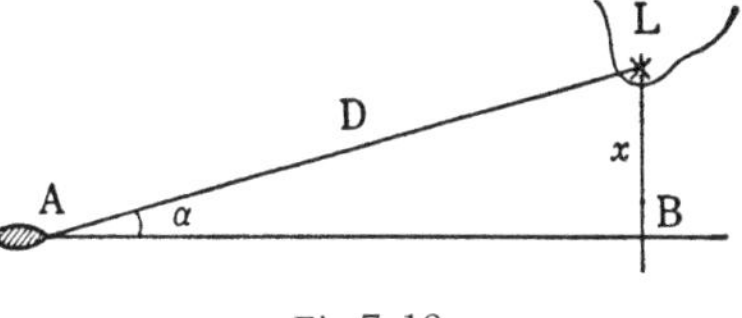

Fig 7-18

$x = \dfrac{\mathrm{D} \times \alpha \text{（単位，度）}}{60}$により概算することができる。

第８章　誤差概説ならびに陸測，推測および推定船位の誤差

第１節　誤差概説

多くの場合，位置の線には定誤差および偶然誤差が含まれ，船位に誤差を生じる。また，正確な船位を決定できた場合においても，次の時点には外力または人的要因による針路誤差，航程誤差が導入され，推測または推定船位としての精度にとどまる。

以下，これらの誤差の原因，大きさ，消去法，そしてこれらの誤差が船位におよぼす影響について説明する。

誤差には次のようなものがある。

1　定誤差（系統的誤差；Constant error or System error）

発生原因（質），大きさ（量）ともに窮明可能なものをいい，次のようなものがある。

1　機械誤差　磁気コンパスの自差，偏差，六分儀の器差，船用基準時計の日差等をいう。

2　理論誤差　理論の不備，実験式，略算式等に含まれる誤差をいう。

3　個人誤差　一定の傾向をもつ個人癖により生じる誤差をいう。

一般に，定誤差は大きな誤差の発生原因となる場合が多いので，既知の定誤差は完全に消去し，未確認のものが残っていると判断されるときは理論的にその質，量を確定し，船位の修正を行う必要がある。

2　偶然誤差（Random error or Accidental error）

不規則に発生し，原因不明または原因が解っていてもその量を確定することの困難なものをいい，磁気コンパスの動揺時の方位誤差，熟練者による測得高

度，測得方位に含まれる誤差，保針誤差等がある。

また，定誤差の一種である機械誤差についていえば，所要の修正を行った後なお微少な不整一な誤差が残る場合がある。理論誤差，個人誤差についても同様で，これらは偶然誤差的要素を持つものとして処理することができる。

偶然誤差は，その質，量を直接窮明することは困難であるが，実験値を基礎とし，ガウス（Gauss）の誤差法則により確率的にその大要をは握することができる。

偶然誤差は比較的小さな誤差の発生原因となることが多いが，積り積って無視できない量の誤差となる場合もあるので，船位を求める際には定誤差を消去した船位，すなわち最多確率船位を決定または推定し，それらの外方に一定の船位誤差界を設定する必要がある。

注　ガウスの誤差法則

① 小さな誤差の発生回数は多いが，大きな誤差の発生回数は少ない。

② 真値を中央にして過大に測定する回数と過小に測定する回数はほぼ同一である。

③ 非常に大きい誤差はほとんど起こらない。（Fig 8–1参照）

ガウスの正規分布

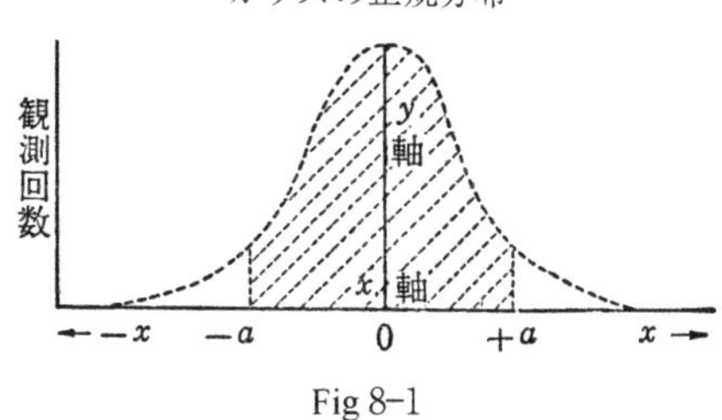

Fig 8–1

(1) 偶然誤差の量を表わす場合，次の用語が用いられる。

① 平均誤差（η）

同一観測をくりかえした場合に生じる偶然誤差の絶対値の算術平均をいう。

② 標準誤差（σ）

同一観測をくりかえした場合に生じる偶然誤差の２乗を平均して開平した値をいう。

③　中央誤差（r）

同一観測をくりかえした場合に生じる偶然誤差の絶対値が，ある偶然誤差の絶対値rよりも大きな値として現われる確率と，小さな値として現われる確率が，同じく$\frac{1}{2}=0.5$であるようなrを中央誤差という。

④　最大誤差（x）

予想される最大誤差をいい，一般に最大誤差$x=\mathrm{r}\times 4$で表わされる。

この場合目標を最大誤差以内に測定する確率は99.4％となる。

平均誤差（η），標準誤差（σ），中央誤差（r），最大誤差（x）の間には，次の関係式がある。

$$\eta=0.7979\,\sigma=1.1829\,\mathrm{r}=0.2957\,x$$

$$\sigma=1.2533\,\eta=1.4826\,\mathrm{r}=0.3706\,x$$

$$\mathrm{r}=0.8453\,\eta=0.6745\,\sigma=0.2500\,x$$

$$x=3.3812\,\eta=2.6980\,\sigma=4.0000\,\mathrm{r}$$

(2)　各確率に対する誤差とrとの比

Fig 8-1ガウスの正規分布（誤差曲線）を数式で表わすと次式のように表わすことができる。

$$\mathrm{y}=\frac{1}{\sqrt{2\pi\sigma}}\,\mathrm{e}^{-\frac{x^2}{2\sigma^2}}\cdots\cdots\cdots(1)$$

上式において$\sigma=1$とおけば(2)式をうる。

$$\mathrm{y}=\frac{1}{\sqrt{2\pi}}\,\mathrm{e}^{-\frac{x^2}{2}}\cdots\cdots\cdots\cdots(2)$$

誤差曲線Fig 8-1においてx軸と曲線により囲まれた面積はすべての大きさの誤差の生起する確率を示す。

従って，(2)式をx軸上の任意の値$-a$から$+a$まで積分した値Pは，偶然誤差が$-a$と$+a$との間に生起する確率を示す。すなわち，

$$P=\int_{-a}^{a}\frac{1}{\sqrt{2\pi}}\,\mathrm{e}^{-\frac{x^2}{2}}\,dx\cdots\cdots(3)$$

誤差曲線はy軸に対し左右対称と考えられるので，(3)式は次のように変形で

きる。

$$P = 2\int_0^a \frac{1}{\sqrt{2\pi}} e^{-\frac{x^2}{2}} dx \cdots\cdots(4)$$

従って上式の P に種々の確率を代入すれば，それぞれの確率に対する誤差の絶対値 a を求めることができる。

すなわち，

i　確率50％の a を求めるには，(4)式に $P=0.5$ を代入し，$a=0.6745$ を求めることができる。

このことは，標準誤差 $\sigma = 1$ とすれば，確率50％の a の値，すなわち中央誤差 r は0.6745であること，換言すれば，$\sigma = \frac{r}{0.6745}$ であることを意味する。

ii　また，確率95％の a を求めるには，(4)式に $P=0.95$ を代入し，$a=1.960$ を求めることができる。

このことは，標準誤差 $a = 1$ とすれば，確率95％の a の値は1.960であること，従って，確率95％の a 値を r で表わせば，$1.960 \times \frac{r}{0.6745} = 2.9r$ であることを意味する。

Fig 8-2の上欄はこのようにして求めたそれぞれの確率に対する a の値を，Fig 8-2の下欄はそれぞれの確率に対する a の値を r との比で示したもので，Fig 8-3は r 対 a の値をグラフに描いたものである。

P(%)	50	55	60	65	70	75	80	85	90	95	99
a	0.675	0.755	0.840	0.935	1.040	1.150	1.280	1.440	1.645	1.960	2.580
a/r	1	1.12	1.24	1.38	1.54	1.70	1.89	2.13	2.44	2.90	3.82

Fig 8-2

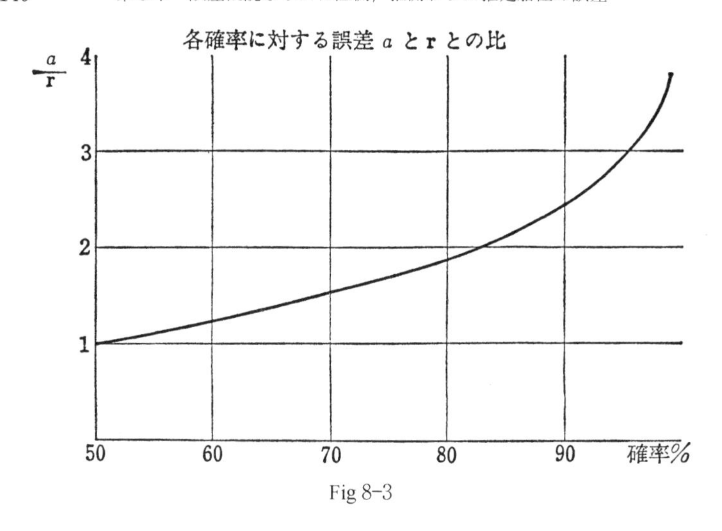

Fig 8-3

(3)　船位誤差界

船位の存在確率を％で示す一定面積を船位誤差界といい，船位誤差界は，誤差平行四辺形または誤差楕円により表わすことができる。

1　誤差平行四辺形

Fig 8-4において，交角 θ で交わる二本の位置の線 a，b にそれぞれ偶然誤差を含むものとすれば，位置の線の外方に，偶然誤差の誤差幅を有する直線 a′，a″，b′，b″ を描けば，直線 a′，a″，b′，b″ により囲まれた四辺形 ABCD は誤差平行四辺形を形成する。

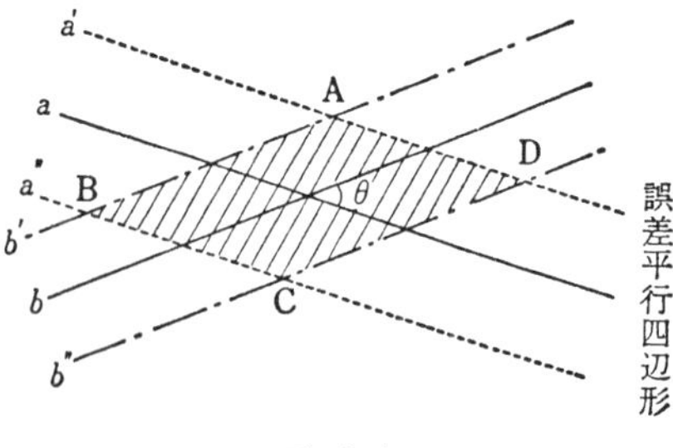

Fig 8-4

この場合，位置の線の両側にそれぞれの中央誤差 r をとれば，確率の乗法定理により確率25％の誤差平行四辺形を，確率70.7％の1.56r をとれば，確率50％の誤差平行四辺形を，同様に97.5％の3.35r をとれば，確率95％の誤差平行四辺形を描くことができる。この方法は，作図が容易で，概略の船位誤差界の大きさを理解するのに便利ではあるが，平行四辺形の辺上の各点はすべて精度が異なり，船位誤差界としての理論的裏付けに欠陥がある。

2　誤差楕円

最多確率船位（定誤差を消去した位置の線の交点）をとりまく地点の中で，精度（確率密度）の等しい点を連ねた線は楕円を描く。この楕円を誤差楕円といい，通常，船位の存在確率が50％の楕円を単に誤差圏，95％のものを誤差界という。

（このことは，Fig 8–5のように，二本の位置の線に無数の平行線を引き，平行線の幅を確率密度に逆比例させた場合に描かれる無数の平行四辺形の中，確率密度——この場合は平行四辺形の面積に逆比例する——の等しいものを連ねることにより容易に理解できる）

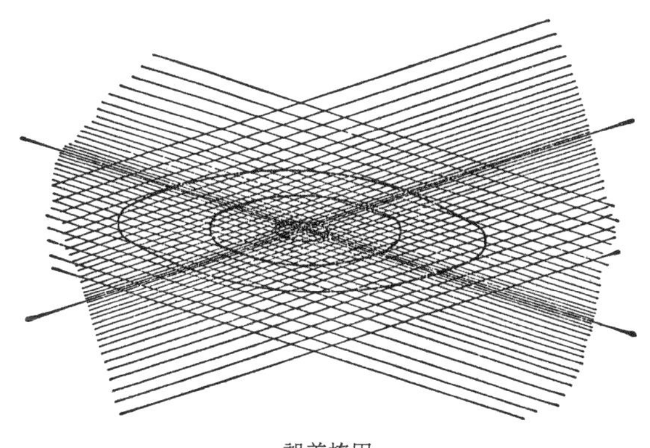

誤差楕円

Fig 8–5

一般に，交角θで交わる二本の位置の線に，いずれも中央誤差rの偶然誤差を含むものとすれば，

誤差圏は　共軛半径$=1.746r\ \mathrm{cosec}\ \theta$

長　半径$=1.230r\ \mathrm{cosec}\ \theta/2$

短　半径$=1.230r\ \sec\ \theta/2$

誤差界は　共軛半径$=3.63r\ \mathrm{cosec}\ \theta$

長　半径$=2.57r\ \mathrm{cosec}\ \theta/2$

短　半径 $= 2.57\mathrm{r}\sec\theta/2$

の楕円となる。

また，その他の誤差楕円の共軛半径の係数は次の値をとる。

確率（%）	50	55	60	65	70	75	80	85	90	95
共軛半径の係数	1.746	1.873	2.007	2.148	2.300	2.469	2.660	2.888	3.181	3.630

Fig 8–6

誤差楕円は，精度（確率密度）の等しい点の連なりをもって船位誤差界とするため，理論的には最も優れた方法であるが，反面，正確な作図は困難である。

しかし，誤差平行四辺形と誤差楕円の面積比は次のような関係にあり，若干誤差平行四辺形が大きいので，現実の方策としては，50%誤差平行四辺形または，95%誤差平行四辺形を描き，これとほぼ同一面積の楕円を描けば，誤差圏または誤差界である誤差楕円を作図することができる。

注　誤差平行四辺形と誤差楕円の面積比は次のような値をとる。

50%誤差平行四辺形と誤差圏の面積比

$$K = \frac{4 \times (1.56\mathrm{r})^2 \times \mathrm{cosec}\,\theta}{\pi \times (1.23\mathrm{r})^2 \times \mathrm{cosec}\,\theta/2 \cdot \sec\theta/2} = 1.024$$

95%誤差平行四辺形と誤差界の面積比

$$K = \frac{4 \times (3.35\mathrm{r})^2 \times \mathrm{cosec}\,\theta}{\pi \times (2.57\mathrm{r})^2 \times \mathrm{cosec}\,\theta/2 \cdot \sec\theta/2} = 1.082$$

3　錯　誤（Mistake or Blunder）

物標の誤認，コンパス，六分儀の読み違い等，偶然性はあるが，偶然誤差とはその性質を異にするものを錯誤という。

交差方位法において一本の位置の線のみが著しく偏位したような場合がその一例で，このようなとき，その位置の線は船位決定の要素から除外する。

なお，船位の決定にあたっては，慎重な観測，作図により錯誤の導入を防止すべきことはもちろんであるが，位置の線も二本のみにとどめず，チェック・ベアリングとしてさらにもう一本の位置の線を求め，錯誤の有無を験する心構えが必要である。

第2節　交差方位法における船位の誤差

1　二本の方位線に定誤差があるときの船位の誤差

Fig 8-7において，AおよびBを二物標，Fを真位置，F′を定誤差eがあったため誤って観測した船位とすれば，船位誤差FF′は，$FF'=\dfrac{AB \cdot \sin e}{\sin\theta}$により求めることができる。ただし，θは二本の方位線AF，BFの交角とする。

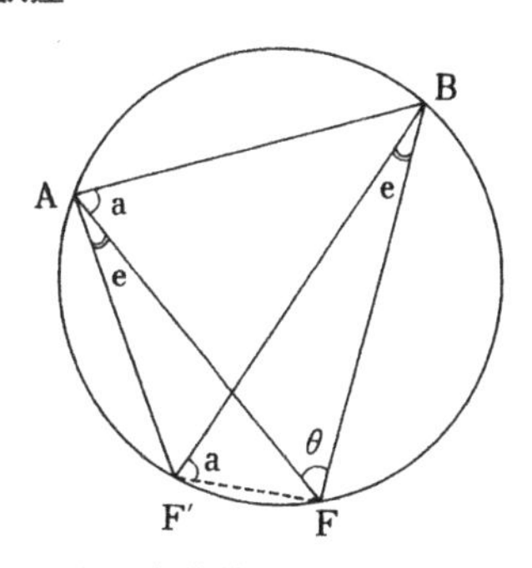

二本の方位線に定誤差があるときの船位の誤差

Fig 8-7

すなわち，

$\varDelta$ABFにおいて，$\dfrac{BF}{\sin a}=\dfrac{AB}{\sin\theta}$

$\varDelta$BFF′において，$\dfrac{BF}{\sin a}=\dfrac{FF'}{\sin e}$

従って，$\dfrac{FF'}{\sin e}=\dfrac{AB}{\sin\theta}$

$\therefore \quad FF'=\dfrac{AB \cdot \sin e}{\sin\theta}$

上式より，船位の誤差を小さくするためには，

①　定誤差eを小さくする。

②　交角θを90°に近づける。

③　θを一定とすればABを小さくすること，すなわち，近距離の目標を選定すればよいことが理解できる。

2　二本の方位線に偶然誤差があるときの船位の誤差

⑴　一本の方位線に偶然誤差があるときの偏位誤差

Fig 8-8において，物標Lの距離をd，方位線LAに偶然誤差の最大値e°を含むものとすれば，偏位誤差AA′は次式により求まる。

$AA'=(AA'')\fallingdotseq d\sin e \fallingdotseq d\times\sin 1^\circ\times e=0.018\times d\times e$

従って，中央誤差の実測値を1/2°とすれば，最大誤差e＝2°，偏位誤差AA′＝0.036dとなる。

(2)　二本の方位線に偶然誤差があるときの船位の誤差

Fig 8-9において，二本の方位線 AX，BY にそれぞれ偶然誤差の最大値 e を含むものとすれば，真の船位は四辺形 CDEF の中にあると推定される。

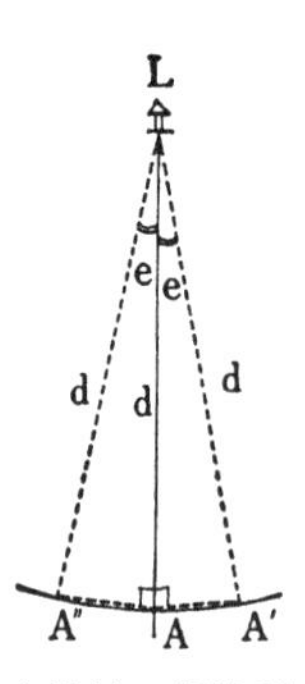

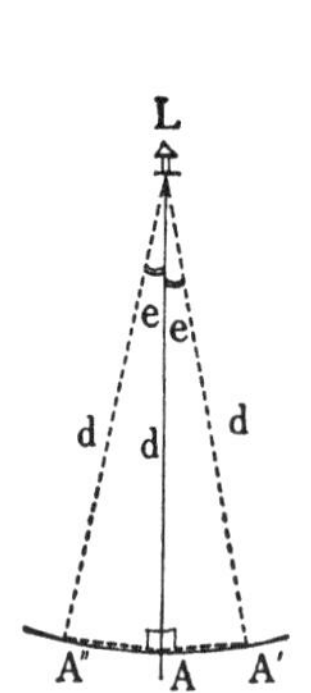

一本の方位線に偶然誤差があるときの偏位誤差

Fig 8-8

二本の方位線に偶然誤差があるときの船位の誤差

Fig 8-9

通常，e 値に比し，船と物標の距離は大きいので，AX′//AX″，BY′//BY″ とみなして差し支えない。従って，四辺形 CDEF は平行四辺形となる。

従って，各方位線の両側に最大誤差幅0.036d を有する誤差平行四辺形を描けば，船位の存在確率は，確率の乗法定理により，99.4％×99.4％＝98.8％となる。

さらに，この平行四辺形とほぼ同一面積の楕円を描けば，同確率の誤差楕円をうる。

また，中央誤差の実測値より誤差楕円の公式を用い，直接，誤差楕円を描くこともできる。

3　三本の方位線に定誤差があるときの船位の誤差

Fig 8-10，8-11において，A，B，C を三物標，F を真位置とし，方位線 AF，

BF, CF に定誤差 e が含まれていたため, 誤差三角形 XYZ を生じたものとする。

この場合,

① 三物標が船位に対し同一側に存在する場合, 真の船位 F は誤差三角形 XYZ の外方にあり, (Fig 8-10)

② 三物標が船位の全周に存在する場合, 真の船位 F は誤差三角形 XYZ の内方にあり, (Fig 8-11)

いずれの場合においても, 誤差三角形の頂点の一つと二物標を通る円の交点 F（たとえば, Fig 8-10, 8-11において, 誤差三角形の頂点 X と物標 A, B および誤差三角形の頂点 Y と物標 B, C を通る円の交点 F）が真の船位となる。

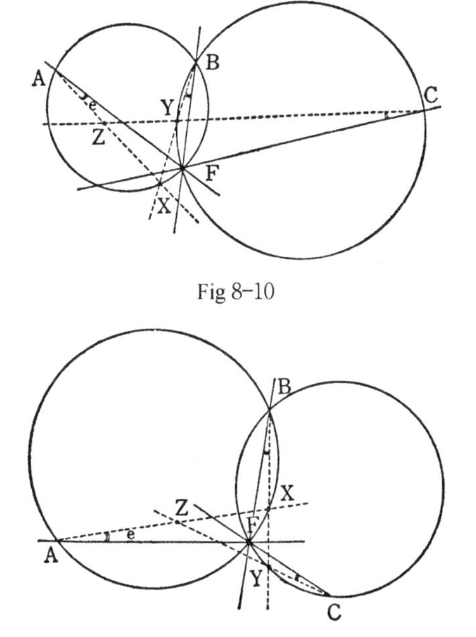

Fig 8-10

三本の方位線に定誤差があるときの船位の誤差

Fig 8-11

注 沿岸航行中の船舶において船位を測定する場合, 陸岸側の三物標, 換言すれば方位線の交角が180°以下の三物標により船位を求めることが多い。このような場合, 定誤差のみにより誤差三角形を生じたものとすれば, 真の船位は常に誤差三角形の外方に存することとなる。

4　三本の方位線に偶然誤差があるときの船位の誤差

三本の方位線に等精度の偶然誤差が含まれていたため，誤差三角形を生じた場合の最多確率船位 O と誤差三角形との間には，次の関係が成立する。すなわち，Fig 8-12において，方位線 AB，AC の中央誤差 r を方位線 BC 上に表わすと，$BB'=\dfrac{r}{\sin B}$，$CC'=\dfrac{r}{\sin C}$ となり，二つの確率の分布が重複して BC 線上で最大値をとるのは，辺 BC 上において B，C からの距離が $\left(\dfrac{r}{\sin B}\right)^2$：$\left(\dfrac{r}{\sin C}\right)^2$ により内分される点 X となる。

このことは，辺 AB，AC にはさまれ，BC に平行なすべての位置の線について成立するため，最確値はすべて線分 AX 上に存在する。

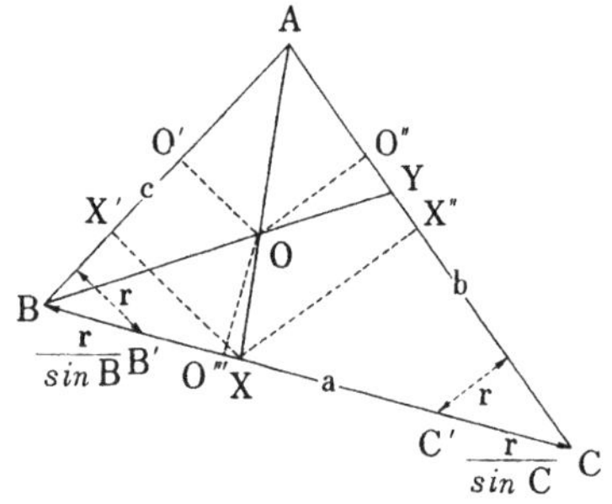

三本の方位線に偶然誤差があるときの船位の誤差

Fig 8-12

辺 AC についても同様で，誤差三角形 ABC の各辺を a，b，c とし，辺 b 上にとった $\left(\dfrac{r}{\sin C}\right)^2$：$\left(\dfrac{r}{\sin A}\right)^2$ の内分点を Y，最確位置の線 AX と BY の交点を O，O より辺 c，b，a に下した垂線の脚を O′，O″，O‴，また，X より c，b に下した垂線の脚を X′，X″ とすれば $\dfrac{BX}{CX}=\left(\dfrac{\sin C}{\sin B}\right)^2$

$$\frac{\varDelta ABX}{\varDelta ACX}=\frac{BX}{CX}=\left(\frac{\sin C}{\sin B}\right)^2=\left(\frac{c}{b}\right)^2 \qquad \left(\because\quad \frac{\sin C}{\sin B}=\frac{c}{b}\right)$$

$$\therefore\quad \frac{c\times XX'}{b\times XX''}=\left(\frac{c}{b}\right)^2 \qquad \therefore \frac{XX'}{XX''}=\frac{OO'}{OO''}=\frac{c}{b}$$

同様にして $\dfrac{OO''}{OO'''}=\dfrac{b}{a}$

従って，この場合の最多確率船位，すなわち最確位置の線の交点 O は，誤差三角形の内部にあって，各辺からの距離が辺の長さに比例する点で，各辺の長さが等しい場合には内心となる。

また，各位置の線の精度が異なる場合の最多確率船位は，誤差三角形の内部にあって，各辺からの距離が辺の長さと各辺の誤差の自乗に比例する点となる。

実際問題としては，偶然誤差のみによる誤差三角形は比較的小さいので，誤差三角形の内接円の中心，すなわち，内心を最多確率船位として差し支えない。

5　観測時間差による方位線の微少転位を行わないために生じる船位の誤差

進行方向に対し片側にある数物標の方位を，船首方向または船尾方向より順次後方または前方に測定する場合，観測時間差による位置の線の微少転位を行わない場合には，船位は，前方より測れば物標の側に，後方より測れば物標の反対側に偏する。後者の場合はとくに危険であるから注意を要する。

すなわち，Fig 8-13，8-14において，A，B，Cを三物標，方位線の番号①②③は観測順位を示すものとすれば，F′は観測時間差による微少転位を行わない場合の船位（微少な誤差三角形を生じるのが通例である），①′②′は観測時間差による微少転位を行ったときの転位線，Fはそれらの交点，すなわち，真の船位を示す。

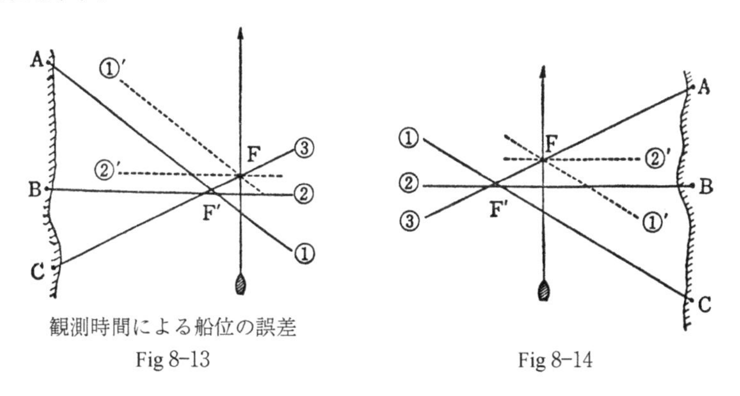

観測時間による船位の誤差
Fig 8-13　　Fig 8-14

第3節　その他の陸測船位に含まれる船位の誤差

前節において，交差方位法における船位誤差の概要について述べたが，その他の船位測定法に含まれる船位の誤差についても，ほぼ同様の考え方で処理することができる。

以下，二，三の例について説明する。

1　仰角距離法において，眼高および物標の位置により生じる船位の誤差

測者が眼高を有せず，近距離の物標で，気差および地球の彎曲を無視できるようなとき，測者と物標の水平距離Dは，$D=H\cot\theta$（ただし，Hは標高，θは仰角とし，測角誤差はないものと仮定する）により求めることができる。

⑴　測者が眼高を有する場合の誤差

Fig 8-15において，測角すべき物標BC（標高H）が海岸線に直立しており，Aを船位，OAを眼高（h），$\angle BOC$を測角θとし，ΔOBCの外接円とACの交点をD，同じくAOの延長線との交点をEとすれば，真の水平距離はAC，上式により求めた距離はDCで，ADが誤差となる。

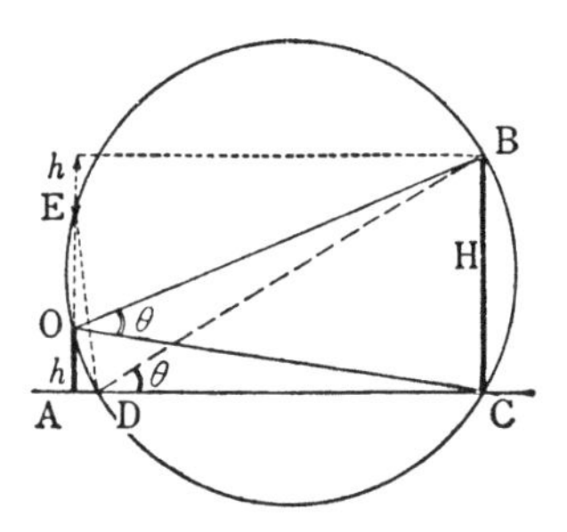

仰角距離法（測者が眼高を有する場合）の船位の誤差

Fig 8-15

図において，

$$\Delta AOC \backsim \Delta ADE \qquad \therefore\ AD=\frac{AO\cdot AE}{AC}$$

従って

$$AC=DC+AD=H\cot\theta+\frac{AO\cdot AE}{AC}=H\cot\theta+\frac{h(H-h)}{AC}$$

上式より誤差ADは，$AD=h\dfrac{H-h}{AC}$で，

$AC>(H-h)$である以上，誤差は常に測者の眼高hより小さいことが理解できる。

⑵　測者が眼高を有し，海岸線より奥まった物標を観測した場合の誤差

Fig 8-16において，DCを標高（H），Bを船位，ABを眼高（h），海岸線をF，ΔDFAの外接円とそれぞれの直線またはその延長線との交点を図示のとおりとすれば，真の水平距離はBC，$H\cot\theta$により求

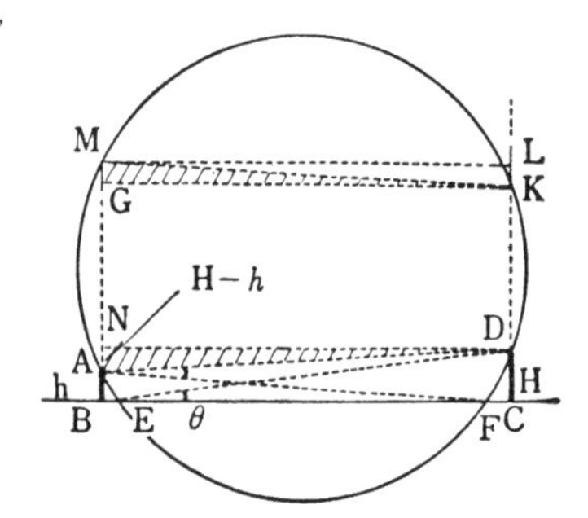

仰角距離法（海岸線より奥まった物標を観測した場合）の船位の誤差

Fig 8-16

めた水平距離はECで，BEが誤差となる。

図において，

$$BE=\frac{h\cdot BM}{BF}\quad (\because\quad BE\cdot BF=BA\cdot BM)$$

$$=\frac{h\cdot(BG+GM)}{BF}=\frac{h\cdot GM}{BF}+\frac{h\cdot BG}{BF}\cdots\cdots①$$

次に，$\varDelta MGK=\varDelta AND$

$$\therefore\quad GM=(H-h)\cdots\cdots②$$

また，$BG=CK=\frac{CF\cdot CE}{CD}=\frac{CF(BF+FC-BE)}{H}\cdots\cdots③$

②③式を①式に代入して

$$BE=\frac{h(H-h)}{BF}+\frac{h}{BF}\cdot\frac{CF(BF+FC-BE)}{H}$$

$$=\frac{h(H-h)}{BF}+\frac{h\cdot CF}{H}\left(1+\frac{FC-BE}{BF}\right)$$

上式より，測角すべき物標がその海岸線の直上にない場合の誤差BEは，BF＞H＞FCなる条件を有する限り，常に眼高の3倍より小さいことが理解できる。

2　三標両角法における測角誤差による船位の誤差

Fig 8-17において，A，B，Cを三物標，円AFBとBFCを真の位置の円，円

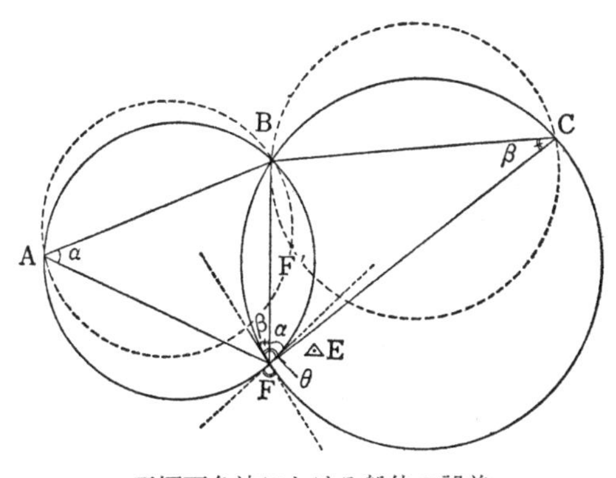

三標両角法における船位の誤差
Fig 8-17

AF'B と BF'C を実測（測角誤差を含む）の結果記入した位置の円とすれば，F は真の船位，F′ は実測船位（誤差を含む）となる。

いま，測得夾角に定誤差 e があったと仮定し，$r_1 = \frac{AF}{AB}$，$r_2 = \frac{CF}{BC}$ とすれば，船位の誤差 FF′ は，$FF' \fallingdotseq \frac{\sin e \cdot FB}{\sin\theta}\sqrt{r_1{}^2 + r_2{}^2 + 2r_1r_2\cos\theta}$ により表わすことができる。（証明略）

ただし，θ は位置の円の交角（鋭角）とする。

また，e を実用上測角に含まれる最大誤差30′ と仮定すれば，最大誤差は，上式を変形し，最大誤差 $\fallingdotseq \frac{FB}{\theta} \times \frac{r_1 + r_2}{2}$ により求めることができる。

上式より，三標両角法において，船位の誤差を小さくするためには，次の三つの要件に適合する物標を選べばよいことが理解できる。

①　中央物標との距離が小さいこと。

②　位置の円の交角が90°近いこと。

③　平均比 $\frac{r_1 + r_2}{2}$ が小さいこと。

具体的な方法としては，海図上に概略の船位 E を求め，中央物標との距離および平均比は目測により，また，位置の円の交角 θ は，$\theta = \alpha + \beta$ の関係から，$\theta = 360° - (\angle ABC + \angle AEC)$ により概略の見当をつけることができる。

しかし，実務上は，これらの三要件を具備する物標はまれであるので，少なくとも，この中の二つの要件に適合するような物標を選択するよう努めなければならない。

3　隔時観測において，流潮の影響により生じる船位の誤差

Fig 8-18において，物標 L の第一方位線を LA，第二方位線を LB，針路，航程を AC，流向，流程を CC′（流向が第一方位線に直交し，逆潮の場合）とすれば，作図により船位 F′ を求めることができる。

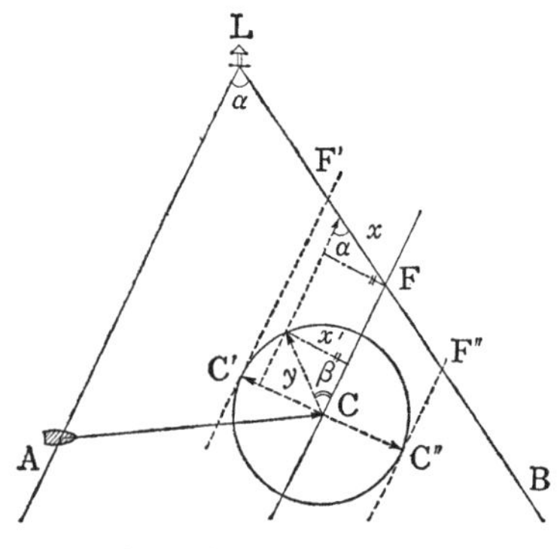

流潮の影響による船位の誤差

Fig 8-18

もちろん，流潮がない場合の船位は

Fで，流向，流程をCC″（流向が第一方位線に直交し，順潮の場合）とすれば船位はF″となる。

その他の場合についても，流程が一定であれば，流向に応じ船位はF′F″の間に求まり，Fからの偏位量xは，方位線の交角をα，流向と第一方位線の交角をβ，流程をyとすれば，$x = y\sin\beta\,\mathrm{cosec}\,\alpha$で表わすことができる。

注　図において，$x' = y\sin\beta$
$\therefore x = x'\mathrm{cosec}\,\alpha = y\sin\beta\,\mathrm{cosec}\,\alpha$

従って，流潮のある海域で隔時観測を行い，流潮の影響を予測せず船位を決定し，または流潮の推定に誤差を伴った場合，真の船位は流向，流程に応じ，あるいは物標側に，あるいは物標の反対側に偏し，前者の場合はとくに危険であるから注意を要する。

第4節　推測船位，推定船位および推定船位の誤差

1　推測船位

出発経，緯度を基礎とし，針路および航程により求めた船位を推測船位という。

従って，針路，航程に誤差を含む場合，推測船位には誤差を生じる。

針路誤差，航程誤差のおもなものは次のようなものである。

針路誤差

①　未確認のコンパス誤差（微少誤差）

②　海，潮流，風圧などによる外力の影響

③　保針誤差

航程誤差

①　未確認のログ誤差（微少誤差）

②　海，潮流，風圧などによる外力の影響

③　保針誤差に伴う航程誤差

2　推定船位

推測船位に海，潮流，風圧などの外力による偏位量を推定して補正した船位を推定船位という。推定船位は推測船位より真位置に近いことはもちろんであるが，推測船位に含まれる上記の微少誤差はもとより，海，潮流，風圧差などの推定においても若干の誤差の導入を避けることはできない。

従って，船位の安全を確保するためには，推測船位の場合はもちろん，推定船位についても，その外方に充分な安全圏，すなわち船位誤差界を設定する必要がある。

3　推定船位の誤差

推定船位の船位誤差界については，従来，推定船位の前後方向に各1′.5t，左右方向に各1′.0t（tは船位実測後の経過時間）の誤差を見積り，船位誤差界とする基準があったが，この略算式によると，時間の経過に比例して船位誤差界は急速に拡大し，実際の運用において困難な面を生じる。

また，前述の誤差平行四辺形または誤差楕円についても，船位の所在確率を増すに従い船位誤差界は急激に拡大し，実務上妥当性を欠く場合が少なくない。

従って，通常，確率95%の誤差平行四辺形または誤差楕円（誤差界）をもって船位誤差界の目安とする場合が多い。

元東京商船大学鮫島直人教授の説によれば，海，潮流，皮流，風圧差，操舵誤差，ログ誤差等の誤差には時間に比例して増加するものと，時間の平方根$\sqrt{t}$に比例して増加するものがあり，T時間経過後の各中央誤差r_1（左右方向），r_2（前後方向）は

$$r_1 = \sqrt{0.286t + 0.014t^2}$$

$$r_2 = \sqrt{0.542t + 0.08t^2}$$

の実験式により求めることができるとされた。

また，1昼夜程度の推定位置では$r_1 = 0'.7\sqrt{t}$，$r_2 = 0'.8\sqrt{t}$の略算式でも差し支えないとされている。

従って，この中央誤差r_1，r_2を使用し，確率95%の誤差平行四辺形または誤

差界を求めるには次の法によればよい。

1　Fig 8-3より中央誤差 r に対する97.5%誤差の係数3.35を求め，

推定船位に対し，針路の前後方向に$0'.8\sqrt{t}\times 3.35$

針路の左右方向に$0'.7\sqrt{t}\times 3.35$

の偏位幅を有する平行四辺形を描けば，確率の乗法定理により確率95%の誤差平行四辺形をうる。

さらに，この平行四辺形とほぼ同一面積の楕円を描くことにより，概略の誤差界を求めることができる。

2　また，誤差界の公式

長半径$=2.57r_2\ \mathrm{cosec}\ \theta/2$

短半径$=2.57r_1\ \sec\theta/2$

に，それぞれの中央誤差の値，すなわち，$r_1=0'.7\sqrt{t}$，$r_2=0'.8\sqrt{t}$および$\theta=90°$を代入し

長半径$=2'.90\sqrt{t}$

短半径$=2'.54\sqrt{t}$

の誤差界を直接描くこともできる。

第9章　潮汐および潮流

潮汐，潮流の詳細については海洋気象学で習得することとなるので，本章では，潮汐，潮流，潮汐理論および潮時，潮流算法について概説するにとどめる。（本章に使用する天文用語については，航海学下巻第11章「天文概説」を参照されたい。）

第1節　潮汐，潮流の概要

1　潮汐および潮流

月および太陽の引力により，海の表面に生ずる周期的な垂直運動を潮汐（Tide）といい，潮汐の干満に伴い，水平方向に流動する海水の流れを潮流（Tidal current）という。

2　高潮，低潮および上げ潮，下げ潮

潮汐によって海面が最高となったときを高潮（満潮，High water; H. W）といい，最低になったときを低潮（干潮，Low water; L. W）という。

海面が上昇しつつある間，すなわち，低潮から高潮までを上げ潮（漲潮，Flood）といい，海面が下降しつつある間，すなわち，高潮から低潮までを下げ潮（落潮，Ebb）という。

後述するが，潮汐のおもな部分は約半日の周期をもつ半日週潮と，約1日の周期をもつ日週潮の重なったもので，日々の高潮，低潮の高さ，間隔には多少の差違があり，甚しいときは1日1回潮の現象を呈する。

しかし，多くの場合1日に2回の高潮と2回の低潮を生じ，高潮から高潮までの時間，すなわち，周期は約半日で，平均12時間25分である。従って，2回の高潮と2回の低潮には24時間50分を要し，日々の高低潮時は約50分おくれることとなる。

3　潮差および大潮，小潮

相次ぐ高潮面と低潮面の垂直距離を潮差（Tidal range）という。潮差は月齢により増減し，約２週間の期間内において，潮差が最大を示す日と最小を示す日が現われる。

月と太陽の引力が一線となって働き潮差が最大を示す潮汐を大潮（Spring tide），月と太陽の引力の方向が90°ずれて，潮差が最小を示す潮汐を小潮（Neap tide）という。

月齢が同一でも，月の地球からの距離によって潮差は変化する。月は地球を焦点の１つとする楕円軌道上を公転しているので，月が地球に近くなったときにおこる潮差の大きい潮汐を近地点潮（Perigean tide），遠く離れて潮差の小さい潮汐を遠地点潮（Apogean tide）という。ただし，距離の差により生じる潮差の変化は，月齢による変化に比して小さい。

従って，潮差の変化は，主として月齢により支配されると考えて差し支えない。

１日１回潮の場合は，潮差はおもに月の赤緯により変化する。すなわち，月の赤緯が最大の頃，潮差は最大となり，月の赤緯が最小の頃，最小となる。前者を回帰潮（Tropical tide），後者を分点潮（Equinoctical tide）という。

4　潮　　令

大潮は朔，望（月齢０日および14日頃）の一, 二日後に生じ，小潮は上弦，下弦（月齢７日および22日頃）の一, 二日後に生じる。

大潮が朔，望よりおくれる時間をその地の潮令（Age of tide）といい，日の単位で表わす。

5　月潮間隔

高潮や低潮の時刻も月の運行と密接な関係がある。理論上，太陰潮では月がその地の子午線を経過すると同時に高潮となり，約６時間を経て低潮となるべきであるが，実際には海底や海岸の摩擦，地理的条件等によりおくれ，その時間差は地方によりほぼ一定する。この時間差を高潮間隔（High water interval）または低潮間隔（Low water interval）といい，両者を総称して月潮間隔

（Lunitidal interval）という。

観測地点が違えば月潮間隔も違うが，同一地点における月潮間隔はほぼ一定で，半月またはその整数倍にあたる期間について平均したものを平均月潮間隔，このうち高潮間隔を平均したものを平均高潮間隔（Mean high water interval），低潮間隔を平均したものを平均低潮間隔（Mean low water interval）という。

朔，望における高潮間隔を平均したものを朔望高潮間隔（High water full and change）といい，平均高潮間隔との間には通常数十分の差がある。

朔，望における月の南中は概ね正午（子）頃であるため，朔望高潮間隔は朔，望におけるその地の概略の高潮時を示す。

6　潮　　浪

地球上の各地における潮汐をみると，近接した地点の高潮時は一方から他方に次第におくれ，潮差も一方から他方に次第に変化することが認められる。

このことから，潮汐は一つの波動であって，これが海中を進行し，波の頂がある地点に到着するとその地は高潮となり，谷が到着すると低潮となり，波の頂から谷までの垂直距離が潮差，波の頂が到着してから次の頂が到着するまでの時間が潮汐の周期であることが理解される。この潮汐の浪を潮浪（Tidalwave）という。

潮汐は大洋で発達し，潮浪となって他の海に伝わり，そこに潮汐現象をおこすのであるが，その伝搬のありさまは海陸の分布，海湾の深浅，広狭等によりすこぶる複雑である。

潮浪の波長は数百海里ないし数千海里に達する。

波の進行速度は，水深をhとすれば$\sqrt{gh}$となるので，海深を減じるに従って潮浪の進行速度は減少し，その波長は短くなり，潮差は増す。海の深さが潮差に比較してあまり大きくないところでは，高潮のときは低潮のときより海の深さが深いため，潮浪の頂は谷に比して進行速度が大となり，低潮から高潮までの時間は，高潮から低潮までの時間より短くなる。このような傾向は，遠浅である海域や河川において広くみられる現象である。

また，海の深さが浅くなるか，あるいは海湾の幅が狭くなるときは，潮浪はその勢力を集中して潮差を増す。このような作用が永続するときは，潮浪の前面は急傾斜となり，その極度に達すると，前面は直立して瀑布のように倒れて暴漲湍（Tidal bore）の現象を呈する。この現象は，中国沿岸の銭塘江，インドのフーグリ河口，仏国のセーヌ河口，英国のブリストル湾，米国のファンディ湾等の各地でみられる。

7　同時潮図

各地における潮汐の相互関係を知り，潮汐および潮流の実態をは握するには，潮浪の進行状態を調査することが最も手近な方法である。そのため，平均高潮間隔を用いて，高潮が各地に押し寄せていく状態が一眼でわかるように，同時潮図なるものがつくられている。

潮汐表第1巻巻末の図は日本近海における同時潮図で，同時刻に高潮となる地点を結んだ線を太陰時により描き，各地の大潮升を付記している。

8　潮　　流

自由潮浪により潮汐をおこす海面においては，海水分子の運動によって，高潮および低潮のとき流速は最大となり，高低潮後約3時間を経て憩流（Slack water）し，のち，転流する。潮流の流向は流れていく方向で示す。

自由潮浪が陸地にさえぎられて定常波をおこす海域においては，中間時点において流速は最大となり，高低潮時に憩流し，のち，転流する。

潮流の流れ方には次の二種類がある。

(1)　往復潮流

この流れは直線的で，通常一方向に流れて最強になり，次第に流速を減じてついに憩流する。次いで，逆の方向に流れはじめ，流速を増して最強に達した後，流速を減じてふたたび憩流し，これを周期的にくり返す。

下げ潮中に流速が最強になる方向の潮流を下げ潮流（Ebb current），上げ潮中に流速が最強となる方向の潮流を上げ潮流（Flood current）という。

狭い海峡や，湾，水道ではもちろん，広い海でも海岸のすぐ近くなどでは往復潮流がみられる。

⑵　回転潮流

沖合いはるかなところで潮流を測ると，Fig 9–1のように方向が回転し，流れの止むことのない場合が多い。

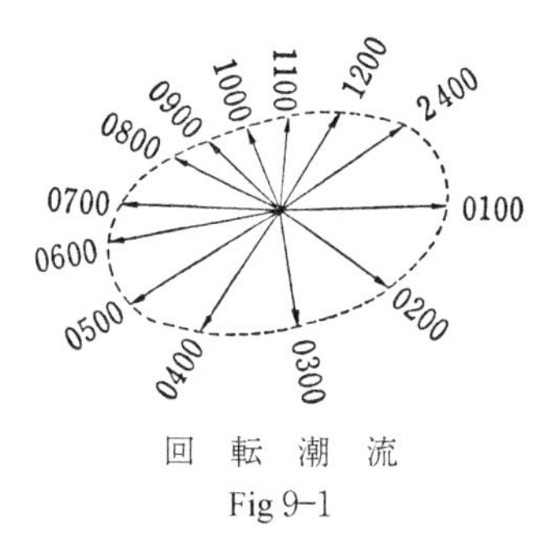

回　転　潮　流
Fig 9–1

図は，2400から1200まで１時間毎に測った流向を矢符で示し，流程を線の長さで示したもので，矢の頭を連ねると，12時間25分でほぼ一つの楕円が，24時間50分で二つの楕円が描かれる。

潮流は，一般に大洋では極めて微弱であるが，湾口や水道では強い。潮流の強い狭水道などでは，しばしば渦流（Eddy current）を生じる。この強烈なものを，「うず」（Whirlpool）という。

また，海底に凹凸があり，潮流が暗礁等の上を流れる場所では，海面は波状を呈する。これを急潮（Over fall）といい，この著しいものを激潮（Tidalrace）という。

潮流が海岸に平行に流れると，岸線の突出部のかげなどでは，ときとして主流と反対方向の流れを生じることがある。これを反流（Counter current）という。

潮流も，潮汐と同様，大潮に大きく，小潮に小さいのが普通で，日潮不等の著しいところでは毎日の潮流も大きく変化するが，潮汐の不等と潮流の不等は必ずしも一致するものではない。

わが国沿岸の潮流は，太平洋岸では一般に微弱であるが，瀬戸内海に入るとすこぶる顕著である。紀伊水道，豊後水道では４kn，大畠瀬戸，下関海峡では７kn，来島海峡では８kn，鳴門海峡では10kn内外に達することがある。

9　各地の潮流

⑴　潮浪に伴う潮流（海底の平坦な長水道などにおける潮流）

潮浪が，障害を受けることなく，海底の平坦な長水道などを進行するとき，海水分子は扁平な楕円軌道を描き，半日週潮では12時間25分の周期で一周する。その楕円の垂直短径は潮差に等しく，数メートル程度にすぎないが，水平長径は潮流によって海水の流動往復する距離を示し，数百メートルないし数キロメートルにおよぶものである。

Fig 9–2において，A は平均水面となったときで，水平運動すなわち潮流はなく，それから海面が上昇するにつれて潮流が流れだし，高潮時 B で最大流速となる。その後次第に速力を減じ，3時間後平均水面 C に達したとき転流する。その後は前と反対方向に流れ，低潮時 D のとき最大流速となり，それから次第に速力を減じ A で転流する。この場合の潮流は高低潮後約3時間で転流するもので，これを半続潮（Tide and half tide）という。豊後水道やオホーツク海，黄海などはこの適例である。この場合の最大流速は$\frac{R}{2}\sqrt{\frac{g}{h}}$で求めることができる。ただし，R は潮差，h は水深とする。

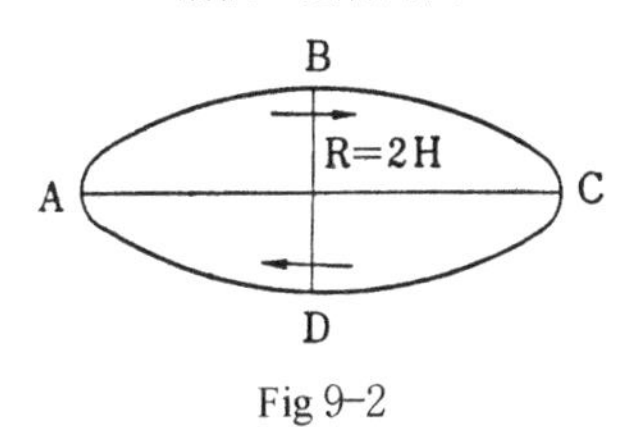

Fig 9–2

⑵　海岸，海湾などの潮流

自由潮浪が，前面を直立した陸岸等でさえぎられて完全な反射をうけ，自由潮浪と同じ強さの反射波が干渉する場合には定常波になるから，その付近の一定の区域は全部同時に昇降し，これに伴う潮流も自由潮浪の場合とは全く異なった現象を呈する。すなわち，このような海域では，高潮時および低潮時に憩流し，平均水面のとき流速が最も大きく，流向は，上げ潮流は陸岸に向かい，下げ潮流は沖合いに向かうこととなる。（Fig 9–3参照）

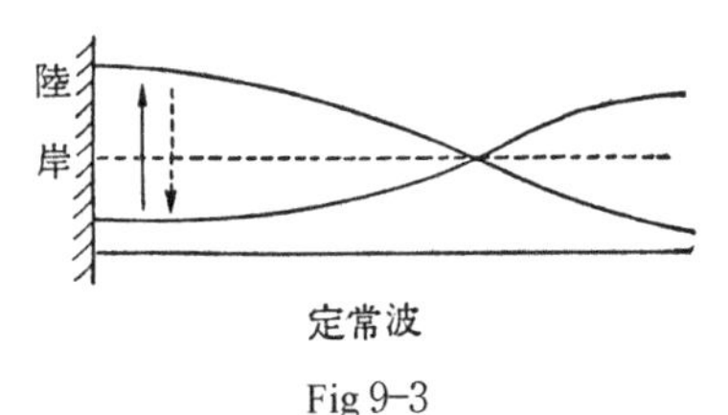

定常波
Fig 9–3

海岸が遠浅の場合には，自由潮浪の反射は一部に止まり，完全な定常波がおこらず，定常波と自由波の中間的な波形となり，その付近一帯の昇降は同時におこらず，これに伴う潮流も中間的性質のもので，高低潮後しばらく続流し，平均水面に達する若干前に憩流する。これらの現象は，広く一般の海岸，港湾においてみられる。

⑶　狭くて短い海峡における潮流

二つの海面が，狭く，短い海峡により連結されるときは，海峡内の潮汐および潮流は，海峡の水深には関係なく，両端の海面差Ｈによってのみ支配され，高い方から低い方に向かって流れ，流速は$\sqrt{2gH}$で表わされる。

鳴門海峡はこの好例で，紀伊水道と播磨灘とは潮時に５時間の差があり，一方が高潮のとき他方は低潮に近く，著しい海面差を生じるので，流速も10kn以上となる場合が生じる。

⑷　狭くて長い海峡における潮流

海峡が狭くて長い場合は，海底や両岸の摩擦が大きいため，流速はその勾配に比例するが，$\sqrt{2gH}$よりも小さく，$C\sqrt{2gH}$（$C<1$）となる。この常数Ｃは，陸岸の形状や土質に関係する。また，流れの惰性により，両海面の高さが同じになった後もしばらく同一方向に流れ続ける。

関門海峡はこの好例で，最強流速のＣは0.7である。また，西口の潮汐は，東口の潮汐に比較するとほとんど無視してよいくらいで，海峡両端の海面差は，東口の高低潮時に最大となり，潮流もまたそのときに最も強い。

⑸　瀬戸内海における潮流

瀬戸内海の潮流ははなはだ複雑であるが，紀伊水道，豊後水道から進入する潮浪によって支配され，狭水道では流速は大きく，反流および渦流を生じる。豊後水道から入ったものは東西に分かれ，西流は関門海峡を通過して玄界灘に出る。従って，関門海峡の西流は上げ潮流で，東流は下げ潮流である。

また，東に分かれたものは，六島付近で，明石海峡および鳴門海峡から来る上げ潮流と合流する。従って，三原瀬戸では東流，来島海峡では南流が上げ潮流で，明石海峡，鍋島水道では西流が上げ潮流である。

10　潮汐に関係のあるいろいろの現象

⑴　気象の影響

風，雨，気圧，水温等の変化は，すべて海面の昇降に関連を持つ。たとえば，強風が海岸に向かって連吹すると，沿岸に海水を吹き寄せて海面を高め，陸から海に向かって吹くときは海面を低下させる。しかも，この作用は地形によってその程度を異にし，外海に向かって開口した遠浅の所で著しい。

また，一局部の気圧が高いときにはその海面は低下し，気圧が低いとその海面は上昇する。その割合は場所によって異なるけれども，他の傷害のない限り $(1010-\mathrm{P})^{cm}$ とされている。ただし，P は気圧 hPa をいう。

降雨は海面を高め，ことに河口や出口の狭い海湾ではその影響が著しい。

また，水温の変化は海水の比重を増減し，海面を昇降させる。

このような気象の変化が原因となる海面の昇降を気象潮汐という。日々の平均水面の変化は0.2m 以上に達することもあるが，これは主として気象潮の影響によるものである。また，季節による平均水面の高さの変化も，主として気象の影響による。日本近海では，夏季は気圧が低く，風は太平洋から大陸に向かって吹き，気温も高いため海面は上昇し，冬季はこれに反する。

⑵　浅海における潮汐

浅海における潮汐は種々の複雑な現象を呈する。

前述のように，浅海においては低潮から高潮に至る間隔が，高潮から低潮に至る間隔よりも短いのが通例であるが，場所によってはこれに反する。また，ときには1日2回の高潮がさらに二つの高潮に分かれ，あるいは，低潮がさらに二つの小低潮となることもある。このようなものを双潮という。

明石海峡南岸の江崎や，音戸の瀬戸ではこの双潮をみる。

⑶　海面の副振動

海面は潮汐によって絶えず周期的に昇降するほか，各港湾個有の周期（数分ないし2時間程度）で多少の昇降をすることがある。これを海面の副振動という。

副振動は一種の定常波で，港湾の形が簡単で，しかも深く陸地に入り込んだ所では平穏な日といえども若干の副振動がみられ，海の荒れたときには著しく発達して1メートル前後に達することがある。

この現象は三陸沿岸の港湾や長崎港等において顕著である。

⑷　津　波

低気圧の襲来，海底の変動，地震，噴火等によって海面が異常に隆起し，海水の大波動が陸地に奥深く浸入する現象を津波（Sea bore）といい，低気圧を原因とする津波を高潮（たかしお）または暴風津波，地震および火山等を原因とするものを地震津波という。

高潮（たかしお）は，非常に大きな低気圧の中心が陸岸近くに襲来し，しかもその中心の移動が迅速な場合におこりやすい。とくに暴風が海岸に向かって吹く際には，海面の隆起はすこぶる大きくなるものである。この津波では，時間の経過とともに海面の上昇する模様は Fig 9-4A のように漸増的で，急激に海水の大波動が陸地に浸入するものではない。すなわち，暴風の襲来とともに次第に海面が上昇し，これと同時に普通の短周期風浪と長周期の波動が加わり，ついに，海面が岸壁や防波堤を越え，海水が陸上に流れ込むものである。

低気圧の襲来が高潮時と合致したときは，その影響は著しい。しかし，低気圧が通過すると海面は次第に降下する。

地震津波の特色は，高潮（たかしお）と異なり，地盤そのものに昇降がない限り，平均海面の位置を次第に増すということはない。しかし，来襲はすこぶる急で，その海面の変化は Fig 9-4B のような形状をとるのが普通である。

津波は一般に沖合で弱く，海岸や港湾で大きい。

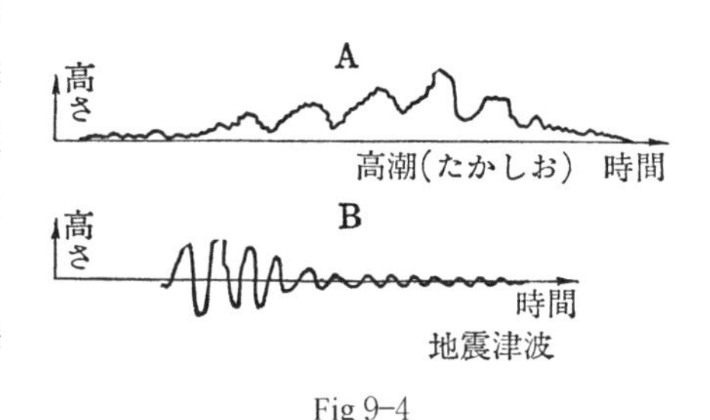

Fig 9-4

第2節 起潮力（潮汐力），潮汐論および潮汐の調和分解

1 起潮力（潮汐力）

潮汐は天体，主として月と太陽の引力の大きさが，地上の場所により異なるために生じるものである。

とくに，月は地球からの距離が近いため，月の影響は太陽のそれに比しはるかに大きく，月のみの影響を考えてみても，大略の様子を説明することができる。

Fig 9–5，Fig 9–6で，E を地球の中心，M を月の中心とし，E にある単位質量に働く月の引力の大きさおよび向きを，矢符 EN で表わす。次に，地球表面の一点 P にある単位質量に働く力を考えてみると，それは月の引力と地球の重力の二つである。このうち，重力の大きさは各点で概ね等しく，また，地球の中心に向かうため潮汐をおこす力にはならない。

次に，P 点にある単位質量に働く月の引力の強さおよび向きを，矢符 PQ で表わす。この力は，ニュートンの万有引力の法則により，月までの距離の自乗に反比例するため，Fig 9–5のように，P 点が地球の中心よりも月から近いときは，PQ は EN より大きく，Fig 9–6のように，P 点が地球の中心よりも月から遠いときは，PQ は EN より小さい。

次に，PQ を，EN に平行でそれと等しい力 PK と，別の力 PL に分解して考える。このうち，PK は，P 点が地球内部の各点とともに，地球と月との共通

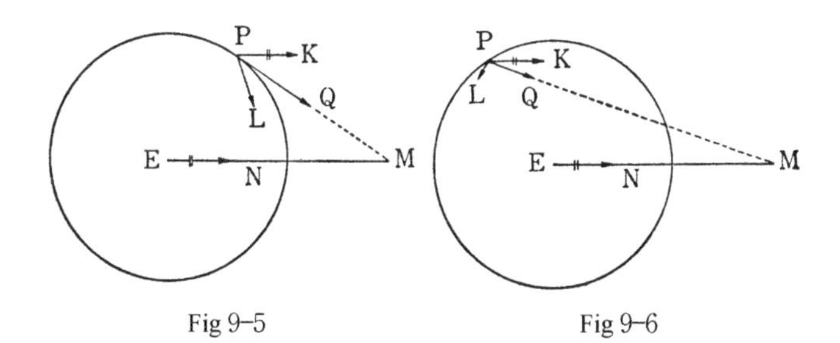

Fig 9–5　　Fig 9–6

PQ……P 点の単位質量に働く月の引力の大きさおよび向き

EN……地球中心の単位質量に働く月の引力の大きさおよび向き

PK……EN に平行で大きさも等しい。この力は，P 点が地球内部の各点とともに，地球と月の共同重心の廻りを円運動するために消費される求心力となる。

PL……起潮力

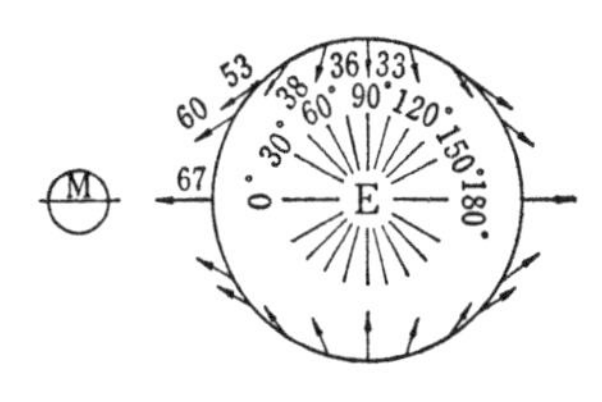

起潮力の分布

Fig 9–7

重心の廻りを約27日（恒星月）の周期で円運動するのに必要な求心力であると考えられるので，残りの力 PL が，P 点にある海水に働いて潮汐をおこす力になる。これを起潮力（Tide generating force）という。

Fig 9–7は，地球上の起潮力の分布状況を示したものである。

次に，起潮力の大きさおよび作用について説明する。

1　起潮力は天体の質量に比例し，距離の三乗に反比例する。

いま，天体の質量を M，地球中心より天体までの距離を D，地球の半径を r，万有引力の常数を K とすると，天体直下の地点における起潮力は，

$$\text{起潮力} = \frac{K \cdot M}{(D-r)^2} - \frac{K \cdot M}{D^2} \doteqdot \frac{K \cdot M}{D^2\left(1 - 2\dfrac{r}{D}\right)} - \frac{K \cdot M}{D^2}$$

$$\doteqdot \frac{K \cdot M\left(1 + 2\dfrac{r}{D}\right) - K \cdot M}{D^2} = 2\,Kr\frac{M}{D^3}$$

このことから，太陽は月に比べると質量は非常に大きいが，距離が遠いため，起潮力は月の起潮力の½にもたりないことが理解できる。

2　起潮力の垂直分力と水平分力の作用

起潮力の垂直分力は，月が直上，直下にあるとき最大であるが，それでもわずかに地球の平均重力の$1/8.64 \times 10^6$にすぎない。もちろん，水平分力も極めて微少な値で，その最大値も垂直分力の3/4にすぎない。従って，起潮力の垂直分力は，重力をわずかに増減させる力となり，水平分力は重力線に作用して鉛直線の方向をわずかに傾斜させようとする力となる。

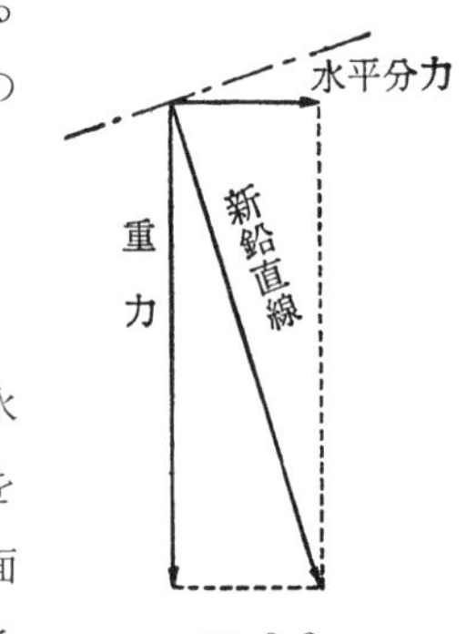

Fig 9–8

しかし，水平方向には外に働く力がないから，わずかな力でもその影響が現われる。すなわち，微少な力ではあるが，この水平分力が，海水を水平方向に移動させ，鉛直線の変化に応じて海面をそれに直角ならしめるように作用するため，海面はある所で高まり，ある所で低くなり，潮汐現象

を呈するものと考えられる。（Fig 9–8参照）

2　静力学的潮汐論

かりに地球が一様の深さの海水で覆われているものとすれば，各瞬間における海面の形状は，海水に働く外力と常に釣合を保つと推論する説，すなわち，各瞬間の海面は海水に働く重力と起潮力の合成方向（その瞬間の鉛直線）に対して，常に直角になると仮定することにより海面の形状を論じる説を静力学的潮汐論という。そして，この説によれば，地球の自転により月が子午線を経過するときその地は高潮となり，その後約6時間12分ののちに低潮となり，月が極下子午線を経過するときふたたび高潮となるとするため，1太陰日（約24時間50分）に2回の高潮，低潮を生じるものとしている。

(1)　半日週潮

上述の説明は，月が赤道上にあると仮定したときにおこる潮汐で，約半日を周期とするから半日週潮という。（Fig 9–9参照）

そして，月によっておこる半日週潮を太陰半日週潮，太陽によりおこるものを太陽半日週潮という。

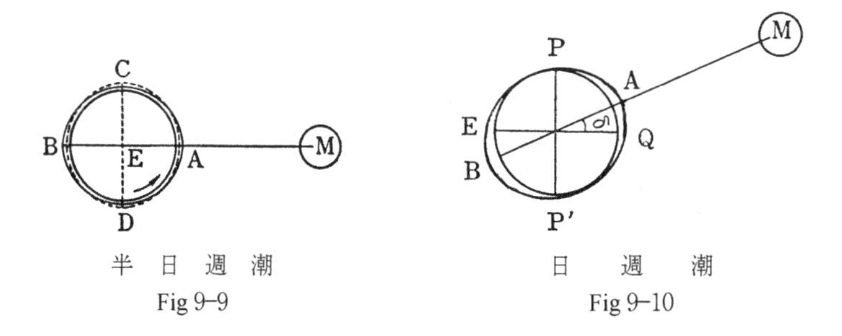

半日週潮
Fig 9–9

日週潮
Fig 9–10

(2)　日週潮

半日週潮は，月または太陽が赤道上にあると考えた場合であるが，これらの天体が赤緯を有するときには多少の差違を生じる。

Fig 9–10において，PP′を地軸，EQを赤道，Mを月の中心，δをその赤緯とすれば，海面の隆起はAおよびBにおこるから，A地では1日に1回の高低潮をみることになる。このように1日を周期とする潮汐を日週潮といい，それぞれ太陰日週潮，太陽日週潮という。

⑶　日潮不等

1日2回の高潮または低潮を比較すると，その高さ，間隔がともに多少異なるものである。このような現象を日潮不等という。これは，潮汐が半日週潮と日週潮の合成によっておこるために生じるもので，1日の中，高潮にも高い高潮（高高潮）と低い高潮（低高潮）を，低潮にも高い低潮（高低潮）と低い低潮（低低潮）を生じる。

この現象は，月または太陽の赤緯が大きいほど著しく，赤道付近にあるときはあまり顕著でない。

この現象の最も著しい海域，たとえば，オホーツク海，シナ海，東叢島付近では，毎月の大半は1日1回潮の現象を呈する。

3　動力学的潮汐論

静力学的潮汐論は，潮汐現象の全般を簡潔に説明することができ，潮汐の予報に必要な調和分解の基礎となる重要な理論であるが，この理論のみでは，太陰潮と太陽潮，半日週潮と日週潮の割合や，月潮間隔，潮令の現象等について充分な説明を行うことができない。

このように，実際の潮汐が理論と合致しないのは，①水には慣性や摩擦があって，容易に潮汐力に追従できないこと，②地球表面には不規則な陸地があり，海の深さも一様でなく，水の自由な移動を阻害するためと考えられている。従って，潮汐現象は力の釣合として論じるのではなく，海水が力の作用のもとに運動するものとして，いわゆる，動力学的に解決すべきものとされている。

以下，動力学的潮汐論の一，二について説明する。

⑴　「エヤリー」の溝渠説

天体の日周運動はすべて天の赤道に対して平行である。このためエヤリーは，潮汐運動は主として東西方向におこるという考え方に立脚して，次のような論を展開した。

海洋を，無数の距等圏によって区分された狭あいな帯状領域の集合であると想定し，これら水道内の海水分子に起潮力が作用し，自由波を発生するものとすれば，この波はその水深に相応する速度で水道中を進行することとなる。

いま，自由波の進行速度をV，重力の加速度をg，水深をhとすれば，$V=\sqrt{gh}$で，地球の平均水深を4000mとすれば，平均進行速度は約200m/secとなる。従って，この波が赤道上を一周するのに要する時間は約55時間，緯度60°の距等圏では約28時間，より高緯度の地においては，所要時間はさらに短いものとなる。しかし，実際には潮汐力（一種の強制波）がたえず海水に作用しており，その周期はいずれの緯度においても一太陰日，すなわち，平時で約24時間50分である。

ここにおいてエヤリーは，水力学における強制波と自由波の理論を応用し，次のような結論を導き出した。

1　波の自由速度が潮汐力の速度より速ければ，波は引きとめられて，潮汐力の作用と波の高低は一致する。

2　波の自由速度が潮汐力の速度よりおそければ，波は潮汐力の速度よりもおくれて，位相が逆となる。

従って，高緯度地方では高潮が月の子午線通過時と概ね一致し，低緯度地方では逆の現象を呈するとした。

この理論は動力学的潮汐論の初歩のもので，仮定に相当な無理があり，また，陸地の存在を無視しているので，実際の潮汐を充分に説明することはできないが，静力学的潮汐論では論じえなかった月潮間隔の成因を述べるのに有効な理論といえよう。

(2)「ハリス」の定常波説

定常波説では，便宜上大洋をいくつかの長方形，三角形あるいは梯形等の振動区域に区分し，これらの区域に潮汐力が働いた場合，各区域毎に，そこに働く潮汐力の周期に合致した定常波が生じ，潮汐がおこるものと論じる。

いま，この振動区域が簡単な形状をしていて，しかも，その境界が陸地で囲まれているものとすれば，この区域内における海水の固有運動は周期半日または一日の理想的な定常波の現象を呈することになるが，実際にはこれらの振動区域は陸地で囲まれておらず，互いに隣接していることから，定常波をおこそうとする運動も境界を越えて隣接区域に潮浪として伝播していく。

従って，この論では，大洋以外の海湾における潮汐現象は，上述の潮浪が伝搬することにより生じるものとしている。

また，振動区域も半日週潮と日週潮について別個に定められているため，相互に重なり合って，かなり複雑であるが，現在の潮汐論の中では，実際の潮汐を説明するのにもっとも妥当な説とされている。

Fig 9–11は，ハリスの想定した，北太平洋の半日週潮についての振動区域の略図で，A，A′の区域が高まるときB，CおよびB′，C′の区域は低くなると考える。

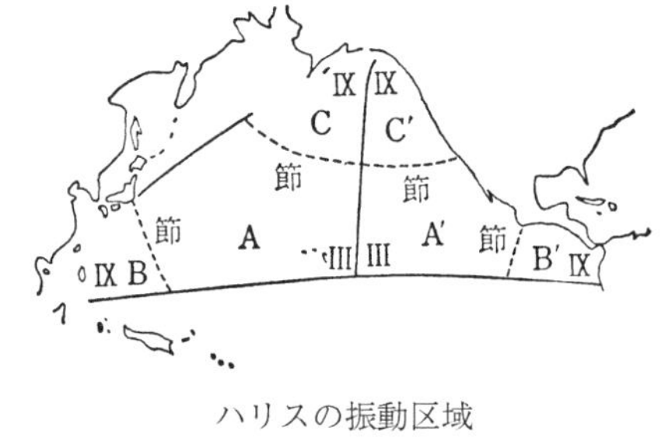

ハリスの振動区域
Fig 9–11

ローマ数字は，月が本初子午線を通過してから高潮になるまでの時間で，節を境として6時間の差が認められる。北太平洋には，図に示した振動区域以外にも，数個の振動区域があって非常に複雑な現象を呈している。

4　潮汐の調和分解

潮汐の現象は極めて複雑で，前述の潮汐論のみにより海岸各地の潮汐を正確に予知することはできない。しかし，船舶にとっては，いずれの方法によるにせよ，自船の航行海域の潮汐を正確に予知することが必要とされる場合が少なくない。

以下，潮汐予報の基礎理論である調和分解について述べる。

月または太陽の起潮力は，天体の天空における位置や，地球との距離がたえず変化しているため，また，月と地球，太陽と地球の系がそれぞれの共通重心のまわりに楕円軌道を描いて移動しているため，たえず周期的に変化している。換言すれば，起潮力の変化は規則的に一定時間々隔で繰り返されている。周期的に繰り返される連続変化は，数学的に単振動の和として表わすことができる。このため，地球からの距離が一定で，かつ赤道上を各自特定の周期で運行するいくつかの天体を想定し，それぞれ規則正しい潮汐力をおよぼすものとし，それらの和が実際の潮汐力として表われるものであると仮定することができる。これらの成分振動を分潮（Tidal constituent）と呼ぶ。

さらに，実際の潮汐は，海の形や深さの不整一，地球自転の転向力や摩擦力の作用等により簡単には計算できないが，大洋のどの海域においても，ある地点で観測される潮汐は，起潮力の成分振動と同じ周期を有する成分振動から成り立っていることは明らかである。たとえば，起潮力 M_2分潮は12.42時間の周期を有する M_2潮を生じるが，計算上求まるのは周期だけであって，他の二常数である振幅および位相を求めることはできない。しかし，任意の観測点で長時間にわたり潮汐観測を行うことにより，その地点における，すべての分潮の振幅および位相を求めることができる。それぞれの分潮の潮差の½を半潮差（Semi-range）といい，仮想の天体が正中した後その分潮が高潮となるまでの時間を角度で表わしたものを遅角（Phase-lag）という。

半潮差および遅角を調和常数（Harmonic constant）といい，各地の潮汐の実測値から調和常数を求めることを潮汐の調和分解（Harmonic analysis）という。

このようにして求めた値は観測点に特有の量で，全く普遍的なものと考えられるので，これらの常数をもとに，将来のある日時における分潮を求めることが可能で，それらの値を総和して，ある日時の潮汐を予報することができる。

分潮が多いほど予報の精度は増すが，一般には8個の分潮を考慮することで充分である。その中でもとくに潮差の大きい分潮は Fig 9‒12の4つである。調和分解の実用上の意義は，これによって潮汐予報が可能となったことで，われ

分潮種類	分潮名称	記号	半潮差	遅角
半日週潮	太陰半日週潮	M_2	H_m	K_m
	太陽半日週潮	S_2	H_S	K_S
日週潮	日月合成日週潮	K_1	H'	K'
	太陰日週潮	O_1	H_O	K_O

Fig 9‒12

われが使用する潮汐表もこれをもとに作られたものである。

第3節 潮時，潮高および潮流の潮時，流速を求める法

ある地点の潮時，潮高および潮流の状態を求めるには潮汐表を用いる。

潮汐表第1巻には，日本および付近海域における標準港の潮時，潮高，および，その他の港湾に対する改正数（潮時差，潮高比）等，ならびに主要な瀬戸の潮流の予報値，および，その他の瀬戸に対する改正値（流向，潮時差，流速比）が掲載されている。潮汐表第2巻は「太平洋およびインド洋」の潮汐表で，その内容は第1巻とほぼ同一の構成となっている。

1 潮時，潮高を求める法

標準港については，潮汐表各巻の当日の表より求める。

標準港以外については，潮汐表各巻巻末より標準港に対する潮時差，潮高比および平均水面（Zo）を求め，潮時は標準港の当日の潮時に潮時差を代数的に加え，潮高は標準港の当日の潮高を基に次式により算出する。

〔標準港の潮高－標準港のZo〕×〔潮高比〕＋〔その他のZo〕

本表記載の潮時は20～30分以内，改正数により求めた場合は一般に1時間以内において実際と一致する。また，本表記載の潮高は，普通0.3m内外の差で実際と一致する。ただし，小潮の場合および1日1回潮の場合には，これより大きい差を生じることがある。

相次ぐ高低潮時の中間における潮高は，潮汐表巻末の付表「任意時の潮高を求める表」を用い概略値を求めることができる。

2 潮流の転流時，最強時および最強流速を求める法

主要な瀬戸については，潮汐表各巻の当日の表より求める。

その他の瀬戸については，潮汐表第1巻巻末の潮時差，流速比を，記載された瀬戸の潮時，流速に改正する。

任意の時刻における潮流の流速は潮汐表巻末の「任意時の流速を求める表」を用い，概略値を求めることができる。また，Fig 9–13のような曲線を描くこ

とにより，その概略を求めることもできる。

ただし，潮流の状況はその付近の地形に大きく左右されるので，必ずしも時間の経過に一致するとは限らない。

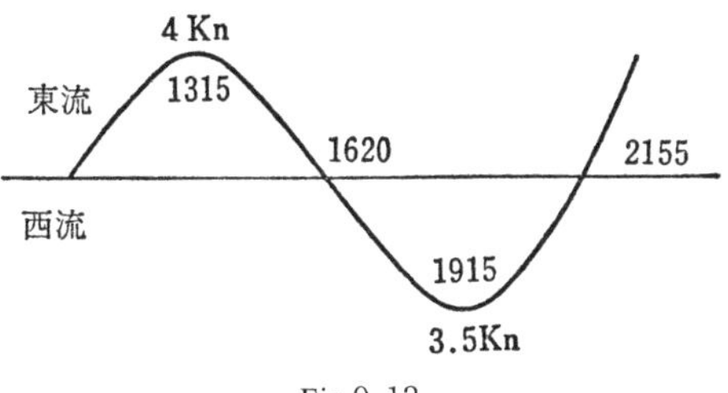

Fig 9–13

潮汐表第1巻に掲載の内海潮流図表は，瀬戸内海における潮流の大勢を図示したものである。

3　平均水面，水深の基準面，海陸の境界面および潮升

⑴　平均水面（高さの基準面；Mean sea level）

測量の際その地で行う験潮により決定した年平均水面を平均水面といい，海図記載の山の高さや，灯高等の高さの基準面に用いる。

⑵　水深の基準面（Datumn level for sounding，基本水準面または略最低々潮面；Nearly lowest low water）

水深の基準面は，各国でその規程を異にしているが，概ね海面がこの面より低くなる回数が稀な海面をいう。

海上保安庁海洋情報部の海図の水深の基準面（基本水準面）は，平均水面下 $H_m + H_S + H' + H_O$ の深さの海面をいい，英国におけるインド大抵潮面（Indian spring low water）に相当する。

潮汐表の潮高および干出岩の高さもこの面を基準とする。

水深の精度については，国際的な基準により，水深20mまでは0.3m，20～100mでは1.0m（100m以上では水深の10％）を許容限界としている。

⑶　海陸の境界面（略最高々潮面）

わが国の海図の海岸線は，略最高々潮面を基準とする。略最高々潮面とは，基本水準面上 $Z_0 + H_m + H_S + H' + H_0$ の高さをいう（Z_0；基本水準面上平均水面の高さ）。

橋の高さ（橋下の垂直間隔）もこの面を基準とする。

⑷　潮　升

水深の基準面からある状態の海面までの高さを潮升（Rise）という。

基本水準面から大潮の平均高潮面までの高さを大潮升（Spring rise）といい，小潮の平均高潮面までの高さを小潮升（Neap rise）という。

潮汐表に掲載の非調和常数とは，平均高潮間隔，平均低潮間隔，大潮升，小潮升および平均水面をいう。

4　例　　題

例題 1　昭和54年1月28日備後灘福山における潮時・潮高を求めよ。

尾　道　　　　（昭和54年潮汐表の一部）

日	時刻	潮高
	h m	cm
28	04 48	−15
	11 25	364
	17 29	74
	23 08	323

地　名	改正後 潮時差	改正後 潮高比	平均水面 (Z_0)
	h m		m
	標準港：尾　道		
福　山	+0 15	1.06	2.10
尾　道	0 0	1.00	2.00

	低潮	高潮	低潮	高潮
	h m	h m	h m	h m
標準港の潮時	04 48	11 25	17 29	23 08
+）潮時差	+ 15	+ 15	+ 15	+ 15
福山の潮時	05 03	11 40	17 44	23 23
	cm	cm	cm	cm
標準港の潮高	− 15	364	74	323
−）標準港の Z_0	200	200	200	200
	−215	164	−126	123
×）潮高比	1.06	1.06	1.06	1.06
	−228	174	−134	130
+）福山の Z_0	210	210	210	210
福山の潮高	−18	384	76	340

注　潮高比を用いて標準港以外の地の潮高を求める計算は，上記のように〔標準港の潮高−標準港の Z_0〕×〔潮高比〕+〔その他の Z_0〕で求められるが，単に標準港の潮高に潮高比を乗じて，その地の潮高の概値を求める略算法もある。

例題 2　昭和54年7月12日，明石海峡セメント磯における東流は，何時から何時までか。また，東流の最強時と最強流速を求めよ。

明石海峡　＋　西流
　　　　　－　東流

7	月				
日	転流時		最	強	
	h	m	h	m	kn
12	00	52	04	03	−4.2
	07	06	09	25	+3.1
	11	50	15	29	−4.8
	18	37	21	54	+6.5

（昭和54年潮汐表の一部）

場所	流向（真方位）	潮時差		流速比
		転流時	最強時	
	°	h m	h m	
	標準地点：明石海峡			
セメント磯	291	−1 30	−1 0	0.3
	136	−0 30	−1 0	0.2

	東流	西流	東流	西流
	h m	h m	h m	h m
標準地点の転流時	00 52	07 06	11 50	18 37
+）潮時差	−0 30	−1 30	−0 30	−1 30
セメント磯転流時	00 22	05 36	11 20	17 07
標準地点の最強時	04 03	09 25	15 29	21 54
+）潮時差	−1 0	−1 0	−1 0	−1 0
セメント磯最強時	03 03	08 25	14 29	20 54
	kn	kn	kn	kn
標準地点の最強流速	4.2	3.1	4.8	6.5
×）流速比	0.2	0.3	0.2	0.3
セメント磯の最強流速	0.8	0.9	1.0	2.0

従って，東流は00–22から05–36までおよび11–20から17–07までで，最強時および最強流速は03–03の0.8ノットと14–29の1.0ノットである。

例 題 **3**　任意時の潮高を求める表

A：相次ぐ高低潮時の差　　B：低潮時からの時間

B h ＼ A m	2				3				4			
	0	15	30	45	0	15	30	45	0	15	30	45
h m												
4 0	0.50	0.60	0.69	0.78	0.85	0.92	0.96	0.99	1.00			
10	0.47	0.56	0.65	0.74	0.82	0.89	0.94	0.98	1.00			
20	0.44	0.53	0.62	0.71	0.78	0.85	0.91	0.96	0.99	1.00		
30	0.41	0.50	0.59	0.67	0.75	0.82	0.88	0.93	0.97	0.99	1.00	
40	0.39	0.47	0.56	0.64	0.72	0.79	0.85	0.91	0.95	0.98	1.00	
50	0.37	0.45	0.53	0.61	0.69	0.76	0.82	0.88	0.93	0.96	0.99	1.00
5 0	0.35	0.42	0.50	0.58	0.65	0.73	0.79	0.85	0.90	0.95	0.98	0.99
10	0.33	0.40	0.47	0.55	0.63	0.70	0.76	0.83	0.88	0.92	0.96	0.98
20	0.31	0.38	0.45	0.52	0.60	0.67	0.74	0.80	0.85	0.90	0.94	0.97
30	0.29	0.36	0.43	0.50	0.57	0.64	0.71	0.77	0.83	0.88	0.92	0.95
40	0.28	0.34	0.41	0.48	0.55	0.61	0.68	0.74	0.80	0.85	0.90	0.94
50	0.26	0.32	0.39	0.46	0.52	0.59	0.65	0.72	0.78	0.83	0.88	0.92
6 0	0.25	0.31	0.37	0.43	0.50	0.57	0.63	0.69	0.75	0.80	0.85	0.90
10	0.24	0.29	0.35	0.42	0.48	0.54	0.61	0.67	0.73	0.78	0.83	0.88
20	0.23	0.28	0.34	0.40	0.46	0.52	0.58	0.64	0.70	0.76	0.81	0.85
30	0.22	0.27	0.32	0.38	0.44	0.50	0.56	0.62	0.68	0.73	0.78	0.83
40	0.21	0.26	0.31	0.36	0.42	0.48	0.54	0.60	0.65	0.71	0.76	0.81
50	0.20	0.24	0.30	0.35	0.40	0.46	0.52	0.58	0.63	0.69	0.74	0.79
7 0	0.19	0.23	0.28	0.33	0.39	0.44	0.50	0.56	0.61	0.67	0.72	0.77
10	0.18	0.22	0.27	0.32	0.37	0.43	0.48	0.54	0.59	0.64	0.70	0.74
20	0.17	0.21	0.26	0.31	0.36	0.41	0.46	0.52	0.57	0.62	0.67	0.72
30	0.17	0.21	0.25	0.30	0.35	0.40	0.45	0.50	0.55	0.60	0.65	0.70
40	0.16	0.20	0.24	0.29	0.33	0.38	0.43	0.48	0.53	0.58	0.63	0.68
50	0.15	0.19	0.23	0.27	0.32	0.37	0.42	0.47	0.52	0.57	0.62	0.66
8 0	0.15	0.18	0.22	0.26	0.31	0.35	0.40	0.45	0.50	0.55	0.60	0.65

本表は相次ぐ高低潮の潮時の差および潮高の差を知って，中間の任意時における潮高の概数を求めるために使用するものである。

〔用法〕　所要時の前後における高低潮時の差をAとし，低潮時から所要時までの時間をBとして，表値を求め，これを高低潮の高さの差に乗ずれば，所要時における低潮面からの潮高が得られる。相次ぐ高低潮時の差が8時間以上あるときには，AおよびBをそれぞれ$\frac{1}{2}$にして表値を求めればよい。ただし，この場合における誤差は相当に大きい。

〔例〕 東京における某月某日20^h00^mの潮高を求む。

某月			
	時刻 Time		潮高 Ht.
	h	m	cm
某日	06	25	183
	11	32	99
	17	01	189
	23	58	1

所要時直前の高潮：17^h01^m
〃 直後の低潮：23 58
高低潮時の差（A）： 6 57

所要時：20^h00^m
低潮時：23 58
潮時差（B）： 3 58
表値： 0.60

高潮の高さ：189cm
低潮の高さ： 1（－
高低潮の高さの差：188
表値：0.60（×
低潮面からの高さ：113
低潮の高さ： 1（＋
所要時の潮高：114cm

例題 4　任意時の流速を求める表

A：転流時と最強時の差　　B：転流時からの時間

A＼B h		1				2				3			
h	m	0	15	30	45	0	15	30	45	0	15	30	45
1	0	1.00											
	10	0.97											
	20	0.92	1.00										
	30	0.87	0.97	1.00									
	40	0.81	0.92	0.99									
	50	0.76	0.88	0.96	1.00								
2	0	0.71	0.83	0.92	0.98	1.00							
	10	0.66	0.79	0.89	0.95	0.99							
	20	0.62	0.75	0.85	0.92	0.97	1.00						
	30	0.59	0.71	0.81	0.89	0.95	0.99	1.00					
	40	0.56	0.67	0.77	0.86	0.92	0.97	1.00					
	50	0.53	0.64	0.74	0.82	0.90	0.95	0.98	1.00				
3	0	0.50	0.61	0.71	0.79	0.87	0.92	0.97	0.99	1.00			
	10	0.48	0.58	0.68	0.76	0.84	0.90	0.95	0.98	1.00			
	20	0.45	0.56	0.65	0.73	0.81	0.87	0.92	0.96	0.99	1.00		
	30	0.43	0.53	0.62	0.71	0.78	0.85	0.90	0.94	0.97	0.99	1.00	
	40	0.42	0.51	0.60	0.68	0.76	0.82	0.88	0.92	0.96	0.98	1.00	
	50	0.40	0.49	0.58	0.66	0.73	0.80	0.85	0.90	0.94	0.97	0.99	1.00
4	0	0.38	0.47	0.56	0.63	0.71	0.77	0.83	0.88	0.92	0.96	0.98	1.00

本表は相次ぐ転流時と最強時の差および最強流速を知って，中間の任意時における流速の概数を求めるために使用するものである。

〔用法〕 所要時の前後における転流時と最強時の差をAとし，転流時から所要時までの時間をBとして表値を求め，これを最強流速に乗ずれば，所要時における流速が得られる。

〔例〕 来島海峡における某月某日09^h00^mおよび19^h00^mの流速を求む。

＋：南流　－：北流

	某月				
	転流時 Slack		最強 Maximum		
	h	m	h	m	kn
某日	01	24	04	45	－7.3
	07	54	11	06	＋8.6
	14	28	17	32	－6.4
	20	37	23	23	＋5.9

(1)　09^h00^mの流速

直前の転流時：07^h54^m
直後の最強時：11 06
潮時差(A)：3 12
所要時：09^h00^m
転流時：07 54
潮時差(B)：1 6
最強流速：＋8.6kn
表値：0.51(×
所要時の流速：＋4.4kn

(2)　19^h00^mの流速

直前の最強時：17^h32^m
直後の転流時：20 37
潮時差(A)：3 5
所要時：09^h00^m
転流時：20 37
潮時差(B)：1 37
最強流速：－6.4kn
表値：0.73(×
所要時の流速：－4.7kn

第10章　電波航法

第1節　電波を利用した航法装置

1　電波の航法利用について

船舶の安全運航を考えると，目的地に向かうためには，自船の位置（船位），針路，速力等を常に正確に知る必要がある。従来は沿岸においては，地文航法と呼ばれる，海図に記載された地物の方位，距離を測定する航法により船位測定を行っていた。また，外洋では天文航法による天測が行われ，太陽や星の高度観測により数マイル程度の誤差内で船位の算出を行っていた。これらの方法は先人が確立した確実かつ有効な方法であるが，何れの場合も天候等の気象条件に左右される重大な欠点を持っていた。このような中，20世紀初頭に陸上に電波送信局を設け，そこから発射される電波の到来方位を測定することで船位を決定する「無線方向探知機」が出現した。これ以来，今日まで，エレクトロニクス分野の発展に伴い電波を航法に利用したシステムが発達し，レーダ，ロラン，更には衛星を利用したGPSなどの電波航法（Radio Navigation System）といわれる分野が出現し地文航法，天文航法のほかに新たな一分野として加わるようになった。

電波航法には，地上局を用いた双曲線航法と衛星を用いた衛星航法がある。双曲線航法では，ロラン（A，C），デッカ，オメガが20世紀後半に利用されていたが，ロランA，デッカ，オメガは廃止され，21世紀に入ってからは，衛星航法のバックアップとしてロランCのみが残っている。このロランCにおいても，日本では利用者の減少から，2014年（平成26年）2月をもって運用を終了しているが，ハイブリット方式にして精度を増したロランCがe-LORANと称して開発が進められようとしているため，本書ではロランについても解説を行う。

2　ロランC（Loran-C）方式

ロランは地上から送信される電波によって船位を求める電波航法システムの一つである。名前の由来は，Long Range Navigation（長距離航法）の頭文字をとってLoranと呼ばれる。このシステムで位置測定を行う原理が，「2定点からの距離の差が一定な点の軌跡は，それらの2点を焦点とする双曲線である」という理論が基本となっていることから，双曲線航法（Hyperbolic Navigation system）の代表的なシステムの一つといわれている（双曲線航法には，ロラン方式の他にデッカ方式，オメガ方式があったが，現在は廃止されている）。

ロランは1942年（昭和17年）に米国のマサチューセッツ工科大学で研究開発され，第2次大戦中は軍事目的のために利用されたが，戦後は航海安全のために利用されるようになり現在に至っている。当初，ロランには空間雑音の比較的少ない2MHz近傍（1750kHz～1950kHz）の電波を用い，電波の時間差の測定だけで船位決定を行う方式をとっていたが，利用範囲拡大及び精度向上を図り，周波数を約1/20に下げ，100kHzの長波に変更，船位決定には電波の時間差に加え位相差測定もできるように改良がなされた。この改良システムを開発の順序から「ロランC」と命名したため，従来のロランを「ロランA」(実際は短期間であるがBが存在していた）と呼ぶようになった。ロランの運用は，1955年（昭和30年）頃からアメリカが行ってきていたが，GPSの整備が完了したため，米国以外で運用しているロランC局を廃止する方針を決定した。そのため，日本に管理運用が移管され，1993年（平成5年）から引継ぎを始めて，1994年（平成6年）10月には完全に引継ぎが完了している。これに伴い旧式となっているロランAは1997年（平成9年）3月10日をもって廃止されている。21世紀に入り，ロランCの役割は単なるGPSのバックアップのみならず，新しく航法システムの情報交換に役立てられる，e- LORANの開発が進められている。

3　ロランCの特徴

ロランCは100kHzのパルス波の時間差と位相差を測定して，船位を求めるシステムであり，その特徴として以下のことが挙げられる。

⑴　天候及び昼夜の別なく何時でも利用できる。

⑵　LF帯（100kHz）を用いているため，洋上で遠距離の船位測定ができる。

⑶　船位測定には，他の機器（六分儀，時辰儀など）や情報（天測暦，推測位置）を必要としない。

⑷　測定船位の精度も天測結果を大きく凌ぐ（地表波の利用で陸上伝搬補正を行なえば100m以下）。

⑸　操作が簡単で測定に時間を要しない。

⑹　装置が簡単である。

ロランCの利点と思われる上記特徴に対し，以下に挙げた欠点も取り上げられている。

⑴　LF帯の中でも90kHz～110kHzの間は，雑音レベルが高い。

⑵　1波長の長さが3kmに及ぶため，効率の良い空中線設計が困難なため空中線効率が悪い。

⑶　パルス幅が200μsと広いため，地表波と空間波との区別が付きにくい（受信波の最初の3サイクル抽出で地表波のみの利用となっている）。

4　双曲線航法

ロランCは数学でなじみ深い双曲線の原理を利用した双曲線航法の一つであるというのは既に述べている。このシステムの原理など個々の説明に入る前に必要と思われる基本的な用語や知識について説明する。

双曲線の定義「2定点からの距離の差が一定な点の軌跡は，それらの2点を焦点とする双曲線である」に基づいて図を描くとFig 10-1となる。ロランCのシステムは原理が同じであることから，この図の状況がそのまま当てはまることになる。まず，図中の2つ存在する焦点のM，S点はロランCでは，電波発射局を意味する。後述するがロランCでは電波の発射を同時発射としていないため，発射局に呼名を付け，先に電波を発射する方を「主局（Master station）」，後に発射する方を「従局（Secondary）」と呼び区別している。また，主局と従局とを結んだ線を「基線（Base line）」と呼び，この間の距離を「基線長（Distance of base line）」という。ロランCの基線長は500マイル～1000マイルである。この基線を主局側，従局側に延長した，図では点線で表した線を「基線延長線（Base line extension）」と呼ぶ。さらに焦点となる主局，従局との間に，ちょうど中央の直線を挟んで無数の双曲線ができることになるが，この中央線を「基線の垂直二等分線（Center line）」といい，基線の垂直二等分線を含み，多数できる双曲線がロランＣでの「位置の線（Line of position）」となる。このように主局，従局を１対にした形で位置の線となる一群の双曲線が形成されるが，ロランＣにおいては，主局，従局からの電波の時間差（位相差は精密測定用）を基本として測定することにより多数ある双曲線の中から，ただ１本の双曲線を特定している。双曲線の特定については，ロランＡの時には両局の電波発射時間を違える「追従パルス送信方式」を採用していたが，ロランＣでは正確な時計により，両局でのタイミングを取る方式となっている。

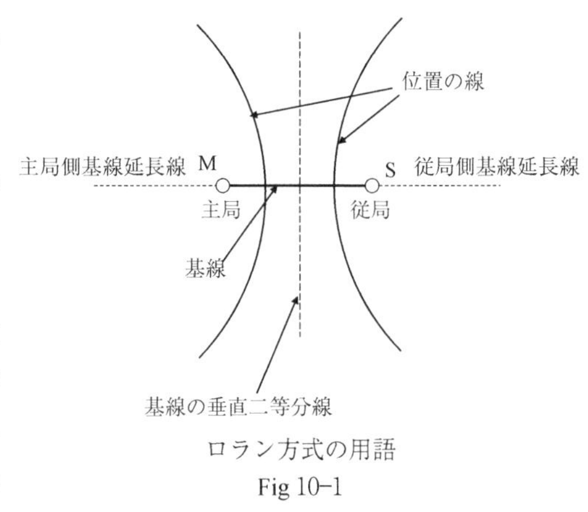

ロラン方式の用語
Fig 10‒1

位置の線となる双曲線は，１対（主局と従局）の電波発射局で１本だけ定まるが，船位決定には，２本以上の位置の線が必要となる。よってもう１対の電波発射局を持たねば位置決定ができないことになる。ロランＣでは，主に主局が複数の従局と対になる方式でロラン局を形成しており，これを「ロランＣチェーン（Loran-C chain）」と呼んでいる。

5　船位測定の原理

Fig 10‒2は，主局（M）と従局１（S１）との間に形成される双曲線群をその測定時間差に相当する双曲線として，T１～T７のように実線で示している。また，主局と従局２（S２）との間で形成される双曲線群をその測定時間差に相当する双曲線として，Ta～Tgで示したものである。これは３局でロランＣチェーンを形成している例である。今，主局と従局１との対局で時間差をＴ３に測ったとすると，船は実線で示したＴ３の双曲線上に位置することになる。また，主局と従局２との時間差を Tc に測ったとすると船は点線の双曲線 Tc 上にいることになるため，両者を同時に測定したとすると船位は時間差を示すそれぞれの双曲線Ｔ３と Tc との交点Ｐとなる。前項で述べたように，両局での時間のタイミングを取る方式を採用していることから，双曲線となる位置の線にはあいまいさはないため，交点の１点のみで船位が確定する。このような原理に基づいてロランＣでは船位決定を行っている。

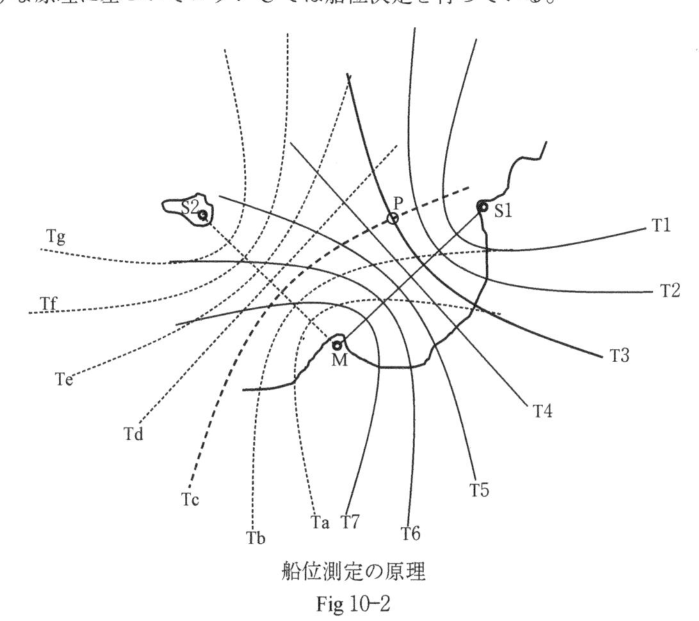

船位測定の原理
Fig 10-2

6　ロランＣの局配置

ロランＣでは主局が２局ないし４局の従局を配置し，一つのチェーンを形成している。これがロランＣチェーンであるが，その代表的な局配置は，得られる位置の線の交角条件が良くなるように Fig 10-3のような配置にされることが多く，この１組のチェーン内で位置決定ができるようになっている。また，それぞれの基線長は500マイル～1000マイル程度である。各チェーン内の局の発射順序は，３局配置の場合はＭ－Ｘ－Ｙの順に，４局配置の場合はＭ－Ｘ－Ｙ－Ｚの順に，５局配置ではＭ－Ｗ－Ｘ－Ｙ－Ｚの順に発射されるようになっている。

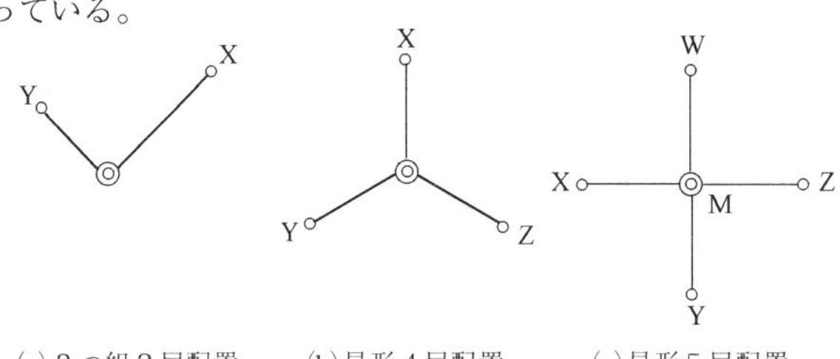

(a) ３つ組３局配置　(b) 星形４局配置　(c) 星形５局配置

ロランＣの局配置

Fig 10–3

日本では極東海域をほぼロランＣでカバーできるように，韓国，中国，ロシアと協力してロランＣの国際協力チェーンの構築を行い，Fig 10–4に示すような日本近海をカバーするチェーンを構成していたが，日本が運用を中止しており，現在は利用できない。

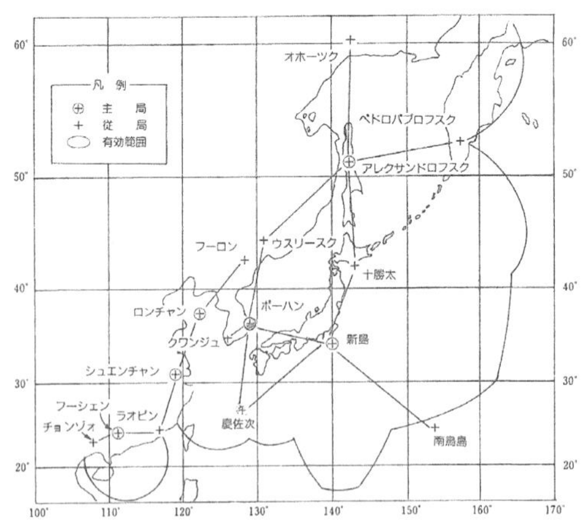

（注）　アレクサンドロフスクを主局，ヘドロハブロフスク，ウスリースク，十勝太，オホーツクを各従局とするチェーンは未運用。

ロランＣの国際協力チェーンと利用範囲

Fig 10–4

7　ロランCの送信方式と故障信号

⑴　ロランCの送信パルス

ロランCの送信パルスはFig 10–5に示すように，信号波が互いに1000μsの間隔をもった8本で1群のパルス波を発射しており，主局だけは1本多い9本のパルスを発射し最後の間隔は2000μsとなっている。これは主局信号と従局信号の判別を容易にするためである。また，ロランCの主局，従局の1本1本のパルス信号には，定められた位相コーディング（Phase coding）が行われている。これは，Fig 10–5に示した100kHz搬送波のパルス一本の分析波形を見てみると，搬送波の立ち上がりの部分がプラス方向に立ち上がっている位相を0相パルス，マイナス方向となっている位相をπ相パルスと呼び，図に示したようなパターンに従って1周期ごとに変化させている。また，3周期目からはこれを繰り返すようになっている。位相コーディングを行う理由は，ロランC信号を自動受信する場合の主局，2次局の判別や主局捜索，自動同期に使うためである。

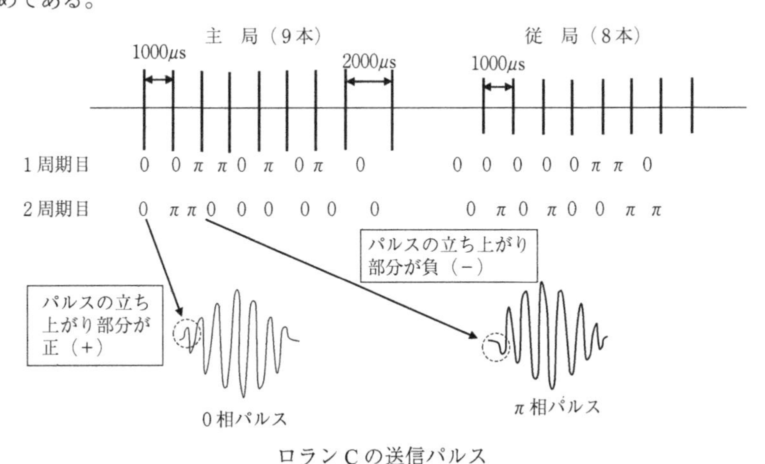

ロランCの送信パルス
Fig 10–5

⑵　ロランCチェーンの識別

ロランCでは，すべての局が100kHzの電波を発射しているため，各チェーン間の識別を明確に行う必要がある。ロランCの場合，各チェーンの識別には，パルス繰り返し周期（GRI）によって識別している。

⑶　故障信号

ロランＣチェーンでは，主局，２次局間の同期が許容量（エンベロープでは±3.0μs，位相では±0.15μs）を超えた場合や，それぞれの局が故障した場合には，利用者にわかるように故障信号を発するようになっている。故障信号はFig 10–6に示したように，主局が行う場合は，９番目のパルスを点滅（Blink）させるか，左右に移動するかの２つの方式がある。主局の点滅方式の場合は，Fig 10–7のような点滅符号（Blinking code）が決められており，どの２次局が故障をしているかわかるようになっている。２次局が行う場合は，１番目と２番目のパルスを４秒間のうち0.25秒点灯し3.75秒消灯することを繰り返して示すようになっている。

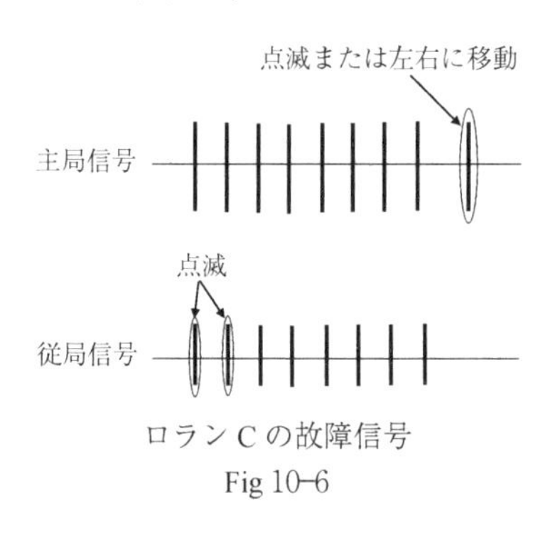

ロランＣの故障信号

Fig 10–6

- ＝約0.25秒ON
— ＝約0.75秒ON

故障局	点滅パターン（←12秒→）
なし	————————————
X	- — - -
Y	- — -　　- -
Z	- — -　　　　- - -
W	- — -　　　　　　　- - - -
XY	- — - - - -
XZ	- — - -　　- - -
XW	- — - -　　　　　　- - - -
YZ	- — -　　- - - - -
YW	- — -　　- -　　　　- - - -
ZW	- — -　　　　- - - - - - -
XYZ	- — - - - - - - -
XYW	- — - - - -　　　　- - - -
XZW	- — - -　　- - - - - - -
YZW	- — -　　- - - - - - - - -
XYZW	- — - - - - - - - - - - -

ロランＣ主局のブリンキングコード

Fig 10–7

8　ロランＣ電波の伝播経路と受信波形

⑴　伝播経路

ロランＣに使用されている100kHzの長波は，通常の無線電波と同様に種々

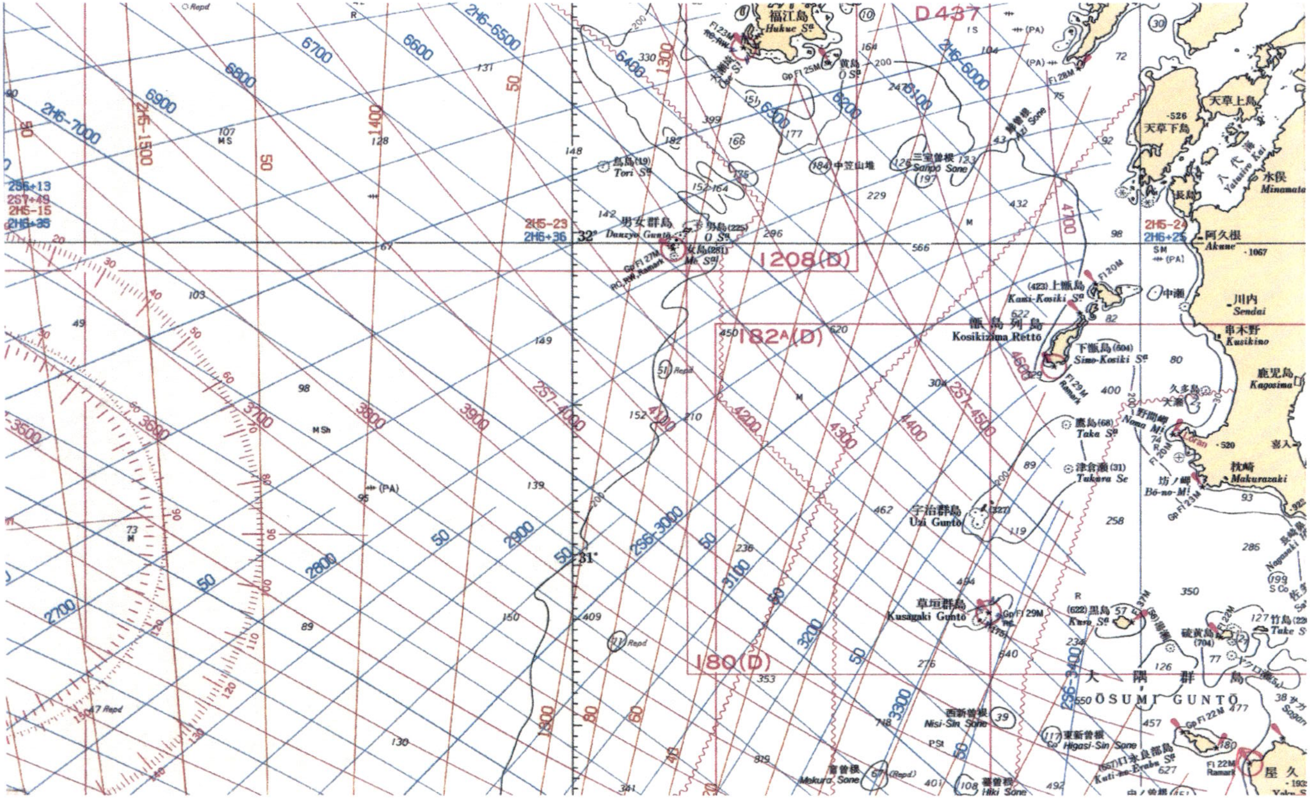

ロラン海図（L 210号の一部）

の経路をたどって伝播してゆくが，概ね地球表面に沿って伝播する「地表波（Ground wave）」と，地表と地球上空に存在する電離層との間を反射しながら伝播する「空間波（Sky wave）」とに分けられる。ロランCの地表波は安定して伝播し，海上では昼間は約1400マイル，夜間は1000マイルといわれている。昼と夜による伝播距離の違いは，主に大気雑音によるもので，一般的に大気雑音は次のような特徴を持っている。

① 昼間よりも夜間の方が雑音が強くなる。

② 高緯度地方より赤道地方の方が雑音が強い。

③ 夏場よりも冬場の方が雑音は強くなる。

⑵ 受信波形

ある場所でロランC送信局からの電波を受信した場合，地表波だけでなく，空間波も受信されるが，この受信状況を時系列で示すとFig 10–8となる。図からわかるように，最初に受信されるのは地表波であり，つぎに受信されるのがD層1回反射波である。実際はD層2回反射波などもつづいて受信されるがここでは省略している。この受信時間の遅れは当然のことながら電離層で反射して飛来する間の遅れであり「空間波遅延時間（Sky wave delay）」と呼ばれている。ロランAは2MHz付近の高い周波数を使っていたため，パルス幅を40μsまで狭くすることができたので地表波，空間波の波形が空間波遅延時間をおいて分離して受信できていた。しかしロランCの場合は，周波数が100kHzと低いため，パルス幅を狭くすることができず200μsと非常に広いものとなっている。そのため最初に受信される地表波のパルス波形が終わらないうちにD層1回反射波が到来してしまい地表波と空間波を分離して受信することはできなくなった。即ちロランCでは図中最下段の合成波形が受信波形となり，空間波が混在した波形しか得られないことになる。さらにロランCでは昼間でも空間波が受信されるため，常に空間波の影響を受けることになる。この問題を解決するためにロランCではFig 10–9に示す空間波遅延時間から考えて，D層1回反射波は地表波に対し最低38μs以下の遅延を起こすことはないとして，地表波の時間差測定を空間波の影響を受けることのない部分である，合成波のパルス立ち上がりから30 μs までの３サイクルの間の位相を合わせることにより時間差を測定している。

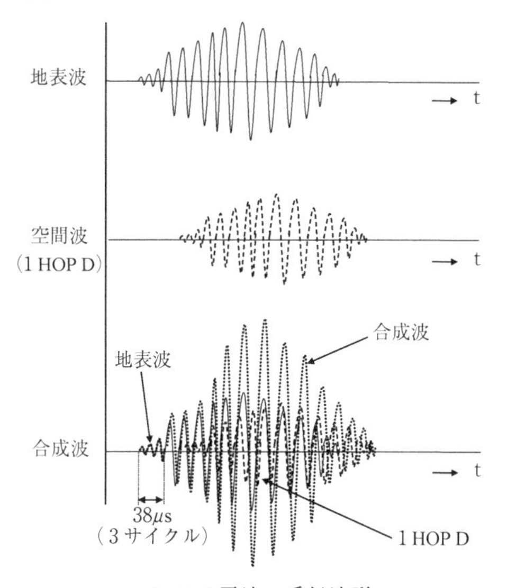

ロランＣ電波の受信波形
Fig 10-8

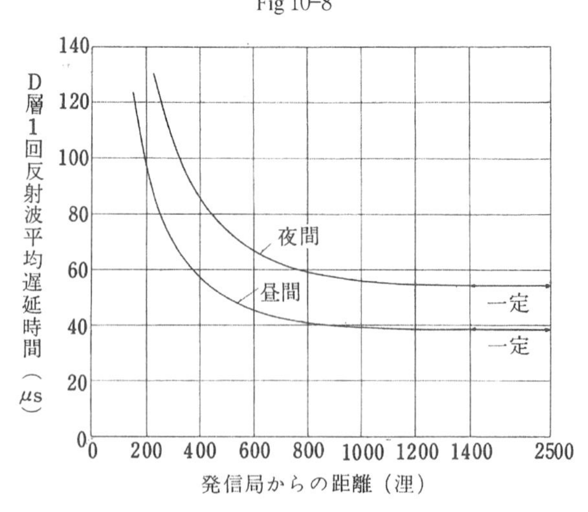

Ｄ層１回反射波の平均遅延時間
Fig 10-9

9　位置測定の表示

最近のロランC受信機はFig 10–10(a)のような，各電波発射局からの時間差を自動計測し，船位を緯度・経度で表示するタイプがほとんどである。少し高機能の受信機では，同図（b）のように，簡易的な海図（海岸線程度の表示）を画面に表示させて，それに船位を重畳させるものまで出現している。そのため位置決定には，電源を入れて受信可能なロランCチェーンを選択するだけで船位が得られるようになっている。しかし，このような受信機でも測定した時間差の表示も可能となっており，船位の決定には，ロランCチャート（色刷を参照）またはロランCテーブルを使って船位を決定することも可能となっている。ロランCチャート，ロランCテーブルの利用による船位決定法は本書では省略する。

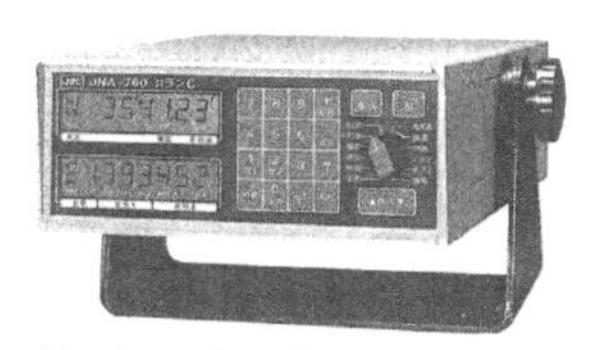

(a) 緯度・経度表示のロランC

(b) 簡易海図重畳表示のロランC

現在のロランC航法装置
Fig 10–10

10　ロランCの精度

ロランCでの位置測定は，地表波を利用しているため，電波の伝搬速度がそのまま精度に影響する。伝搬速度の遅延に対する誤差補正は以下に示す3つの方法により補正されており，これらの補正を行うことにより位置誤差が100m以下となることが報告されている。

①　大気伝播誤差補正

電波は大気中を伝搬する場合も気温や湿度などの条件により伝搬速度が変化する。この補正を「大気伝搬誤差補正」という。この補正量は小さいため，一定値として補正されている。

②　海上伝搬誤差補正

電波が海上を伝搬する場合は，地形の起伏や導電率などはほぼ一様なため，遅延量は伝搬距離の関数で表せるため関数式で補正されている。この補正が「海上伝搬誤差補正」である。

③　陸上伝搬誤差補正

ロランCでは，電波の伝搬経路を全て海上を伝播するものとして上述の大気伝搬誤差補正を加味して補正している。しかし，海域によっては，陸上伝搬による電波の遅延誤差が無視できない海域があるため，「陸上伝搬誤差補正」がなされている。陸上伝搬においては，地形的に起伏が激しいことから，遅延量を定量的に求めることができないため，大量の観測値を用い導電率などに対する電波の遅延モデルを作成することで誤差補正を行っている。

第2節　衛星航法システム

⑴　GNSS（Global Navigation Satellite System）

人工衛星を利用した航法システムは衛星航法システム（Satellite navigation system）と呼ばれ，1964年（昭和39年）に運用が開始された米海軍によるNNSS（Navy Navigation Satellite system）が最初である。このシステムは衛星が利用者の上空を飛んできている間，衛星から発せられる電波を連続観測し，そのドップラ効果を利用して位置を測定するシステムであったため，測位に数分かかり航空機などの高速移動体には利用できなかったことから，GPS（Global positioning system）の出現により現在は廃止されている。近年，GPSのような人工衛星からの電波を用いて位置測定が全世界で可能となるシステムをGNSS（Global navigation satellite system）という総称で呼ばれるようになっている。GNSSの中には，GPSはもとより旧ソ連（現ロシア）が開発したGLONASS（Global navigation satellite system）などがあり，現在は，概ね以下のシステムがその範囲に入る。

(1)　GPS ……………………………………アメリカ
(2)　GLONASS ………………………………ロシア
(3)　GALILEO …………………………………EU連合
(4)　QZSS（準天頂衛星システム）…………日本
(5)　Bei Dou（北斗）……………………………中国
(6)　IRNSS（インド地域航法システム）…インド

上記(1)のGPSについては次節に説明するが，(2)のGLONASSはロシア版のGPSとも言われており，最初の衛星は1982年（昭和57年）に打ち上げられたようで，実際の運用は24個の衛星の打ち上げが完了した1996年（平成8年）頃からといわれている。

(3)については，GPSやGLONASSは軍事的な要素が強いことから，欧州では民生用の衛星航法システムの開発が進められているものである。システム構成はGPSとほとんど変りはないが，システムの運用を単一の国家がやるのではなく，軍事に関与しない国際的な組織で運用しようとする点が大きな違いである。GALILEO計画は2013年（平成25年）までに30機の衛星群を備えたシステムを完成させ，商業利用を始める計画となっている。

(4)は日本のような中緯度地域では，通信に利用される静止衛星は仰角48°が限度であり，高層ビルの谷間や山岳地では衛星からの信号が障害物によって遮断され受信が出来ない状況が発生する。この改善のために計画されたものが，「準天頂衛星 Quasi-zenith satellites; QZS」である。このシステムは，日本のほぼ天頂（真上）を通る軌道を持つ衛星を複数機組み合わせたシステムであり，少なくとも1機の衛星を日本上空に配置することが可能となるものである。これはGPS測位の困難な場所において準天頂衛星を利用することで，測位精度を上げることにも期待されている。この他，(5)，(6)に示したように，中国やインドでも衛星を利用したシステムの開発が積極的に行われている。

第3節 GPS（Global Positioning System）

1 概 説

GPSとはGlobal Positioning Systemの略で，米空軍のスペース・ミサイル本部が中心になって開発した，GPS衛星を使用しての二次元または三次元の位置決定システムである。

GPSはNNSSに比し次のような特徴を有する。

(1) NNSSでは，希望するときいつでも船位を求めることはできない。そのため待ち時間が数時間に及ぶこともある。

GPSでは，システム完成時には，地球上のすべての地点で，常時少なくとも4個の衛星が良好な位置関係にあるよう計画されているので，随時高精度の船位決定が可能である。

(2) NNSSは，1衛星からのドップラ周波数の十数分にわたる隔時観測である。従って，その間の針路，速力の入力誤差により測位精度が左右される。

GPSは3～4個の衛星と受信点間の距離測定による同時観測である。

従って，隔時観測による誤差を含まない。

(3) NNSSでは，衛星が注入局の上空を通過するとき，必要に応じ地上局から時刻改正信号を注入している。

GPS衛星には複数の原子時計が搭載され，時刻の同期精度はきわめて高い。

(4) 測位精度は，NNSSでは約0.2～0.3海里とされているが，GPSでは粗測定（C／Aコード）で30～100m程度である。

高精度測定（Pコード）では更に精度は高いが，民間では使用されていない。

(5) GPSでは船位の他に，位置データの変化から算出された自船の針路・速力も表示される。

(6) GPSの変調方式は電波妨害や雑音に対し強い。

(7)　GPSは上記のような特性を有するため，高速飛行体（飛行機等）による三次元の位置決定も可能である。

ただし，このシステムは米国の国防総省が運用管理しており，政策上の理由で予告なしに測位の精度が低下したり，調整，試験，軌道修正等のため電波が欠射されることがあることに留意しなければならない。

2　GPSの測位原理

位置が明確な3個の衛星からの距離を測定すれば，それら3個の衛星の位置を原点とし，それぞれの距離を半径とする3つの球面の交点により測者の三次元的な位置を求めることができる。

また，船舶や地上では2個の衛星からの距離により測者の二次元的な位置が求まる。

GPSシステムでは，衛星の位置は衛星から送られてくる軌道データから算出でき，衛星との距離は，衛星から電波が送信された時刻と測者が受信した時刻との差に電磁波（光）の速度を乗じて得ることができる。

このため，GPS衛星には複数の原子時計が搭載されており，定められた時刻に電波を発射し，各衛星間の原子時計に生じるわずかな誤差も地上から管制される。

一方，受信器にもNNSSと同様，高安定度の水晶発振器が使用されているが，衛星内部および受信器内部の時計とGPSシステムの時間には微少なズレがありその量は特定できない。

また，電離層や対流圏通過時に生じる電波の伝搬遅延時間の完全な補正も困難である。（高精度測定（Pコード）では，NNSSと同様L_1，L_2の二波を受信し，電離層に対する補正を行っているが，粗測定（C／Aコード）ではL_1のみを受信する。）

このため，各衛星からの情報をもとに計算される距離には稀少な誤差が含まれているため擬似距離（Pseudo Distance）と呼ばれる。

擬似距離により正確な測位を行うにはこれらの不特定誤差を除去する必要があるので，三次元的な位置の場合は4つの衛星から，二次元的な位置の場合は

3つの衛星からの電波を同時に測定する必要がある。

3 GPSのシステム構成

GPSシステムはFig 10-11（A）に示すように，宇宙部分（GPS衛星24個），制御部分（GPS衛星を地上から追跡，制御する主制御局，モニター局，地上アンテナ）および利用者部分（利用者が所持するGPS航法装置）により構成される。

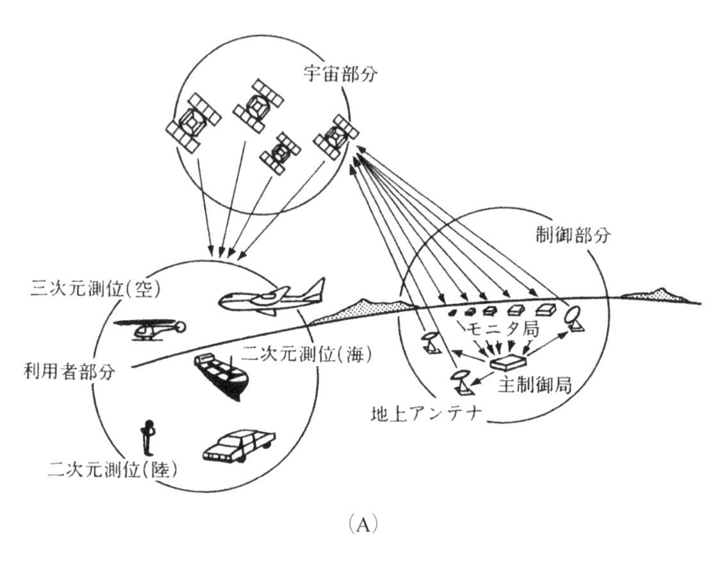

（A）

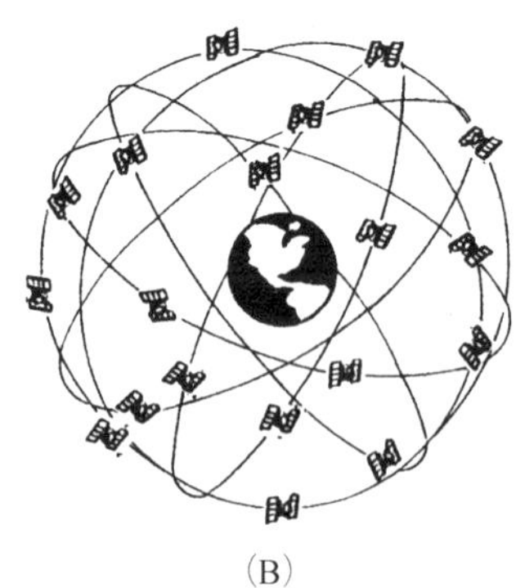

（B）

Fig 10-11

GPS 衛星は Fig 10–11（B）に示すように，地球上空，高度20,183km を 6 軌道にそれぞれ 4 衛星を配置した合計24個の衛星で囲んでおり，周期11時間58分02秒で周回している。GPS 衛星に関する詳しいデータは出ていないが，一般的に大型車程度の重さ（860kg）で衛星寿命7.5年と言われている。

4　GPS の測位誤差

GPS システムにおいて測位精度に影響を与える要因は，擬似距離の測定精度と受信位置から見た衛星の幾何学的配置である。

後者を表す用語としては GDOP（Geometric Dilution of Precision；精度の幾何学的低下率）が用いられており，この値に擬似距離の測定誤差を乗じたものが測位精度となる。

通常，三次元の測位の場合は PDOP（P は Position の略）が，二次元（船舶）の場合は HDOP（H は Horizontal の略）が使用される。

一般に，多方向に位置する 3 衛星の場合 HDOP 値は小さく（精度は良く），同一方向に位置する 3 衛星の場合 HDOP 値は大きい（精度は悪い）。

衛星の数が少ない場合，DOP を小さく選べば船位の精度は良くなるが，測位可能な時間帯は短く，大きく選べば精度は低下するが測位可能な時間帯は長くなる。

GPS では，システム完成時には，地球上のすべての地点で，常時少なくとも 4 個の衛星が良好な位置関係にあるように計画されているので，DOP 値は小さい。

アンテナ高は ± 5 m 以内の精度で設定する。アンテナ高の誤差による水平方向の誤差は，（アンテナ高の誤差（m）× HDOP 値）程度とされている。

5　受信装置（GPS 航法装置）

電源を入れ，3 個以上の衛星が受信されると，現在地の経・緯度，針路および速力が表示される。

その後必要に応じ，目的地までの方位・距離，潮流等による偏流の流向・流速，アラーム（警報）の設定等各種画面の表示が可能である。

初回使用の際は，衛星の軌道データが記憶されていないためデータ受信後位置の測定を行うまで15分程度を要するが，次回からは電源を切った時の位置が記憶されておりデータとして使用されるため１分以内で測位が行われる。

自船の針路，速力，推測位置（経・緯度），時刻（GMT）等の初期設定は不要である。

ただし，測位不能時の推測船位および偏流の流向・流速等の表示については，ジャイロ信号とログ信号の入力が必要となる。

さらに，必要に応じ測位平均化定数の設定およびHDOP値の制限を行う。

⑴　測位平均化定数の設定

GPSセンサからの信号を数回加算して平均値をとる機能で，針路，速力のデータを安定化するためのもの（初期設定値（通常航行時）；３）

⑵　HDOP値の制限

前述のように，設定値が小さいと，設定値以上の衛星の組合せは使用不可能となり受信時間が短くなる。（初期設定値；20）

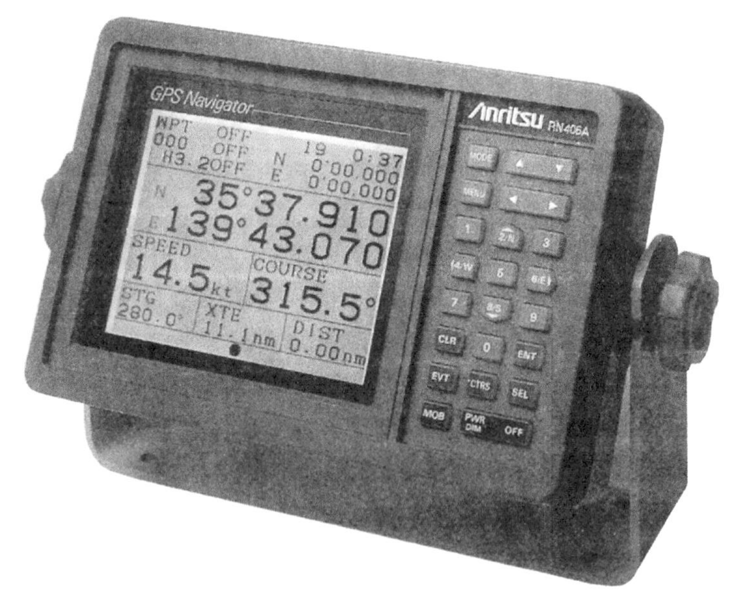

Fig 10–12

Fig 10-12は，GPS航法装置（アンリツ株式会社製・RN406A）の指示部の前面を示す。

注　上記の初期設定値は，RN406A GPS航法装置取扱説明書の数値を引用した。

6　DGPS（Differential GPS）

GPSによる測位法を分類すると以下に示すように，単独測位と相対測位の2つに分けることができる。

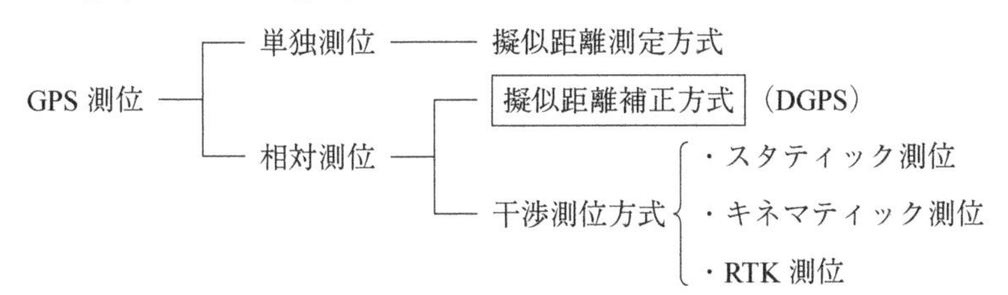

単独測位はGPSの原理で述べてきたように，衛星と位置のわかっていない受信点との2者間で擬似距離を測定して位置測定を行う方法である。相対測位は，さらに擬似距離補正方式と干渉測位方式の2つに分けられるが，DGPSは擬似距離補正方式に相当するものである。擬似距離補正方式はFig 10-13（a）に示すように，陸上などのあらかじめわかっている位置（基準局と呼ぶ）で衛

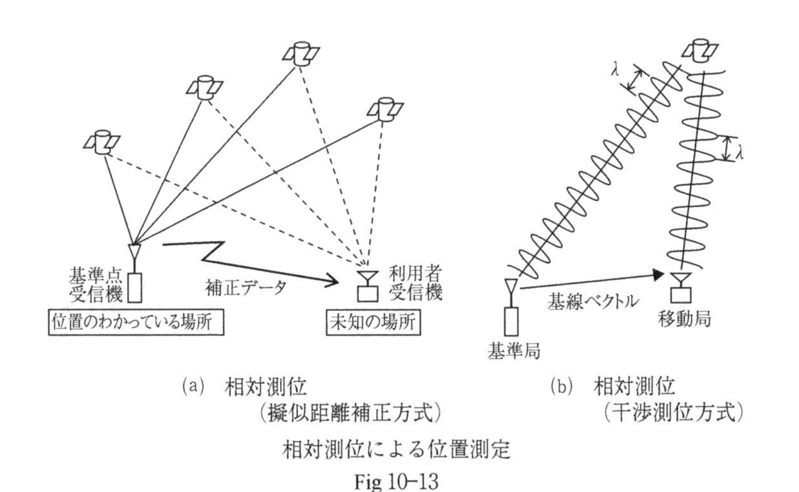

(a)　相対測位
（擬似距離補正方式）

(b)　相対測位
（干渉測位方式）

相対測位による位置測定

Fig 10-13

星からの電波を受信して測位を行い，基準局と比較することで誤差量を計算し，それを補正データとして周囲のGPS利用者へ送信する方式である。利用者（移動局と呼ぶ）はこの補正データから修正を行うことで測位の精度を向上させることができる。このように基準局で実測により補正値を求めることでGPSの誤差要因のうち基準局と共通に現れる誤差は修正できるため移動局側での測位精度が向上する。

干渉測位方式は同図（b）に示すように基準局を設けることは同じであるが，基準局，移動局ともにGPS衛星から送信される電波の位相を数えることにより距離を測定し，基準局と移動局との基線ベクトルを計算することで測位を行う方式である。位相によって距離を測定するため精度が非常によく，数cm～数mmの精度を得ることができる半面，位相を測定するための特殊な受信機が必要となってしまう。この干渉測位については本書での説明は省略する。

⑴　DGPSの理論

Fig 10-14に示すように，位置のわかっている基準局でGPS衛星からの電波を測定し，擬似距離 R_i^k を求める。この R_i^k は真の距離を ρ_i^k とした場合，つぎのように表される。

$$R_i^k = \rho_i^k + \delta_i + \Delta^k + v_i^k$$

これは真の距離 R_i^k に，衛星に起因する誤差 δ_i，基準局アンテナ誤差 Δ^k，観測時に生じるランダム誤差 v^k が加わり擬似距離 R_i^k となっていることを示している。ここで，真の距離 R_i^k は基準局では既知の値であるため，つぎのように誤差量を計算できる。

$$R_i^k - \rho_i^k = \delta_i + \Delta^k + v_i^k$$

すなわち基準局での誤差量は $\delta_i + \Delta^k + v_i$ となり，誤差成分だけを取り出すことができる。

一方，移動局側では，擬似距離を R_i^R，真の距離を ρ_i^R として移動局側で起こる各種の誤差を加味すると，つぎのように表される。

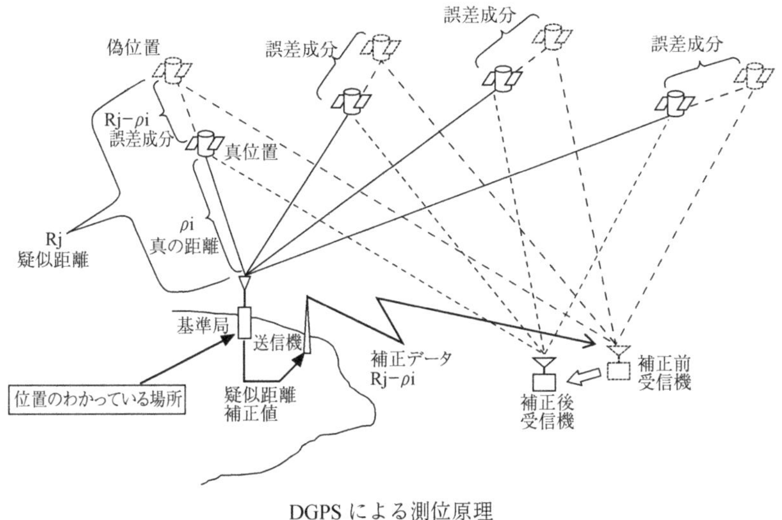

DGPS による測位原理
Fig 10–14

$$R_i^R = \rho_i^R + \delta_i + \Delta^R + v_i^R$$

移動局側では基準局がないため，真の距離 ρ_i^R は未知数であり誤差量を取り出すことができない。このため移動局で観測した擬似距離 R_i^R のみで測位を行っていたことから単独測位といわれていた。これに対し，DGPS では，基準局で得られた誤差量 $\delta_i + \Delta^k + v_i$ を移動局側に伝送することで誤差量を取り除くことを考えているため，伝送された誤差量を差し引くと以下のように表される。

$$R_i^R = \rho_i^R + \delta_i + \Delta^R + v_i^R - (\delta_i + \Delta^k + v_i^k)$$
$$= \rho_i^R + (\Delta^k - \Delta^R) + (v_i^k - v_i^R)$$

各種の誤差のうち，衛星に起因する誤差 δ_i が消去されているのがわかる。この結果から単独測位に比べ精度が向上することになる。これが DGPS の理論であるが，基準局，移動局のアンテナ誤差 Δ やランダム誤差 v については，消去されず，むしろ両方の誤差が混入するため一概に精度向上というわけにはゆかない部分があることを心得ておく必要がある。

⑵　DGPS の誤差除去の可否と測位精度

DGPS では理論のところで述べたように，衛星時計誤差など衛星に起因する誤差は消去されることになる。また観測時に起きる電離層や対流圏遅延のランダム誤差も基準局と移動局との距離が近い場合には，両者に生じている環境が同じと考えて問題ないため，この誤差も大幅に取り除ける。

GPS の単独測位での誤差要因に対し DGPS で補正の可否をまとめたものが Fig 10–15である。

誤差要因	誤 差 名	誤差量	補正の状況	備　考
工学的要因	衛星時計誤差	1 ～ 3 m	◎	とても良く補正できる
	衛星軌道誤差	1 ～ 5 m	○	基準局との距離が遠いほど補正低下
	受信機雑音誤差	0.5 m	×	補正できない
自然的要因	電離層遅延誤差	2 ～10 m	○	電離層の変動が激しい場合，補正低下
	対流圏遅延誤差	0.4～ 2 m	○	基準局と移動局の高度差に注意が必要
	マルチパス	0.5 m	×	補正できない
人為的要因	SA	30 m	◎	とてもよく補正できる

DGPS による誤差除去の可否
Fig 10–15

全体的にみて DGPS により除去できる誤差は基準局と移動局に共通に現れる成分の誤差である。以下に誤差除去の状況を除去できるものとできないものとを示す。

⑴　DGPS で除去できる誤差

①衛星時計誤差・・・・基準局，移動局の位置に関係せず共通の誤差のため補正がよく効き，ほとんど完全に除去できる

②衛星軌道誤差・・・・基準局，移動局とに，誤差がほぼ共通に現れるため，補正がよく効くが，基準局と移動局との距離が長くなると共通性が減少するため補正精度が低下する

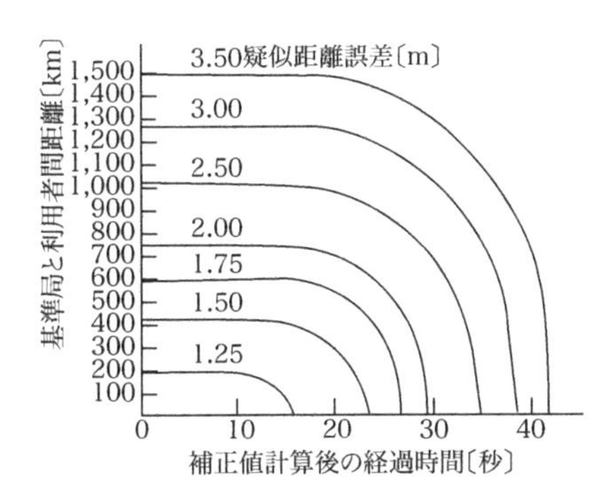

基準局と移動局との距離による精度の劣化
Fig 10–16

③電離層遅延誤差・・・太陽活動の影響で電離層の変動が大きくなる場合を除き，基準局と移動局との距離が概略300～1000kmの間は両者が同じ環境とみなせることから補正はかなり効くといわれている。しかしFig 10–16に示すように基準局と移動局との距離による精度の劣化状況から見ると，750kmで2m程度の誤差が生じることから500km程度が妥当な距離と考えられる。

④対流圏遅延誤差・・・対流圏遅延誤差で注意する点は，気象状況と受信機の高度により遅延量に影響が現れる部分である。このうち特に受信機の高度による誤差の影響は注意しておく必要がある。受信機高度と対流圏遅延量との関係を示したものがFig 10–17である。4km程度の高さと海面と比較しても遅延量に1.6mの違いを生じることからDGPSでは基準局と移動局との高度差に注意を払う必要がある。

⑤SA・・・・・・・・・SAによる誤差は衛星時計に遅れ進みの揺らぎ

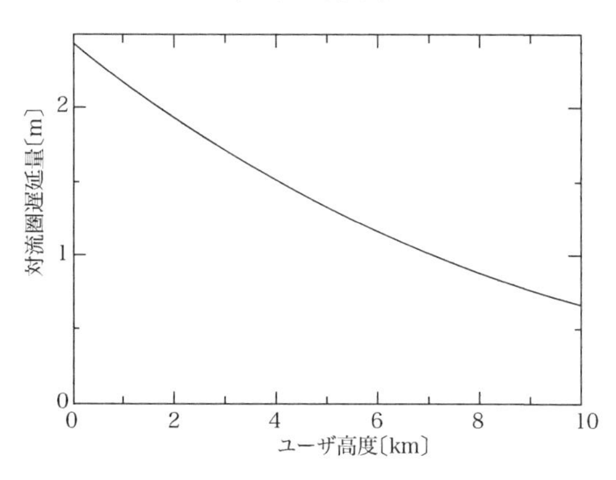

受信機高度と対流圏遅延量の関係
Fig 10-17

を故意にかけることにより精度を落としていた。これはどこでも等しい量の誤差となるため補正は非常によく効く。現在 SA は解除されているが，DGPS はこの SA に対抗すべく考案された方式ともいわれている。

(2)　DGPS で除去できない誤差

①マルチパス・・・・・マルチパスは受信機のある周囲の状況により生じる誤差であり，基準局と移動局との間で共通に現れる成分ではないため DGPS による補正はできない。補正できないというよりは，むしろ DGPS の理論の項で述べているように，基準局側の誤差と移動局側の誤差の両方が加わる形になり誤差が増加することになる場合がある。

②受信機雑音誤差・・・この誤差についても基準局，移動局ともに共通して発生するものではないため DGPS では補正できない。この誤差もマルチパス同様，基準

局と移動局の誤差成分が加わることになるため誤差が増大する可能性がある。

上述したように，基準局と同様に現れる誤差の除去によりDGPSでは測位精度が格段に向上する。

⑶　DGPSの局配置と利用範囲

DGPSを利用するには基準局から利用者である移動局に補正値を伝送する必

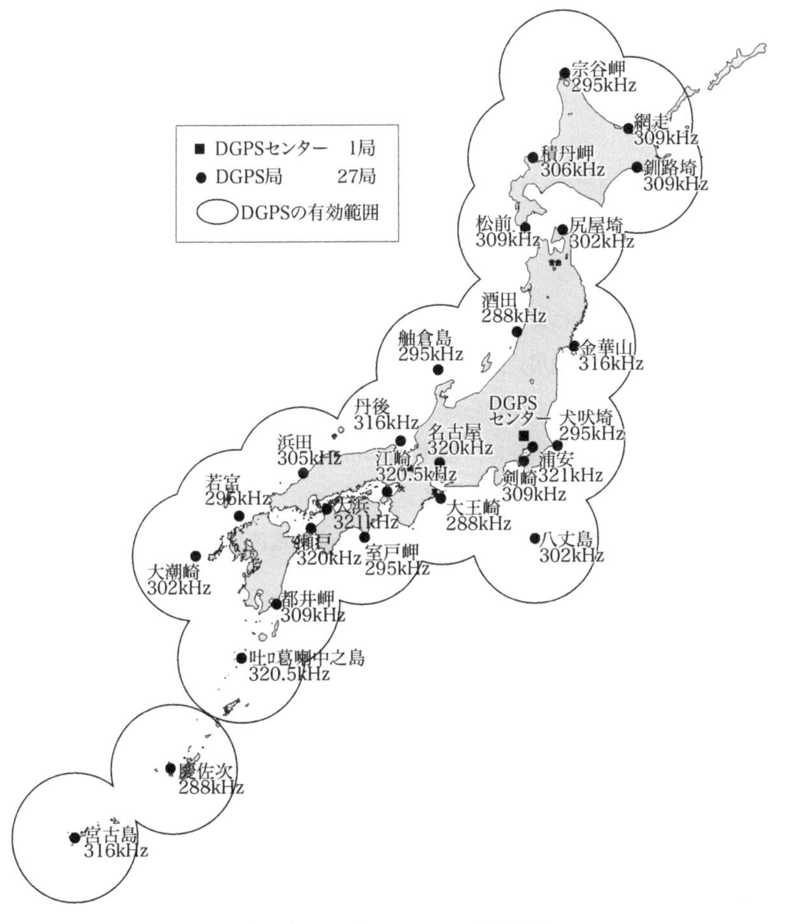

日本国内におけるDGPSの配置状況

Fig 10−18

要がある。このためデータ伝送手段として既に設置されていた中波ビーコン（MF beacon）に補正データを重畳させて送る方法が考案された。中波ビーコンは300kHz付近の中波を使いビーコン信号を送信しているが局により送信周波数は多少異なっている。

Fig 10-18に海上保安庁が運用しているDGPSの中波ビーコン局の配置を示す。また，中波ビーコンの利用範囲は局から200km程度であるが，中波のため伝搬特性は非常に良く内陸部まで利用できる状況となっている。

第4節　レーダ

レーダ（Radar）は電波によって物標の方位および距離を測定する電波計器で，米国海軍により開発され，第二次大戦中に急速な性能の向上を遂げたものである。

現在では使用目的により，船舶用，航空機用，気象観測用，航空路管制用，射撃照準用，高度測定用，速度測定用等の種々の形式があるが，原理的には大差なく，この中最も広く用いられているものは船用レーダである。

船用レーダの主たる用途は，地物の探知による自船の船位決定と，他船，障害物等の探知による衝突防止にある。

レーダの名称は，Radio detection and ranging（電波による探知および測距）に由来する。

1　レーダの原理および特性

レーダは電波の直進性，定速性および反射性を利用した電波計器で，空中線から指向性を有するマイクロ波（Micro wave）のパルス波（Pulse）を発射し，物標からの反射波を受信し，これをブラウン管映像面（C.R.T.スコープ）上に映像として描かせ，電波の往復時間と空中線の方向により物標までの距離と方位を測定するもので，次のような特性を有する。

1　他の電波計器と同様，天候の状況，昼夜の別にかかわりなく利用することができる。

2　自船のみの装備により（他の航路標識を利用することなく），数海里または十数海里離れた物標の方位および距離を同時に測定することができる。

従って，単一物標による船位の決定も可能である。

3　自船の周囲数海里または十数海里の物標，地形がC.R.T.スコープ上に映像として描かれ，自船とこれらの物標との相対関係を一見して判読することができる。

レーダは，他の航海計器にみることのできない上記の特性を有するが，反面，電波計器固有の誤差を含み，またその性能には限界があるので，映像の正確な判読にはかなりの経験を要する。

2　舶用レーダの性能

(1)　マイクロ波（通常の舶用レーダでは周波数約9,400MHz 波長約3cmのマイクロ波を使用している）を使用するために派生するレーダの特性。

1　波長が短いほど回折などの現象がなく直進性は強い。従って，物標までの正確な距離を測定することができる。

2　波長が短いほど，小物標から強力なエコー（反響；Echo）をうることができる。

3　波長が短いほど指向性の強い電波を発射することができるため方位分解能は向上する。

4　短波に比べ，外部雑音，フェデイング，空電などの影響も少なく安定した伝搬特性を有する。

しかし，その反面，

1　電波の到達距離は視認距離程度に限定される。

大気中におけるマイクロ波の最大到達距離は $D=2.2(\sqrt{H}+\sqrt{h})$（Dは到達距離（海里），Hは送信空中線の高さ（m），hは物標の海面からの高さ（m））により表わすことができる。

ただし，大気の異常状態下においては，スーパー・リフラクションまたはダクト現象により上式以遠の遠距離まで伝搬し，またサブ・リフラクションのため近距離の物標を探知しえない場合も生じる。

2　波長が短いほど，雪，雲，霧，雨あるいは大気中の水蒸気等による減衰を受ける。波長が2 cm以下の場合減衰度は急激に増加する。

3　直進性を有するため障害物の影響を受け易く，大地の凹凸により損失は増大し，障害物があれば電波は伝搬しない。

(2)　パルス波を使用するために派生するレーダの特性

1　送信波と受信波を完全に分離して明確な受信像をうることができる。

2　比較的長いパルス繰返し周期で，パルス幅の狭いパルス波を発射することにより，小さな送信電力により強力な受信波を受信することができる。

3　パルス幅を狭くとることにより発射信号および発射信号の持続時間を短くし，最小探知距離と距離分解能を向上させることができる。

反面，パルス幅を狭くすることにより映像の鮮明度は低下する。

(3)　最小探知距離（Minimum range）

近接する物標をC.R.T.スコープ上に指示しうる最小距離を最小探知距離という。

電波は1 μsに約300mの距離を伝搬するから150mの距離を往復する。従って，パルス幅を1 μsとすれば受信波を送信波と分離して受像しうる最小距離，すなわち最小探知距離は150mとなる。

従って，最小探知距離はパルス幅に比例し，パルス幅が狭いほど最小探知距離は短くなる。

(4)　最大探知距離（Maximum range）

ある物標からの反射波を測定しうる最大距離を最大探知距離という。

最大探知距離はレーダ自体の性能のほかにいろいろの条件が影響するため，明確にこれを定めることは困難であるが，最大探知距離を大きくするための条件には次のようなものがある。

1　空中線利得を大きくすること。

このためには利得の大きな空中線を用いればよいが，そのためには使用波長を短くするか，空中線開口面積を大きくすることが必要となる。

2　送信電力を大きくすること。

最大探知距離は送信出力の1/4乗に比例する。従って，送信出力を大きくしてもその割には最大探知距離は伸びないので，受信感度を向上させることが効果的である。

3　受信機の感度をよくして小さい電力でも探知できるようにすること。

4　使用波長を短くすること。

最大探知距離は波長の平方根に逆比例するので，波長を短くすれば最大探知距離は大きくなる。しかし，波長が短いほど気象状況等による電波の減衰度は大きくなる。

5　パルス幅を大きくし，繰返し周波数を小さくする。

反射波の energy を大きくすることができ，送信電力を増大させると同一の結果をうる。ただし，この場合最小探知距離および距離分解能は低下する。

(5)　分解能

レーダで物標を観測する場合，二物標がある限度以内に接近している場合には二物標を分離して観測することができない。

どの限度まで接近した二物標を分離して観測しうるかの能力を分解能といい，距離分解能と方位分解能に分けられる。

1　距離分解能（Range resolution）

自船からみて一直線上にある二物標の映像が C.R.T. スコープ上で明確に分離してみえる最小距離を距離分解能という。

電波は 1 μs に約150m の距離を往復する。従って，パルス幅を 1 μs とすれば距離分解能は150m となる。

距離分解能はパルス幅に逆比例し，パルス幅が狭いほど分解能は向上し，パルス幅が大きいほど分解能は低下する。また，輝点の大きさにも制約される。

2　方位分解能（Bearing resolution）

レーダアンテナから等距離にあり方位がわずかにずれている二物標が，C.R.T. スコープ上で明確に分離してみえる最小方位角を，方位分解能という。

方位分解能は，発射電波のビーム幅，換言すれば水平指向性によって左右され，これが狭いほど分解能は良く，逆に広いほど悪くなる。

従って，方位分解能を向上させるには，波長を短く，反射器の横巾を大きくすれば良い。

(6)　映像を生じる必要条件

前記諸性能を総合し，レーダに映像を生じるためには次のような事項が前提条件となる。

1　空中線と目標との間に障害物のないこと。

2　目標はレーダで探知しうる反射面積をもった物体であること。

3　目標からの反射は近接した他物標の反射よりも強いこと。

4　目標との距離が最小探知距離以遠であること。

5　等距離にある二物標は方位分解能以上の方位差を有すること。

6　同方位にある二物標は距離分解能以上の距離差を有すること。

7　小物標については海面反射等の障害が少ないこと。

8　偽像，多重反射，レーダ干渉等に妨げられないこと。

3　レーダによる方位および距離の測定

(1)　方位測定法

方位の測定は，カーソル（Cursor）を物標に合わせ，C.R.T. スコープ外周の方位目盛を読む。

方位の読み取りには，真方位指示（True）と相対方位指示（Relative）の二法がある。

1　真方位指示と相対方位指示

真方位指示は，

(i)　海図と同様，映像の上部が北となっているので海図との対照が容易である。しかし，操船者の見た実景との対比が困難な場合も生じる。

(ii)　変針時にも船首輝線（Heading marker）が移動するのみで映像は変動しない。また，ヨーイング（Yowing）の際にも映像は乱れない。

これに対し，相対方位指示は，

映像の上部が船首方位となっているので，操船者の見た実景との対比が容易で，操船上便利な場合が多い。

しかし，変針時には映像が流れ，また，ヨーイングの際には残像のため画面が不鮮明となる。

2　方位測定の誤差

レーダで観測した方位には次のような誤差が含まれる。

(i)　方位拡大効果による誤差

レーダの発射電波の水平ビーム幅は1～2°あるため，C.R.T. スコープ上の映像はビーム幅だけ拡大される。すなわち，Fig 10–19において，物標の幅をB，ビーム幅をAとすれば，スコープ上の映像はEのように拡大される。

従って，小物標の方位は中心方位を測定し，大きな目標の端末の方位を測定する場合はビーム幅の半量を改正しなければならない。

(ii)　中心差および視差

C.R.T. スコープの中心とカーソルの中心が一致していない場合には中心差を生じ，カーソルと映像面に間隙があるため読み取り時の眼の位置によっては視差を生じる。

視差を最小にとどめるには，距離範囲を切り換えて物標を外半円におき，カーソルの直上より正しく方位の測定を行うことが必要となる。

(iii)　船体の傾斜による誤差

船が傾斜したときは，実際の電波の発射された方位とC.R.T. スコープ上の物標の方位に誤差を生じる。

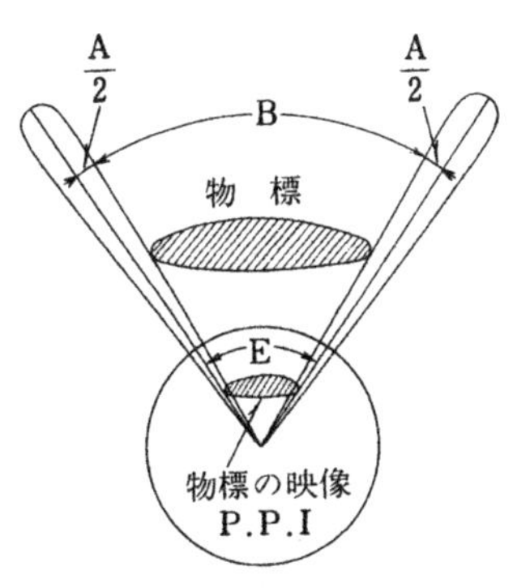

Fig 10–19

Fig 10–20はその一例を示す。

また，小型船などでローリングしているような場合には，一定速度で回転する空中線も不規則な回転をすることとなり同様の誤差を生じる。

このような誤差を最小にとどめるためには連続観測による平均値を用いることが望ましい。

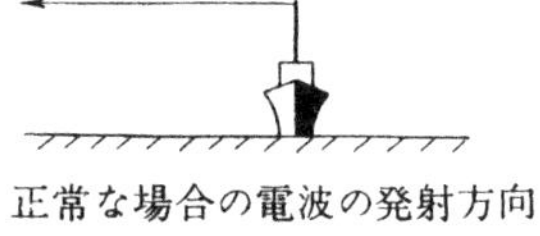

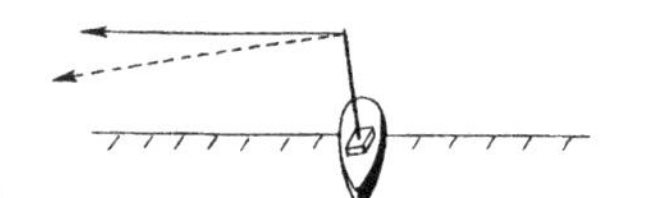

Fig 10–20

(iv)　中心拡大

中心拡大（Center expand）を使用して近距離物標の方位，距離を測定する場合には物標の形状が歪められていることに留意を要する。

(2)　距離測定法

距離の測定は固定距離尺（Fixed marker）または可変距離尺（Variable marker）を使用して行う。

距離測定の精度は，距離尺自体の精度とパルス幅および輝点（Spot）の大きさに左右される。

1　距離尺の誤差

固定距離尺には製作上±１％程度の誤差が含まれ，また中間値を目分量で判読する場合にはさらに若干の誤差を生じる。

可変距離目盛には製作上±２％程度の誤差が含まれているので，両距離尺相互間で適宜指示値を確認する必要がある。

2　距離拡大効果による誤差

距離の測定は，Fig 10–21A に示すように距離目盛の外端を映像の内端に正確に接触させて行い，B のように映像の中心に距離目盛を重ねて読んではならない。

A　正しい測り方

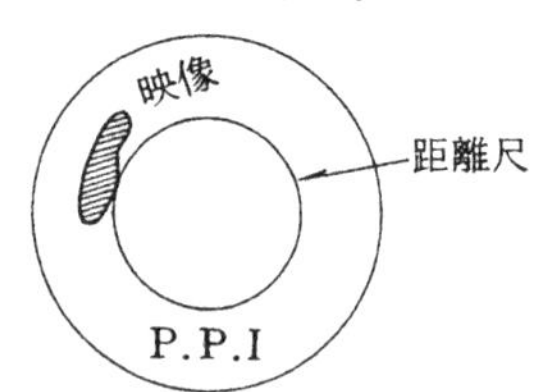

B　誤った測り方

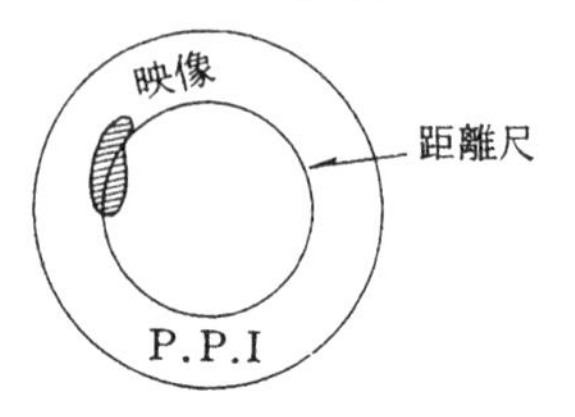

Fig 10–21

物標の映像がもつ距離拡大効果は，方位拡大効果と異なり，真位置を中心としてC.R.T.スコープの中心方向には輝点の半径に相当する分しか拡がらず，円周方向にはパルス幅に相当する距離と輝点の半径との和だけ拡大する。従って，上記のような距離測定法を行うことにより，1％程度の誤差の限度内において距離を測定することができる。一般にレーダでは距離測定の精度は方位測定の精度より高い。

注 よく調整された輝点の直径はC.R.T.スコープの半径の$\frac{1}{100}$以下であるが，いま，C.R.T.スコープの半径を15cm，輝点の直径を1mmとすれば，距離範囲40海里では輝点の大きさは約500m，距離範囲10海里では125m，1海里では12.5mの大きさとなる。従って，大きい距離範囲を用いるときは，距離分解能はパルス幅よりもむしろ輝点の大きさにより制約されることとなる。

4 レーダによる船位の決定，避険線の設定，レーダ見張りおよびレーダプロッティング

(1) 船位の決定

レーダにより船位を決定するには次のような方法が用いられる。

レーダによる方位測定の精度は距離測定の精度より低いので，船位の精度は下記の順に低下する。

1 コンパス方位とレーダ測距による法

目標を視認しうる際の方位測定はコンパス方位による。この法によるときは極めて高い精度の船位をうることができる。

2 数目標のレーダ測距による法

目標としては傾斜の大きい岬や小島，反射の強い岸線等が適し，内陸部の山頂や遠浅の岸線等は不適である。

3 単一目標のレーダ方位とレーダ測距による法

短時間で船位を決定することができるため，しばしば利用される船位決定法であるが，方位拡大効果による方位誤差については充分な配慮を要する。目標の選定については2に準じる。

4 数目標のレーダ方位による法

方位拡大効果による方位誤差および目標の選定については3に準ずる。目

標の交角については交差方位法におけると同様の配慮が望ましい。

(2)　避険線の設定

1　距離尺を利用する法

(i)　凹凸のない岸線で映像が明確なときには，陸岸からの避航距離を可変距離尺に合わせ，Fig 10-22に示すように可変距離尺の外端が陸岸に喰い込まないように定針する。

(ii)　屈曲した海岸等では，Fig 10-23に示すように航路に最も近い著明な物標から避険円を描き，避険円の外端を結ぶ接線より陸岸に近づかないように定針する。

カーソルに平行線が描かれ，針路に対する横距離を測定しうる型式のものは使用に便利である。

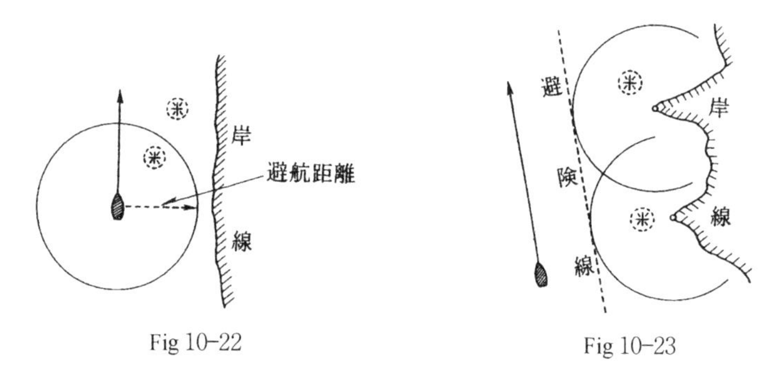

Fig 10-22　　Fig 10-23

2　方位目盛を利用する法

C.R.T. スコープ上に適当な航進目標を求めうる場合には，Fig 10-24に示すように充分な余裕を見込んだ危険方位角を求め，その方位角にカーソルを設定し，避険線とする。

(3)　レーダ見張り

1　レーダ見張りにおける一般的注意事項

(i)　レーダ見張りは肉眼見張りと両立しない。

レーダは極めて有効な見張り計器であるが過信は禁物である。従って，レーダには熟練した専従の見張員を配し，肉眼による見張りと併

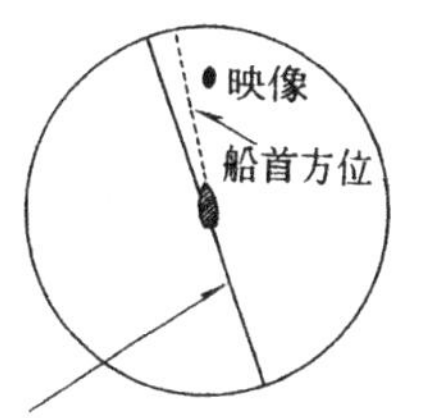

危険方位角にカーソルを合わせる。この場合、目標の映像がカーソルの左に出ない限り、船位は安全海域にあることを示す。

Fig 10-24

用させることが望ましい。

(ii) レーダ見張りは，レーダの最大探知距離，最小探知距離，方位および距離分解能，各種の映像および偽像の判別等に対する充分な知識と経験を必要とする。

そのためには，熟練した航海士を専従見張りにつけ，連続監視させて必要な情報を報告させることが望ましい。

また，操船者も，変針，変速等見張りの参考となる事項は随時見張員に連絡し，見張りの効果をあげるよう配慮しなければならない。

厳重なレーダ見張りを行うには1人20分が限度とされている。また，昼間船橋周囲が明るい場合，とくに逆光線で航行しているときには，レーダ観測に入ってから数分間はほとんど画面の判読ができないのが普通である。従って，レーダ観測中はむやみに画面から目を離さないことが大切で，やむを得ず目を離す場合には濃色のサングラスをかけるよう心掛けること。

(iii) 随時作動を確認し，適切な調整を行うこと。

目標のない場合でも，随時 Gain，Anti-Clutter を調整し，海面反射等により作動の状況を確認すること。レーダ使用中，これらの調整を繁々と変更することは好ましくないが，反面，調整を一定としたまま慢然と見張りを続行することも避けねばならない。

海上模様の変化に応じてGainの感度を上げることにより，予想外の障害物を近距離に発見しうるような場合も少なくない。

(iv) 目的に応じた距離範囲（Range）を使用すること。

距離範囲の決定は，航行海域の広狭，自船の速力，使用目的等によって異なるため，一概に論じることはできないが，ランドフォールの際は最大距離，大洋航海中は15～30′，沿岸航海中は６～15′，狭水道および港内では２～８′程度が普通とされ，入港接岸時やブイ通過時等には最小距離や中心拡大も用いられる。距離範囲についても，無意味な切り換えは禁物であるが，距離範囲を切り換えることにより予想外の障害物等を発見しうるような場合も少なくない。

(v) レーダと海上衝突予防法との関係については，昭和52年６月１日公布の海上衝突予防法の一部を下記に抜すいしたので参照されたい。

記

第２章　第１節　あらゆる視界の状態における船舶の航法

第６条　船舶は，他の船舶との衝突を避けるための適切かつ有効な動作をとること又はその時の状況に適した距離で停止することができるように，常時安全な速力で航行しなければならない。この場合において，その速力の決定に当たっては，特に次に掲げる事項（レーダを使用していない船舶にあっては，第一号から第六号までに掲げる事項）を考慮しなければならない。

一　視界の状態

二　船舶交通のふくそうの状況

三　自船の停止距離，旋回性能その他の操縦性能

四　夜間における陸岸の灯火，自船の灯火の反射等による灯光の存在

五　風，海面及び海潮流の状態並びに航路障害物に接近した状態

六　自船の喫水と水深との関係

七　自船のレーダの特性，性能及び探知能力の限界

八　使用しているレーダレンジによる制約

九　海象，気象その他の干渉原因がレーダによる探知に与える影響

十　適切なレーダレンジでレーダを使用する場合においても小型船舶及び氷塊その他の漂流物を探知することができないときがあること。

十一　レーダにより探知した船舶の数，位置及び動向

十二　自船と付近にある船舶その他の物件との距離をレーダで測定することにより視界の状態を正確に把握することができる場合があること。

第7条　船舶は，他の船舶と衝突するおそれがあるかどうかを判断するため，その時の状況に適したすべての手段を用いなければならない。

2　レーダを使用している船舶は，他の船舶と衝突するおそれがあることを早期に知るための長距離レーダレンジによる走査，探知した物件のレーダプロッティングその他の系統的な観察等を行うことにより，当該レーダを適切に用いなければならない。

3　船舶は，不十分なレーダ情報その他の不十分な情報に基づいて他の船舶と衝突するおそれがあるかどうかを判断してはならない。

第2章　第3節　視界制限状態における船舶の航法

第19条　この条の規定は，視界制限状態にある水域又はその付近を航行している船舶（互いに他の船舶の視野の内にあるものを除く。）について適用する。

4　他の船舶の存在をレーダのみにより探知した船舶は，当該他の船舶に著しく接近することとなるかどうか又は当該他の船舶と衝突するおそれがあるかどうかを判断しなければならず，また，他の船舶に著しく接近することとなり，又は他の船舶と衝突するおそれがあると判断した場合，十分に余裕のある時期にこれらの事態を避けるための動作をとらなければならない。

5　前項の規定による動作をとる船舶は，やむを得ない場合を除き，次に掲げる針路の変更を行ってはならない。

一　他の船舶が自船の正横より前方にある場合（当該他の船舶が自船に追い越される船舶である場合を除く。）において，針路を左に転じること。

二　自船の正横又は正横より後方にある他の船舶の方向に針路を転じること。

2　ランドフォールの際の注意事項

(i)　事前にレーダの作動状況を確認すること。

(ii)　初認目標の検討と初認距離の予測。

海図と照合し，初認目標および初認距離を予測し，腹案を立てること。この場合，必ずしも海岸線や海岸付近の陸影が最初に現われるとは限らない。

(iii)　初認目標は極力数目標を捉え，海図上を適宜移動させ，妥当な船位を推定すること。この際の映像の判読には充分な経験を必要とする場合が多い。

(iv)　船位の推定には，ロラン，天測，無線方位，測深等による位置の線を併用すること。従って，接岸地点は，地形に特徴があり，かつ，上記位置の線の利用が可能な地点を選定することが望ましい。

3　特殊な映像の判読

(i)　海面反射

小波のある海面の海面反射は映像として現われる。しかし，海面反射抑制 S.T.C.（Sensitivity time control）を適当に調整し消すこともできる。

小型漁船が密集する海域では，海面反射と小型漁船の区別が判然としない場合が多いが，狭い距離範囲の場合は，よく注意して観測すると，海面反射の輝点の位置は一点に定まらない場合が多いことからある程度判別することができる。また，小型漁船の密集するような海域では，S.T.C. を働かすと船の映像を消失することがあるので S.T.C. を入れずに Gain を適当にしぼる方が判読しやすい場合が多い。

(ii)　潮目

波立ちの状況により明りょうな境界線を示すことがある。

(iii)　航跡

平穏な海面では，自船や，他船の航跡が線状をなして現われることがある。

(iv)　雨

スコール性の雨は，ときどき明りょうな境界のある映像を示し，島や陸地の反射に似かよった現われ方をする場合が多い。しかし，この映像はしばらく見ているうちに，いろいろ形を変えていくから陸影と区別することができる。その他の雨は，境界線のはっきりしない煙状になって現われるのが普通である。

雨中のレーダの使用においては，電波の減衰により，雨が降っていないときに現われる映像が雨のために出ない場合があるので注意する必要がある。

(v)　雪

雨ほど顕著ではないが，中心付近にぼやっと放射状に映像が現われることがある。

(vi)　氷

i　浮氷群（Pack-Ice）および大浮氷（Ice-Floes）

浮氷群は割目の反射により海面反射に似た映像が近距離から現われる。大浮氷は氷塊の垂直端からの反射が明りょうな輝点として現われる。

ii　氷原（Ice-Field）

滑らかな氷原は穏かな海面と同様，映像を生じない。しかし，氷面に凹凸が生じると近距離では，明りょうな映像が現われる。

iii　氷山（Ice-Berg）および氷塊（Growler）

大きな氷山は通常遠距離から探知できる。しかし，氷山の形状やサブ・リフラクション（Sub-Refraction）のため探知距離が減少するような場合には，探知距離内にあっても映像として現われないことがある。

氷山がとけて小さく割れ，高さ２～３mの大きさになった氷塊は近距離でないと探知できない。ことに海面反射があるときは探知しにくいが，氷塊の水面下の部分は相当大きいため，氷海航行中の船舶では充分警戒を要する。

(vii)　マストなどの陰

マストやその他の構造物が空中線より高い場合には映像に陰影を作る。しかし，この陰影は，雨などの映像のときには判然とするが，陸地などの場合は陰影とならないで続いて見えることが多い。

また，この陰の部分では，電波の勢力が減衰するため，他物の探知距離も減少する。この減少の度合いは，走査空中線から見るマストなどの視角，すなわち走査空中線からの距離とマストなどの径によって定まる。

(viii)　送電線

送電線はその向きによって反射を示すことがある。この反射は，日光に当たった電線がある部分できらりと光って見えるのと同様，線として見えないで点として反射する。従って，送電線が航路前面にあるときは，伝馬船でもいるような映像として映ることが多い。

(ix)　位置の変化の早いもの

位置の変化の早いものは，その変化の程度によって，線状になるかまたは飛石のような点々となって現われる。モーターボートの場合はその航跡とともに線状の映像となるが，水上滑走中の飛行機は，飛石のような点々となって現われる。

(x)　背面区域，船舶，浮標等

海岸に高い山があるところでは奥行のない海岸線しか現われない。また，砂浜に松林のあるところでは松林の線が現われて奥の陸地は現われない。しかし，このような場合には海岸線の形状から，概略の見当がつくが，半島の先端に高い山があるような場合にはその岬は島のように見える。また，島の多い内海のような海域では，本土は島と同様切り離された映像となり島と本土の区別がつき難い場合もある。

また，突出した地形は巾広な映像として，入江等は巾狭な映像となって現われ，船舶は幾分拡大され小さな塊のような映像となって現われる。

浮標等も実際よりは幾分拡大されて現われるが，この像はときどき波間に消失するため他の映像と区別することができる。

4　偽像

実際に物標がない位置に現われる映像を偽像（False echo）という。

偽像の生じる原因には次のようなものがあるが，偽像が現われる方向，距離，特徴等により，真像と区別することができる。

(i)　サイドローブによる偽像

近距離の倉庫や付近航行中の他船が自船に横腹を見せたような場合，実像と同時にサイドローブ（Side lobe）による偽像を生じることがある。

サイドローブとは，Fig 10-25に示すように，レーダアンテナから出るメインローブ（Main lobe）以外の小ローブ（メインローブの左右7°および90°方向に出るのが普通である）をいう。サイドローブによる偽像は，Fig 10-26に示すように，真像に対し7°および90°の方向に対称に現われるのが特徴で，偽像との距離は真像と同一である。

サイドローブは，メインローブに比べ輻射電力が極めて弱いので，受信感度を下げると偽像は消滅する。

(ii)　多重反射による偽像

Fig 10-27に示すように自船の正横付近を大型船が並航しているようなとき，レーダの反射波が自船と他船との間を数回往復することにより多重反射の現象を呈する。

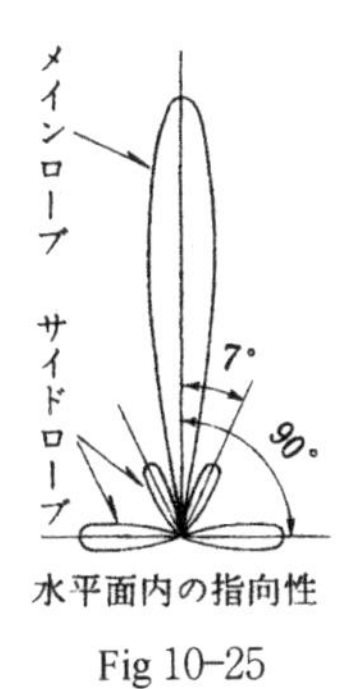

Fig 10-25

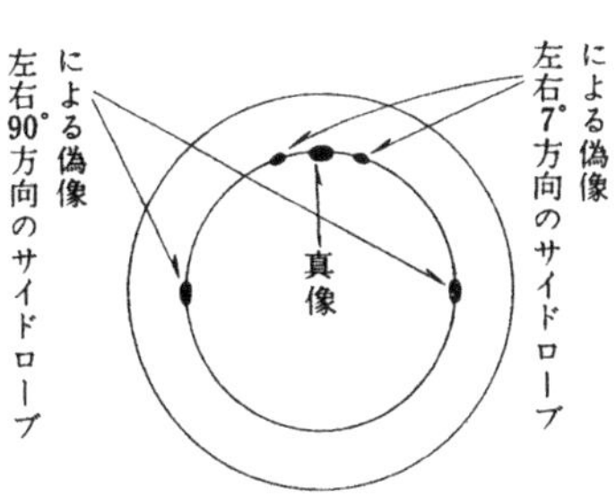

左右90°方向のサイドローブによる偽像
左右7°方向のサイドローブによる偽像
真像

Fig 10-26

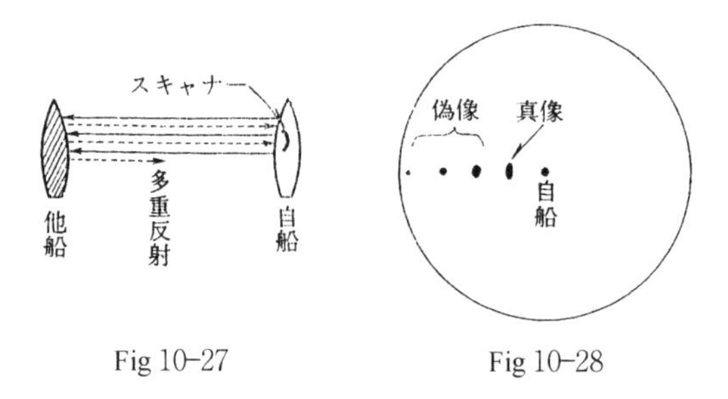

Fig 10-27　　　　Fig 10-28

この現象は，近距離の橋りょう，埠頭，または防波堤などによっても生じる。

多重反射による偽像は，Fig 10-28に示すように，真像の外方に真像と同一方向に等間隔で現われ，映像は次第に弱くなっていくのが特徴である。

(iii)　自船の煙突，マスト等が鏡となって生じる偽像

自船の煙突やマスト等が空中線よりも高いような船では，Fig 10-29に示すように送信電波がこれらの構造物の表面で反射されて物標に向かい，物標からの反射波が再び同一径路を経て空中線にもどる場合がある。このような場合の偽像は，Fig 10-30に示すように煙突，マスト等の方向に真像とほぼ同一の距離に現われるので識別は容易である。

(iv)　岸壁の倉庫や崖などが鏡となって生じる偽像

(iii)の煙突，マスト等による偽像と同一の特徴をもち，方位は鏡となるものの方位に，距離は真像までの径路に応じた距離に現われる。

(v)　第二掃引現象

レーダに使用するマイクロ波は直進性を有するため，視界内の物標しか映像として現われない。しかし，気温分布が逆転しているようなときには，海面に沿ってかなり遠距離の物標に達し，その反射像を現わすことがある。

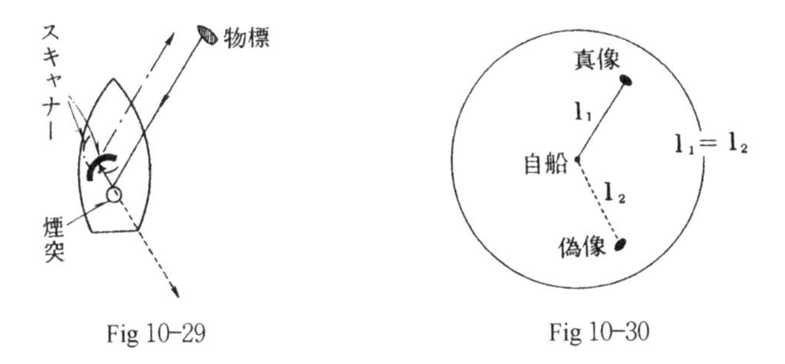

Fig 10–29　　Fig 10–30

このような異状伝搬状態のときには，発射パルスの反射波は，そのパルスに引き続いた掃引線上でなくて，第２掃引線または第３，第４掃引線上に現われることとなる。

いま，パルス繰返し周波数を1,000pps とすれば，発射パルスの間隔は約81海里の距離を電波が往復する時間となり，100海里の距離にある陸地からの反射波は第２掃引線上，$100' - 81' = 19'$，すなわち19海里の距離に現われることとなる。

このようにして現われる像を第２掃引像といい，映像は Fig 10–31 に示すように，すべての図形が中心に集まったような形状となり，パルス間隔の微少差により岸線などの映像も明りょう度を欠くことが多い。

このような現象が起きているかどうかは他の状況から判断するほかはないが，一般にこのような場合には他の物標も非常に遠距離から受信されるのが普通で，通常は15～20海里くらいからしか探知できない物標が30～40海里の遠距離から映像として現われるようなことから容易に推定される。

(vi)　他船のレーダ干渉

他船のレーダが近くで作動している場合には C.R.T. スコープ上に放射状のはん点が現われ，至近距離となるに従い直角方向や，場合によってはスコープの全面に粉雪状のはん点が現われることがあるが，

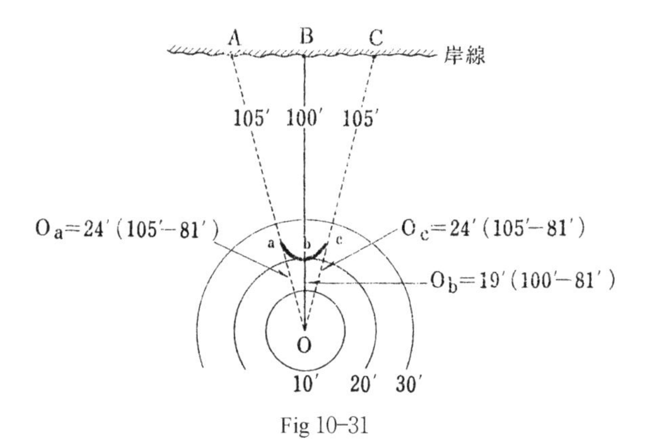

Fig 10–31

映像の判読に支障をきたすことは稀である。

(4) レーダプロッティングおよびレーダプロッティングにおける一般的注意事項

1　レーダプロッティング

自船と他船がFig 10–32に示す見合関係にあるとき，肉眼で他船を視認した場合には，他船の方位，距離および視差角を目測し直ちに避航措置を講ずることができる。

しかし，レーダの映像から測者が知り得る要素は，単に観測時の他船の方位と距離のみで，他船の進行方向，速力等についてはなんらの手懸りも掴むことはできない。

視認とレーダ探知の根本的な差違はこの点にある。従って，レーダにより衝突のおそれのある物標（一般に方位の変化が著しい物標の危険度は少なく，方位の変化が少なく，距離が急激に接近する物標の危険度は大きい）を探知したときは，その物標の方位，距離を連続して観測し，紙上にプロット（Plot）することにより，物標の真針路，速力，最接近距離，方位，時刻等を求め，また避航措置を要

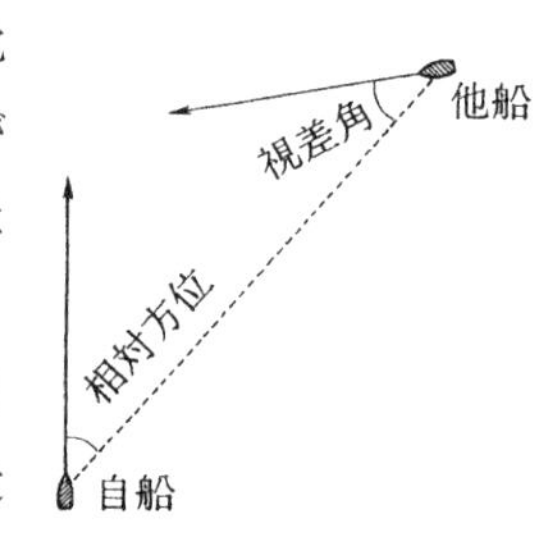

Fig 10–32

する場合は，針路，速力の変更に伴う相対関係の変化量を求め，衝突回避の措置を講ずることが必要となる。

このような作業をレーダプロッティング（Radar plotting）という。

レーダプロッティングにはトループロッティング（True plotting）とレラティブプロッティング（Relative plotting）の二法がある。以下，例題につき，プロッティングおよび避航措置の概要について述べる。

例 題　真針路340°，速力20knで航行中のA船は，レーダによりB船を，0830に040°，8′，0836に030°，5′に探知した。

両船とも針路，速力の変更を行わない場合の，最接近距離および最接近時刻を求めよ。

1　トループロッティング（Fig 10–33参照）

図上任意の点A_1（0830のA船の船位）より340°，距離2′（6分間のA船の航走距離）の点A_2を求め，0836のA船の船位とする。A_1より040°，8′の点B_1，A_2より030°，5′の点B_2を求めれば，B_1，B_2は第一，第二観測時のB船の船位となり，$\overline{B_1, B_2}$はB船の真針路およびB船の6分間の航走距離を示す。

次に，B_1より$\overline{B_1 A_1'} = \overline{A_1 A_2}$なる点$A_1'$を求め，$A_1'$と$B_2$を結べば，$\overline{B_1 B_2}$はB船の真針路および6分間の航走距離を示し，$\overline{B_1 A_1'}$はA船の真針路および6分間の航走距離に等しいことから，$\overline{A_1' B_2}$は両船の相対針路および相対速力（6分間の航走距離）を示す。従って，$\overline{A_1' B_2}$の延長線，すなわ

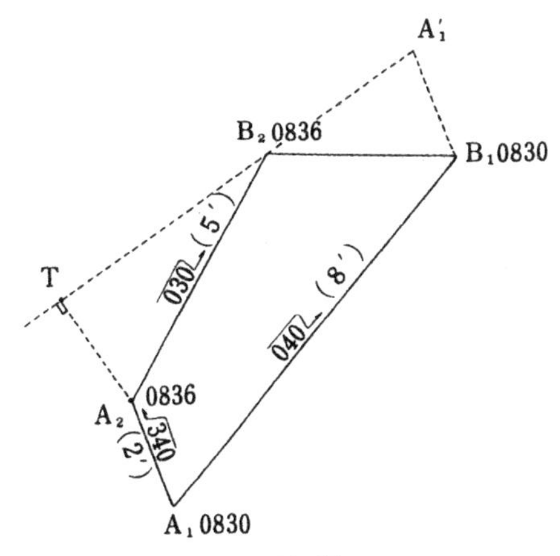

Fig 10–33

ち相対針路上にA_2から下した垂線$\overline{A_2T}$は両船の最接近距離および最接近方位を示し，$\overline{A_1'B_2}\times 10$により相対速力が，また，$\overline{B_2T}$を相対速力で割れば最接近点までの所要時間となり，両船の最接近時刻を求めることができる。

2　レラティブプロッティング（Fig 10–34参照）

図上の任意の点A_2を0836（第二観測時）のA船の船位とする。A_2より040°，8′の点A_1'，030°，5′の点B_2を求めれば，$\overline{A_1'B_2}$は両船の相対針路および相対速力（6分間の航走距離）を示す。

従って，以下1と同様に最接近距離および最接近時刻を求めることができる。

次に，B船の真針路および速力を求めるには，$\overline{A_1'B_2}$をA，B両船の針路と速力に分解する。

まず，A_1'からA船の速力（この場合の速力は6分間の航走距離2′により示す）を針路の反方位にとり，$\overline{A_1'B_1}$とすれば，B_1は0830（第一観測時）のB船の船位を示し，$\overline{B_1B_2}$がB船の真針路および速力（6分間の航走距離）を示す。

注　トループロッティングは他船の真運動を示す$\overline{B_1B_2}$から始まり，レラティブプロッティングは両船の相対運動を示す$\overline{A_1'B_2}$から始まるが考え方に差違はない。

Fig 10–33，Fig 10–34における$\varDelta B_1B_2A_1'$をスピードベクトルダイアグラムといい，プロッティングに関するすべての問題はこの三角形を解くことに帰する。

3　避航処置

Fig 10–34において，$\overline{A_2T}$が近すぎて危険であるため，$\overline{A_2T'}$の距離を保つ必要があるものとすれば，次の要領により措置する。

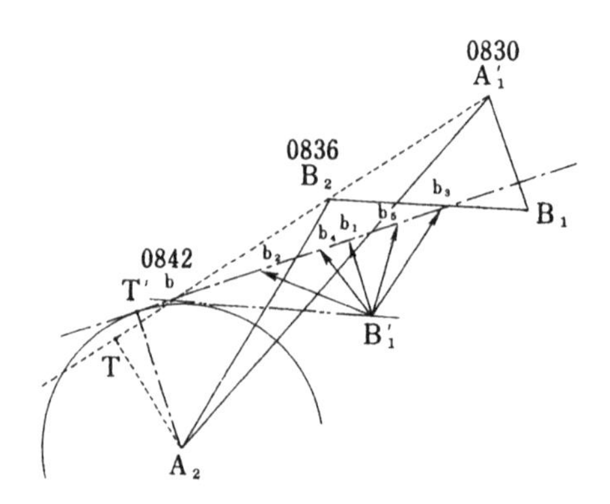

Fig 10–34

すなわち，諸要素の算出に6分間の費消時を要するものとすれば，B_2から相対針路上に6分間の相対接近距離$\overline{B_2 b}$をとり，0842の相対船位bを求める。

次に，A_2を中心としてA_2T'の半径で円弧を描き，bから円弧に接線bT′を引き，0842に至り下記のいずれかの方法により針路および速力の調整を行い，以後の相対針路を$\overline{bT'}$におくよう措置する。

(i)　針路はそのままとし，速力の調整のみにより避航する場合には，bからB船の速力（6分間の航走距離）を針路の反方位にとり，$\overline{bB_1'}$とし，B_1'から自船の針路$\overline{B_1A_1'}$に平行な線を引きT′bの延長線との交点を求めれば，交点までの距離$\overline{B_1'b_1}$がとるべき速力（6分間の航走距離）を示す。

(ii)　速力はそのままとし，針路の調整のみにより避航する場合には，B_1'より自船の速力$\overline{B_1A_1'}$（6分間の航走距離）によりT′bの延長線を切れば，B_1'と交点b_2，b_3を結ぶ方位$\overline{B_1'b_2}$，$\overline{B_1'b_3}$がとるべき針路を示す。

(iii)　針路，速力を共に調整して避航する場合には，B_1'とb_2，b_3間の任意の点b_4，b_5を結んだ$\overline{B_1'b_4}$，$\overline{B_1'b_5}$がとるべき任意の針路，速力（6分間の航走距離）を示す。

2　レーダプロッティングにおける一般的注意事項

(i)　事前の準備を行い，早期に開始すること。

(ii)　プロット実施中は，針路・速力を保持すること。

(iii)　適当な時間間隔で3回以上のプロットをすること。

観測時間間隔は計算の都合上3分または6分間隔とするのが通例である。

(iv)　作図解析は，なるべく大きくして精度を高めること。

(v)　相手船の変針，変速の有無に留意すること。

(vi)　船舶がふくそうする海域では，レーダ観測者と作図解析者とは別個に行うことが望ましい。

問　題

問題 1　甲丸は，真針路150°，速力10ノットで航行中，レーダにより乙丸の映像を右表のとおり観測した。甲，乙両船が，そのままの針路，速力で続航するものとして，次の問いに答えよ。

時　刻	真方位	距離（海里）
0800	186°.0	12.0
0806	185°.0	10.0
0812	183°.5	8.0

（試験用 RADAR PLOTTING SHEET 使用）

㈠　乙丸は，甲丸の正船首方向または正船尾方向を何海里離れて航過するか。

㈡　甲丸と乙丸との最接近距離は，何海里か。

問題 2　霧中，甲丸は，真針路020°，速力11ノットで航行中，レーダにより乙丸の映像を右表のとおり観測した。両船がそのままの針路，速力で続航するものとして，次の問いに答えよ。

時　刻	真方位	距離（海里）
0900	340°.0	11.0
0906	340°.5	10.0
0912	341°.0	9.0

（試験用 RADAR PLOTTING SHEET 使用）

㈠　乙丸の真針路　　㈡　乙丸の速力　　㈢　最接近距離

問題 3　霧中，甲丸は，真針路275°，速力7.5ノットで航行中，レーダにより乙丸の映像を右表のとおり観測した。次の問いに答えよ。

時　刻	真方位	距離（海里）
0640	334°.0	12.0
0646	333°.2	10.6
0652	333°.2	9.2

㈠　0652　までの観測によると，

(1)　相対速力は何ノットか。

(2)　乙丸の真針路は何度か。また，速力は何ノットか。

㈡　両船が，そのままの針路，速力で航行すれば，乙丸は，甲丸の前方または後方のどちらを航過することになるか。また，そのときの両船間の距離は何海里か。

㈢　甲丸はそのままの針路，速力で続航し，乙丸は針路を変えないで最接近距離が3海里となるよう0652に変速するものとすれば，速力を何ノットにすればよいか。

㈣　乙丸はそのままの針路，速力で続航し，甲丸は乙丸の後方を航過し最接近距離が3海里となるよう0652に変針するものとすれば，真針路を何度にすればよいか。

問題 4　汽船甲丸は，真針路290°へ速力10ノットで航行中，レーダにより汽船乙丸の映像を，右表のとおり観測した。甲丸は，乙丸の映像が距離6海里になったとき，右に変針して真針路を330°とし，そのままの速力で航行した。次の問いに答えよ。

時　刻	真方位	距離（海里）
1920	330°	12.0
1926	330°	10.5
1932	330°	9.0

（試験用 RADAR PLOTTING SHEET 使用）

㈠　乙丸の真針路は，何度か。

㈡　乙丸の速力は，何ノットか。

㈢　甲丸変針後における最接近距離は，何海里か。

㈣　甲丸変針後における相対針路は，何度か。

㈤　甲丸変針後における相対速力は何ノットか。

問題 5　汽船甲丸は，真針路010°，速力12ノットで航行中，レーダにより汽船乙丸の映像を右表のとおり観測した。甲丸は，両船の距離が8海里になったとき，真針路042°へ一時転針し，その後乙丸の映像の真方位が010°になったとき針路をもとにもどす計画である。次の問いに答えよ。ただし，甲丸の速力および乙丸の針路，速力は，変わらないものとする。

時　刻	真方位	距離（海里）
0115	045°	11.0
0119	044°	10.0
0123	043°	9.0

（試験用 RADAR PLOTTING SHEET 使用）

㈠　甲丸が042°へ転針しないで，010°で続航する場合，相対速力は，何ノットか。

㈡　㈠の場合の，最接近距離は，何海里か。

㈢　甲丸が042°へ転針後，乙丸を010°に見るまでの相対速力は，何ノットか。

㈣　甲丸が計画どおり避航動作をとった場合，最接近距離は，何海里となるか。

㈤　㈣の場合の，最接近時刻は，何時何分ごろか。

▶解　答◀

1　㈠　正船首方向，距離1.6海里

　㈡　最接近距離1.0海里

2　㈠　乙丸の真針路078～081°

　㈡　乙丸の速力8.0～8.1ノット

　㈢　最接近距離1.0海里

3 (一) (1) 相対速力14～14.25ノット

(2) 乙丸の真針路191～192°

乙丸の速力12.8～13.0ノット

(二) 前方を航過する。距離1.3～1.4海里

(三) 乙丸が減速するときの速力4.9～5.4ノット

(四) 甲丸が変針する場合の真針路312.5～313°.5

4 (一) 乙丸の真針路191°

(二) 乙丸の速力9.8ノット

(三) 最接近距離2.1海里

(四) 相対針路170°.5

(五) 相対速力18.5ノット

5 (一) 相対速力15.0～15.75ノット

(二) 最接近距離1.8海里

(三) 相対速力19.1～19.8ノット

(四) 最接近距離3.1～3.2海里

(五) 最接近時刻0154～0155

5　その他のレーダ

(1)　トルー・モーション・レーダ（True motion radar ; T.M. レーダ）
またはトルー・トラッキング・レーダ（True tracking radar）

従来の舶用レーダが相対運動指示方式（自船を静止点として表示するため，他の映像はすべて自船に対し相対的に移動する）をとっているのに対し，T.M. レーダでは，船舶等の移動物標は自己の真運動に応じ C.R.T. スコープ上を移動し，陸地等の固定物標は固定像として表示される，いわゆる真運動指示方式をとっている。

従って，T.M. レーダでは，映像から直接自船および他船の真運動を求めることができ，また，この種のレーダでは残光性の強いブラウン管を使用しているため，移動物標は C.R.T. スコープ上に自己の真運動を示す Tad pole（オタマジャクシ）と呼ばれる航跡を描き，レーダプロッティングを行わなくても映像から直接他船の針路，速力の概要を判読することができる。

さらに，T.M. レーダでは，自船の位置を示す中心輝点（Center spot）を C.R.T. スコープの任意の点に移動しうる離心方式（Off center system）を用いており，船位の移動に伴う輝点の移動は船のコンパスとログからのデータにより自動的に行っている。

従って，狭い距離範囲を使用する際にも，中心輝点を C.R.T. スコープの端末におくことにより，船首前方方向にかなり広範囲な画面をうることができ，地形や小目標の探知に有効に利用することができる。

Fig 10-35はこの種のレーダの映像の一例で，自船の位置は距離目盛の中心にあって，この中心輝点が C.R.T. スコープ上を自船の針路と速力に応じ移動する。

このとき，その映像の後に残光の尾を引き，この尾が自船の速力と針路の概要を示す。

陸地，浮標その他の固定物標は自船が移動しても移動しない。（トルーモーションに使用する速力はログからの速力であるため，対水速力と対地速力の差が著しい場合には，長時間において多少移動する）

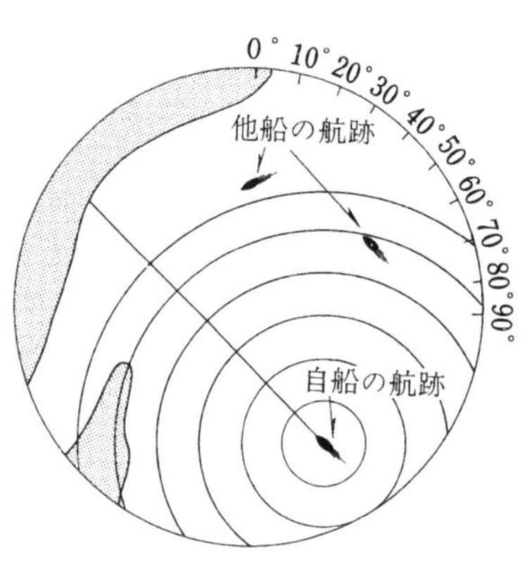

Fig 10-35

他船は自船と同様，残光の尾を引きながら画面を移動する。

自船の位置は時間の経過に伴って移動するので，必要の都度，C.R.T. スコープ上の任意の点に移し再び移動させることができる。

さらに，この種のレーダには，自船の位置が C.R.T. スコープの中心にない場合にも自船の位置から任意の物標の方位と距離が測定できるように，エレクトロニック・カーソルや可変距離目盛がついており，狭い海域で多数の船舶が輻輳するような場合の操船用レーダとしての利用度は高い。

⑵　ハーバーレーダ

ハーバーレーダ（Harbor radar）とは，陸上に設けられた高性能のレーダと通信設備により，船舶の動向，航路障害物の状況等を的確に把握し，船舶からの依頼によって，船位，他船の動向，航路障害物の状況その他を通報する施設をいう。

ハーバーレーダの具備すべき最大の要件は，映像が鮮明で分解能がすぐれていることで，探知距離はそれほど大きいことを要しない。

⑶　ミリ波レーダ

波長 8 mm 程度の E.H.F を使用したレーダで，高度の分解能を有するため，狭い距離範囲では船型を捉えることができ，映像から直接相手船の航行態勢を判断することができる。

しかし，波長が短いため，雨などによる減衰度が大きく，探知距離が制約されるため，同一のレーダに 3 cm 帯，8 mm 帯の二つの高周波部を持ち，目的により切換使用する等の方式がとられている。

⑷　航路標識としてのレーダ

1　レーマークビーコン（Ramark beacon）

9,375MH_z ±35MH_z（一部の局は9,405MH_z±65MH_z）の指向性電波を，常時回転発射している局で，これと同じ周波数帯を使用するレーダの空中線の指向面が，局の送信空中線の指向面と向かい合ったとき，C.R.T スコープ上に Fig 10-36に示すように局の方向に破線が現われる。

レーマークは方位のみ求められ距離を求めることはできないが，船舶の輻輳する海域での利用度は高い。

2　レーダビーコンまたはレーコン（Radar beacon or Racon）

船舶のレーダから発射された電波に応答して，9,405MH_z ±65MH_zの電波を発射する局をいい，レーダの空中線の指向面が局の方向に向いたとき，Fig 10-36に示すように局の方向に輝線符号が現われる。この符号の内端の直前が局の位置であるから，船からその局までの方位と距離を同時に求めることができる。

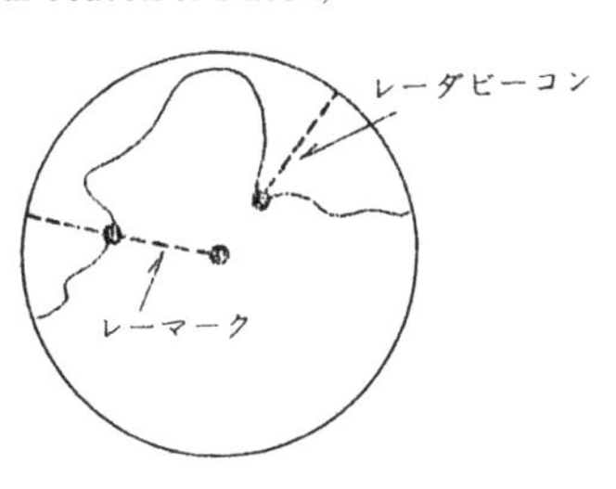

Fig 10-36

レーマークビーコンおよびレーダビーコンを利用する場合には，次の注意が必要である。

① 信号はレーダの空中線の毎回転ごとに入るとはかぎらないので，数回転見ること。

② 局からきわめて近いところでは，広い角度にわたって破線（輝線符号）が現われることがある。

③ 局に向かって航行するときは，ヘッドマーカーを消さないと破線（輝線符号）が見えにくいことがある。

6　自動衝突予防援助装置（Automatic radar plotting aids ; ARPA）

この装置は，レーダにより得られた情報，ジャイロからの方位信号およびログからの速力信号を，内蔵された高性能のマイクロコンピュータによって処理し，操船に必要な情報を数値および C.R.T. スコープ上の映像として表示するものである。

性能は型式により若干の差違はあるが，一例をあげると，24海里以内にある最大20隻までの目標を自動または手動で抽出し，これらを自動追尾してその方位，距離，針路，速力，最接近距離（DCPA）および最接近時間（TCPA）を数値で表示する。

画面は高輝度カラー表示のため昼間でもフードなしで使用できる。

また，操船者が任意に設定した最接近距離により，衝突の危険のある船舶は危険シンボルとなり，同時に警報も出るので，容易に危険目標，安全目標の識別ができ，種々の条件下における最適針路，最適速力を表示する試行操船機能も備えている。

第11章　電波利用による船舶の識別

第1節　AIS（船舶自動識別装置）

1　AISの概要

AIS（Automatic Identification System：船舶自動識別装置）とは，海上を航行している船舶の航海に関する各種情報（識別符号や位置，針路，速力など）を他船や陸上援助施設局にVHF帯で常時送信するとともに，他船から受信したそれらの情報から衝突回避や海上交通管制に役立てることを目的に開発された電波航法装置である。AISの概念をFig 11-1に示す。図中の衛星を介して航海情報を陸上局に伝送するシステムは，既にクラスAのAISに組み込まれており，別名UAIS（Universal AIS）として国際的に広まっているが余り知られていない。

衛星を利用しての船会社と航行船舶との連絡は，インマルサットC等に接続することにより船舶長距離識別追跡装置（Long Range Identification and Tracking System :LRIT）としてAISの機能に備わっている。また，船舶の緊急時には，AISが旗国のRCC（救護調整センター）に位置通報ができるシステムの構築が考えられている。現在このシステムはLRITに直接AISの当該船舶の情報を送信するようにはなっていないが，実質的には，AIS情報を送信する方がよい。これらの通報システムが実現すると緊急時を含め，非常に広範囲の船舶の動向が陸上で把握できるため，船舶運航管理に役立てられることになる。

AISを利用することで，船舶は以下に示す効果が得られるため，非常に有効な装置として期待される。

(1)　航行している船舶の識別，特定ができる

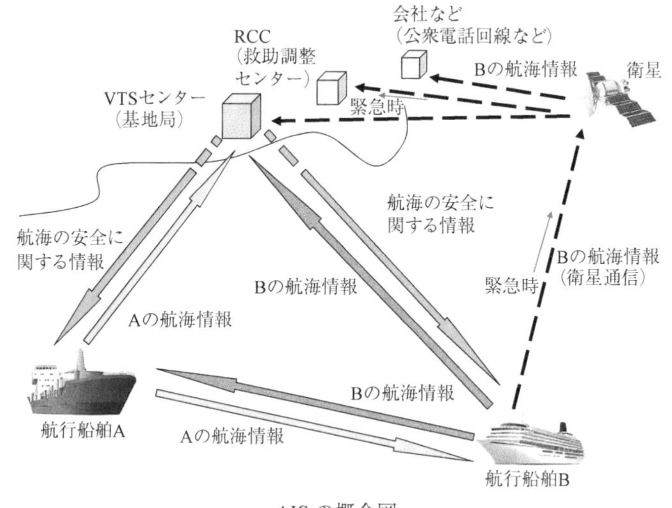

AISの概念図
Fig 11-1

⑵　船舶間の衝突回避に役立つ

⑶　海上交通管制に利用できる

⑷　口頭による船舶通報を減らすことができる

⑸　船舶運航管理に役立つ

⑹　テロや海賊対策に役立つ

2　AISの種類

AISの種類を大きく分けると「船舶用のAIS」,「地上局用のAIS」,「航行援助施設用のAIS」の３つに大別できる。それぞれが，用途により送信情報や出力に違いがつけられている。

⑴　船舶用のAIS

船舶用のAISは以下に示すように，更に３つに分けられる。

(a)　クラスA　AIS　（強制搭載AIS）

(b)　クラスB　AIS　（簡易型AIS）

(c)　受信のみのAIS

「クラスA」と呼ばれるAISはSOLAS船（あるトン数以上の大型の船舶や

国際航海に従事する船舶及び旅客船など）と呼ばれる船舶に装備されるものであり，強制的に搭載の義務が課されている AIS である。「クラス B」は搭載義務が課されていないもので，クラス A を簡易型にしたものである。大きな違いは，クラス A に比べると送信出力が小さいこと（2W：クラス A は12.5W）や発信情報の間隔や頻度が簡素化されている点である。この点は海上において，受信できる範囲などの違いによる利用できる範囲などの問題点が挙がっている。「受信のみの AIS」は名前の通り受信部だけがあり送信部を持たず，主に表示収録システムとつないで海域状況等を見るために使用されている。

(2)　地上局用の AIS

沿岸海域を航行する船舶の動静の監視やそれに対する情報の提供を主な目的として利用される AIS であり，船舶用の AIS に比べ非常に広い範囲の送受信能力を有している。わが国では，海上保安庁の陸上に設置された VTS センター（Vessel Traffic Services Center）で利用されている。この AIS からは，航行安全に関した情報などが発信される。

(3)　航行援助施設用の AIS

航行援助施設用の AIS は，AtoN AIS（Aids to Navigation AIS：エイトン AIS）と呼ばれており，灯台や航路等の浮標に設置されているもので，浮標の位置情報や種別の情報を提供するものである。この種の AIS は，地形的にブイの設置が困難な場所にも仮想的にそのブイの存在を示せるところにあり，航行の安全に利用することができる有効なシステムとして開発が進められているが，クラス B の問題点にも関係するが，同じ海域上であっても，規則の違い（船舶の大きさの違い等）によって利用できる情報が異なるという問題点が指摘されている。

3　AIS のシステム構成

Fig 11-2に AIS の一般的な構成を示す。アンテナ部は VHF アンテナと GPS アンテナで構成されるが，通常，複合アンテナとなっているものが多い。また，DGPS を利用する場合は DGPS のビーコン受信アンテナが別に必要となる。これらのアンテナから得られた情報は分配器を通り AIS 本体に取り込ま

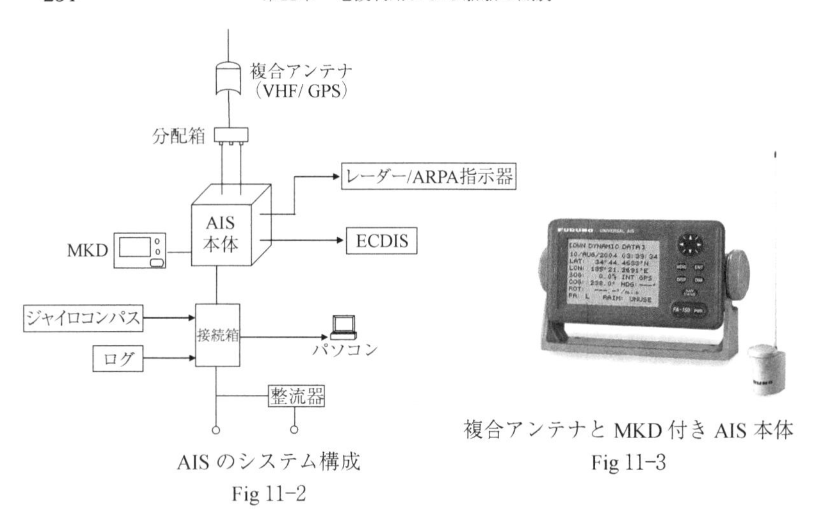

AISのシステム構成
Fig 11-2

複合アンテナとMKD付きAIS本体
Fig 11-3

れてMKD（Minimum Keyboard and Display）と呼ばれる，文字表示を主とした「必要最小限表示器」で情報の表示と機器操作ができる。Fig 11-3に複合アンテナとMKDを備えたAIS本体を示す。情報の表示については，より効果的な表示を考えて，制御部を介してレーダーやECDISに重畳表示できるようになっているため，航海者が避航等の操船に有効活用できるようシステムとなっている。また，このAIS本体には，自船の情報を出力するために，ジャイロコンパスからの方位信号やGPSからの位置情報が入力されており，AIS通信プロトコルに従い自船データが送信される。

4　AISからの送信情報

AISの発する情報はVHF帯の電波（AIS 1：161.975 MHz，AIS 2：162.025 MHzの2波で一対の国際チャンネルで，これが使えない海域は別の周波数帯で行う。日本では東京湾）を使いFig 11-4に示したような「動的情報」,「静的情報」,「航海関連情報」,「その他の安全に関する情報」に区別されて自動的に発信している。Fig 11-4の各情報の内容を見ると分かるように，数ある船舶の情報でも，船位や針路，速力などの頻繁に変動するものは，動的情報となっており，変動のないものは静的情報となっている。航海関連情報は船舶の喫水や積荷の種類，目的地や到着予定時刻などであり，陸上から船舶の状況を把握できる内容や，航行船舶の今後の動向が予想できる内容となっている。その他の安全に関する情報については，航海の安全にかかわる情報を文字で送信する。また，表中の各情報全てに「MMSI番号」が入っているが，これは各情報に毎回組み込まれて送信されているもので信号の識別に用いられている。

上述した4つの種類の情報は船の動きによって送信間隔が違っている。静的情報及び航海関連情報は内容の変動がほとんどないことから，送信間隔は6分毎に送信される。しかし，動的情報については，航海の状態により刻々と変化するため，Fig 11-5に示すように航海状態を大まかに分けて送信間隔を違えて

AISから送信される情報の種類			
動的情報	**静的情報**	**航海関連情報**	**安全に関する情報**
・MMSI番号 ・世界標準時 ・位置情報 ・実航針路 ・対地速力 ・船首方位 ・回頭率 ・航海の状態	・MMSI番号 ・IMO番号 ・呼出符号 ・船の長さ ・船の幅 ・船の種類 ・測位アンテナの位置	・MMSI番号 ・船の喫水 ・危険貨物の種類 ・目的地 ・到着予定時刻	・MMSI番号 ・自由に作成したメッセージ ・気象、海象状況

AISから送信される情報
Fig 11-4

船舶の状態	発信間隔
速力14ノット未満で針路変更中でない場合	12秒
速力14ノット未満で針路変更中の場合	4秒
速力14ノット以上23ノット未満で針路変更中でない場合	6秒
速力14ノット以上23ノット未満で針路変更中の場合	2秒
速力23ノット以上で針路変更中でない場合	3秒
速力23ノット以上で針路変更中の場合	2秒
錨泊中	3分

動的情報の発信間隔
Fig 11-5

AIS から送信される情報の種類	
動的情報	**静的情報**
・MMSI 番号 ・世界標準時 ・位置情報 ・実航針路 ・対地速力 ・船首方位	・MMSI 番号 ・呼出符号 ・船の長さ ・船の幅 ・船の種類

クラス B の送信情報
Fig 11-6

船舶の状態	発信間隔
速力 2 ノット以下の場合	3 分
速力 2 ノットより大きな場合	30秒
基地局からの制御による最短発信時間間隔	5 秒

クラス B の発信時間間隔
Fig 11-7

いる。この航海状態の中でも錨泊中か航海中かの判断は航海者の判断で行っている。

クラス A とクラス B との違いは速力を持つ状態において，その送信間隔が大きく違っている。クラス A は速力の違いにより 2 秒から12秒の範囲で送信するが，クラス B は30秒間隔となり少し荒い送信間隔となり正しい船舶の状態が表示されにくくなる。クラス B についての送信情報および動的情報の発信間隔を Fig 11-6，Fig 11-7に示す。

5　AIS の通信方式

AIS の通信方式は基本的には TDMA 方式（Time Division Multiple Access：時分割多元接続）である。特に AIS では TDMA 方式の中でも SOTDMA 方式（Self Organized Time Division Multiple Access：自己管理型時分割多元接続方式）と呼ばれるユニークな方式が採用されている。SOTDMA 方式の概念を Fig 11-8に示す。1 分間を 1 フレームと定義して，これを2250個のスロットに分割している。これより 1 スロットは26.7ms となりビット数では256 bit となる。このように時分割して情報の伝達・交換を行うのがTDMA方式である。時分割されたスロットに自船の情報を載せて送信することになるが，AISでは自船情報の他にスロット予約情報をセットにして送信する特徴ある送信をしている。これがSOTDMA方式である。また，1スロット256 bitのうち，船舶の静的情報，動的情報に割り当てられるのは，170 bitとなっている。

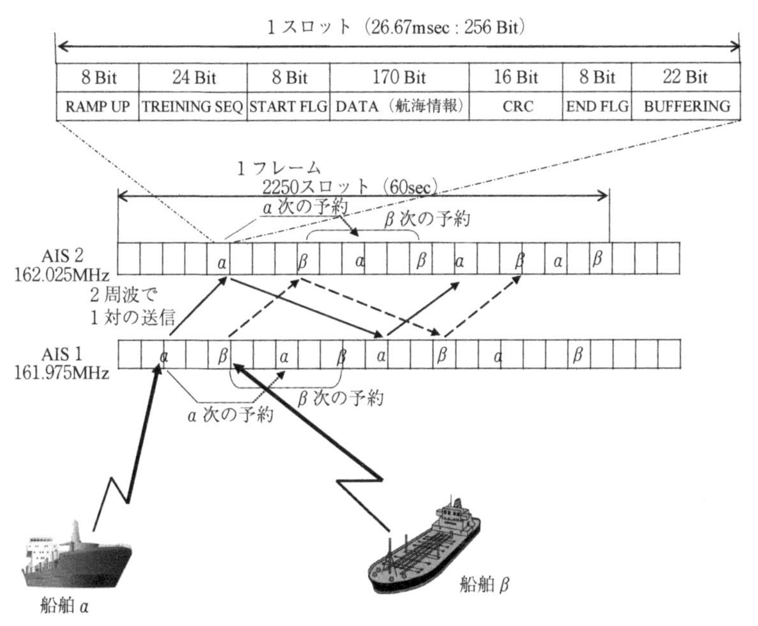

AISの通信方式
Fig 11-8

SOTDMA方式の通信をある海域で船舶αと船舶βの2隻の船がいたとして説明する。船舶αからの通信は，2250スロットで形成されているAIS 1（161.975MHz）のチャンネル内のあるスロットに使用を宣言してαという自船情報を載せる。AIS 2はAIS 1と交互に通信する2波一対の通信形態となっているため，AIS 2（161.975MHz）にも同様に情報が載せられる。この段階でスロット予約情報に基づき，つぎに送信するスロットが予約されることになる。船舶βは，船舶αの予約したスロットを避けて自船情報を送信することになる。これを順次くり返しながら互いに通信する。このようにすれば，スロットの管理をする基準局がいらなくなるわけである。この通信方式の限界は2チャンネルであるため4500スロット/minから推測すると，約800隻の船舶数まで通信できるといわれているが，今後不足する可能性が危惧される。

6　AISの搭載義務について

2007年7月1日に発効されたSOLAS74の第V章により2004年12月までにAISを搭載する船舶が義務付けられた。搭載義務に関する規定は以下のようになっている。

① 国際航海に従事する300総トン以上の全ての船舶

② 全ての旅客船

② 国際航海に従事しない500総トン以上の貨物船

また，船舶設備規程第146条の29（国内法）においては，次のように規定されている。

① 国際航海に従事する300総トン以上の全ての船舶

② 国際航海に従事する全ての旅客船

③ 国際航海に従事しない500総トン以上の全ての船舶

7　AISの利用について

(1) AISのターゲット表示

① MKD（必要最小限表示器）でのターゲット表示

一般的に普及している4.5型程度の表示器では，AISデータの表示をテキスト形式で表示するFig 11-9(a)か自船を中心に他船の動向をグラフィック化するFig 11-9(b)のタイプがほとんどである。この2タイプの表示は，選択して表示できるようになっているものが多い。この内，テキスト表示については，受信できている他船の一覧表示や選択した他船の情報表示などに切り替えられるようになっている。

② レーダー映像と重畳時のターゲット表示

航海者にとって，AISの情報はレーダー画面上に重畳表示した時に非常に威力を発揮する。レーダー画面上で表示されるターゲット表示の種類をFig

船舶に搭載するAIS送受信機

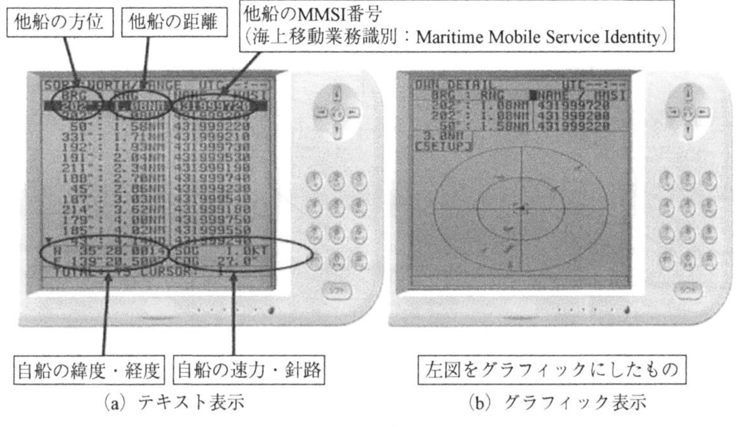

MKDでの表示例
Fig 11-9

11-10に示す。また，実際にレーダー画面上へ重畳表示された例をFig 11-11に示す。AISからの情報を安定して受信している場合，通常は「活性化状態」で表示される。船は三角形で表され，先端及び中心からベクトルが表示されるようになっている。三角形先端からの実線が船首方向ベクトルであり，中心から出ている点線が潮流等の影響で船が実際に進んでいる実航針路ベクトルである。AISの受信機が当該船舶のデータを受信できなくなると，「ロストターゲット状態」となり，三角形で表されている船のマークに線が入って表示される。輻輳する海域の航海では，AISのターゲットが画面上に多く現れ非常に見にくくなる。これを避けるため，現時点で注意が必要でないターゲットについては，選択して「非活性化状態」にすることで船首方向ベクトルなどが消え，見やすくできるようになっている。表示されているターゲットで，危険なターゲットは，色が変わって表示されるため，画面上ですぐに分かるようになっているが，具体的にその船舶の情報を知りたい場合には，ターゲットを選択するとレーダー画面外にデータが表示される。この場合，当該船舶を囲むように鍵括弧が表示されるため，どのターゲットの

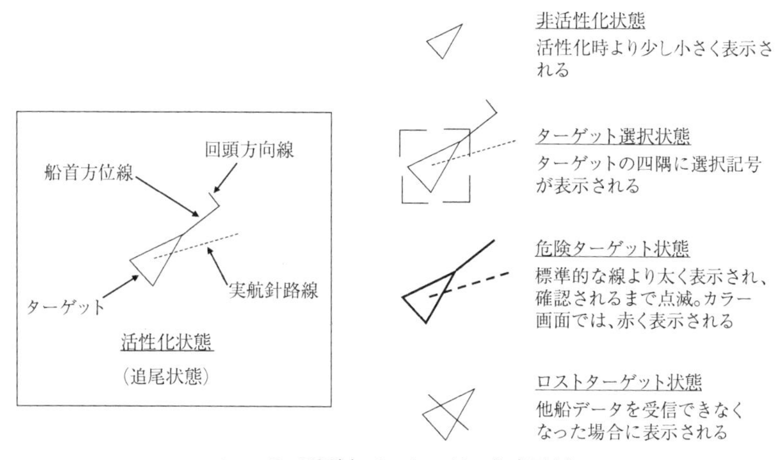

レーダー画面上でのターゲット表示例
Fig 11-10

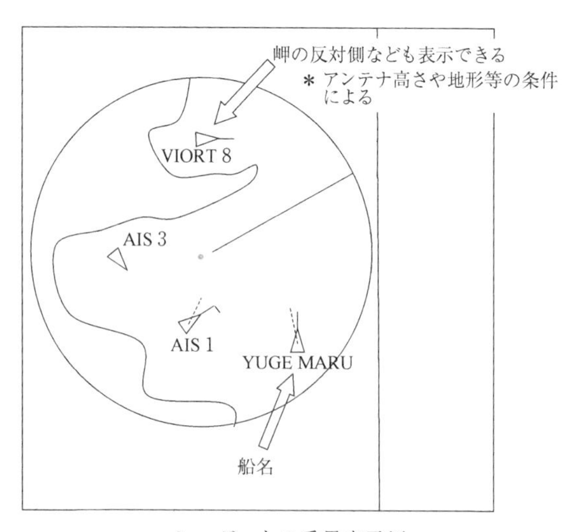

レーダーとの重畳表示例
Fig 11-11

データを表示しているか分かるようになっている。

レーダーと重畳表示している場合の AIS の特徴は，Fig 11-11の表示例からわかるように，島影や岬の反対側に位置する船舶はレーダーでは探知できないが，AISでは電波の回折や屈曲により自船に電波が到来するため，存在を表示できる点が挙げられている。しかしこの点については，各船舶に搭載されているアンテナの高さが大きく影響することやアンテナゲインの優劣で他船表示の可否が出てくることを念頭に入れておく必要がある。

(2)　AISの利用範囲

AISを利用する場合，航海者は，その利用範囲を陸上のVTSセンターとの間と船舶間の利用とで別々に把握しておく必要がある。陸上のVTSセンターから受信できる「AISによる航行支援システム」の利用範囲は保安庁による提示では，伊豆諸島の一部の島を除き日本沿岸全域がAIS網で切れ目なくカバーされている。これは概ね電波発射局から20マイル（37km）程度の範囲の連なりで記載されている。この範囲は通信装置が陸上の高台などに設置できることから，アンテナ高さが非常に高い状態における船舶からの情報受信の範囲と考えられるため，船舶での受信では，小型船などはこの記載範囲よりもかなり低く見積もっておいた方がよい。

船舶間のAIS利用範囲については，アンテナ高さが大きく影響するため，一概に利用範囲を何マイルという言い方は出来ない。そのため，この問題については，瀬戸内海において，アンテナ高さの違う船舶で実験されたクラスAのAIS到達距離の結果を一例としてFig 11-12に示す。大雑把であるがアンテナ高さを船舶の大きさで考えると，アンテナ高さ6mの船舶が概略150総トン程度，12mが799総トン程度，26mが12000総トン程度と考えられるため船舶の大きさに対しての概略値として参考にされたい。この実験結果から見ると船

実験船舶	アンテナ高さ	海域	到達距離
A船（大型フェリー）	25m	大阪湾	17nm
B船（小型貨物船）	12m	播磨灘	12nm
C船（練習船）	6m	大阪湾	7nm

船舶間でのAIS到達距離の実測例

Fig 11-12

舶間では，大型船は17マイル以上になることがあるが，小型船の場合には７マイル程度と思ったよりも利用範囲が狭いことが理解できると同時に，出力の小さなクラスＢでは更に短くなることが容易に想像できる。

この実験での距離は瀬戸内海で行われたことから，海域においては，距離制限が付くため平均値での値である。大型船では最大20マイル以上受信できている例もあることを付け加えておく。

⑷ AISの機器操作上の留意点

AISを操作運用する上での基本的に留意しておく点を列挙すると以下の項目となる。

(a) 航海者のヒューマンエラー関係

① AIS装置の電源の入れ忘れ

② 自船情報（船名，目的地，ETAなど）の入力忘れや入力ミス。特に航行中や係留中の船舶状態の入力忘れ

③ AIS情報の過信による適切な見張りの不十分

④ AISメッセージの受信音の調整（聞こえる範囲に音量調整）

⑤ AISを装備していない船舶及び電源を切っている船舶に対するARPA利用による情報収集の励行

(b) 機器に対する確認項目関係

① 利用しているGPS装置の測地系の確認（WGS-84であることの確認）

② ジャイロコンパスのエラーの有無

③ 自船情報の発信に関係している航海機器の安定性の確認

④ AIS追尾とARPA追尾が両方行われている場合の優先表示の確認

8 航海者が知っておくべきAISの問題点

⑴ AIS情報の欠損の問題

AISは先の通信方式で述べたように，１スロット単位でデータを送信している。このため１スロット内で１ビットでもビットエラーが生じた場合は，そのスロット内のデータは利用できないことになる。これをデータの欠損と呼ぶが，原因としては，次の項目が挙げられる。

① 受信信号レベルの低下

② 他の電波との干渉（スロットの衝突）

③ マルチパスなどの干渉

④ 障害物による遮蔽

これらの原因から考えると船舶の輻輳する海域などではデータの欠損が多く起こると推測されるため注意が必要である。上記④については，VHF帯の周波数を使っているAISは，レーダーに比べ波長が長いため電波の回折が大きく障害物の影響は少ないが，近くを通過する船舶によってもデータ欠損が発生したというFig 11-13のような現象が起きている。これは本船と同行するB船がA船の陰に入ったことで欠損が起き，航跡表示ができなくなった事例である。これに対する対策はアンテナ利得を上げることにより対応できる。

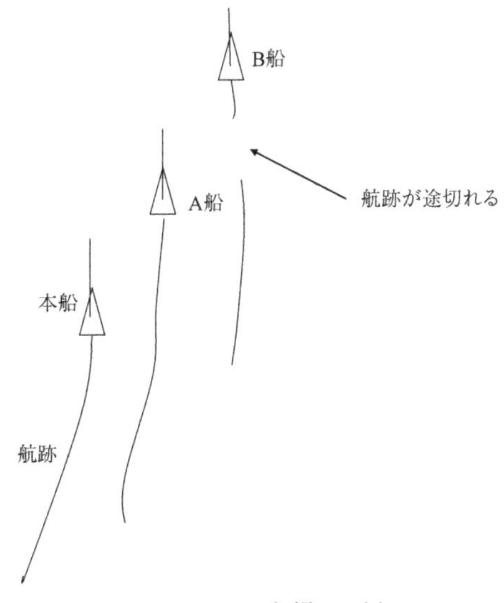

AISデータの欠損の一例
Fig 11-13

(2) AIS 情報とレーダー映像との同期の問題

AIS 情報をレーダーへ表示することの有効性は AIS の利用の項で述べたが，クラス B の AIS の場合，情報を同期してレーダーへ表示する部分で国際的に大きな問題を抱えている。現在のクラス B では30秒ごとのデータ更新となっているが，データ欠損の発生の問題などで，実質この間隔よりも時間を費やしてしまうことから，30秒以上の時間間隔が起きるとレーダー映像との同期が取れない状況が起きる。特にクラス B の搭載が考えられている小型のパワーボートは速力が大きいため，システムとして利用できない状況にある。この問題については，AIS 情報を操船に用いるには本質的にクラス B を考え直す必要がある。

付録　海技従事者国家試験問題抜すい（1N～3N）

（平成12年4月から平成28年4月，表記例　1210＝平成12年10月定期の意味）

第1章　用語の解説

第2章　航路標識

第1節　灯光，形象，彩色によるもの

1　灯台，灯標などを利用する場合，光達距離についてはどのような注意をしなければならないか。2つあげよ。（3N，2007，2110，2307，2507，2704）

2　灯台表に記載されている地理学的光達距離について述べよ。（3N，1402，1502）

3　甲丸（眼高12m）が，視界良好な晴天の暗夜にA埼灯台（灯高50m）に接近する場合，A埼灯台の灯光の初認距離（地理学的光達距離）は何海里か。
（3N，1404，1507，1602，1802）

4　白光254°～080°，赤光（分弧）080°～101°と記されている灯台の白光および赤光の範囲を図示せよ。（3N，2002，2304，2607）

5　日本の浮標式［IALA海上浮標式（B地域の方式）］における「右げん標識」の意味，標体の塗色および灯質を述べよ。（3N，2102，2307，2504，2702）

6　日本の浮標式［IALA海上浮標式（B地域の方式）］における「左げん標識」の意味，標体の塗色および灯質を述べよ。（3N，2002，2204，2407，2602）

7　日本の浮標式［IALA海上浮標式（B地域の方式）］における「安全水域標識」の意味，標体の塗色，頭標の形状および灯質を述べよ。
（3N，2210，2404，2510，2707）

8　日本の浮標式［IALA海上浮標式（B地域の方式）］における「特殊標識」の意味，標体の塗色，頭標の形状および灯質を述べよ。（3N，2302，2410，2604，2710）

9　日本の浮標式［IALA 海上浮標式（B 地域の方式）］における次の標識の標体の塗色および頭標の形状述べよ。　（3 N，1807，2207）

⑺　北方位標識　⑴　東方位標識　⑼　南方位標識　⑽　西方位標識

10　日本の浮標式［IALA 海上浮標式（B 地域の方式）］における「西方位標識」の意味，標体の塗色，頭標の形状および灯質を述べよ。（3 N，2007，2110，2502）

11　日本の浮標式［IALA 海上浮標式（B 地域の方式）］における「東方位標識」の意味，標体の塗色，頭標の形状および灯質を述べよ。　（3 N，2202，2702）

12　日本の浮標式［IALA 海上浮標式（B 地域の方式）］における「北方位標識」の意味，標体の塗色，頭標の形状および灯質を述べよ。（3 N，2107，2304，2610）

13　日本の浮標式［IALA 海上浮標式（B 地域の方式）］における「南方位標識」の意味，標体の塗色，頭標の形状および灯質を述べよ。（3 N，2010，2310，2507）

第 2 節　音響によるもの

第 3 節　特殊なもの

1　潮流信号所とは，どのような航路標識か。　（3 N，2010，2410，2702）

2　潮流信号所で行う通報に関する次の問いに答えよ。　（3 N，1607）

⑴　灯光（電光板）による下の⑺～⑽の文字，数字および記号の点滅信号は何を表しているか。

⑺　N　⑴　8　⑼　X　⑽　↑または↓

⑵　⑴以外に，どのような通報の方法があるか。標識の種別をあげよ。

3　船舶通航信号所とは，どのような航路標識か。　（3 N，2202，2402，2707）

4　船舶通航信号所を利用する場合の注意事項を 2 つあげよ。　（3 N，1904，2510）

5　船舶通航信号所の情報を利用するにあたって，注意しなければならない事項を述べよ。　（3 N，2007，2510）

第4節　電波によるもの

1　レーダービーコン（レーコン）を利用する際の注意事項を述べよ。

（3N, 2102, 2302, 2504, 2604）

第5節　その他

第3章　水路図誌

第1節　海図（Charts；Nautical charts）

1　漸長区画1°の漸長海図において，経度1°ごとの間隔が10cmのとき，北緯19°と北緯20°の緯度線の間隔はいくらか。（cmの小数点第2位まで求めよ。）

（2N, 1302, 1402, 1502, 1604, 1702, 1802, 1907, 2104）

第4章　航程の線航法

第1節　平面算法

第2節　中分緯度航法

第3節　漸長緯度航法

1　漸長緯度航法を利用するほうが，中分緯度航法を利用するよりも適している場合を2つあげよ。　（3N, 2004, 2107, 2302, 2502, 2607, 2704）

2　漸長緯度航法に関する次の問いに答えよ。　（3N, 2204, 2402, 2504, 2707）

(1)　右図は，漸長緯度航法における各要素間の関係を示すために用いられる図形である。図中の㋐～㋓に適合する用語を記号とともに示せ。

(2)　この航法が適さない場合を2つあげよ。

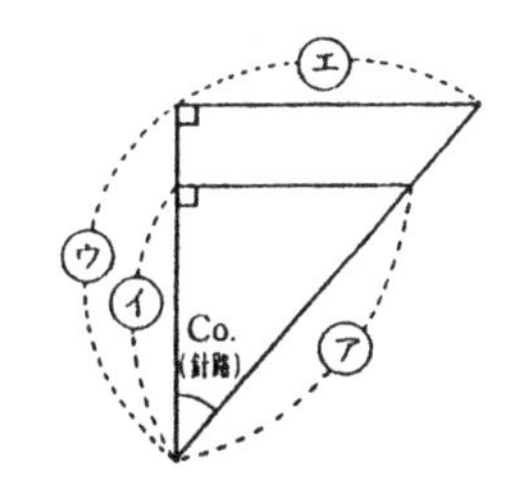

3　34°－25′N, 140°－20′Wの地点から31°－10′N, 144°－45′Wの地点までの真針路および距離を漸長緯度航法によって求めよ。

（3N, 2202, 2304, 2407, 2507, 2604, 2710）

4　A丸（速力19ノット）は，4°－20′S, 140°－15′Wの地点を発し，ジャイロコース030°（誤差なし）で24時間航走した。到着地の緯度および経度を漸長緯度航法

によって求めよ。（3N，2110，2207，2310，2410，2602，2610）

5 B丸の前日の正午位置は31°－50′N，162°－20′Eで当日の正午位置は28°－10′N，155°－50′Eであった。漸長緯度航法により，前日正午から当日正午までの次の(1)および(2)を求めよ。ただし，この間においてB丸は，船内時計を30分遅らせた。（3N，2307，2404，2510，2702）

(1) 直航針路（Course Made Good） (2) 平均速力（Average Speed）

第4節 流潮算法

1 A丸（速力13ノット）は，2100鹿埼灯台から190°（真方位）4.0海里の地点を発し，長崎灯台を右げんに3海里離して航過する予定である。次の(1)～(3)を求めよ。ただし，この海域には，流向090°（真方位），流速2ノットの海流があり，ジャイロ誤差はない。また，当日は視界良好な晴天の暗夜で，A丸の眼高は9mである。（試験用海図No.16使用）（3N，2007，2302，2602）

(1) A丸がとらなければならないジャイロコース

(2) A丸の実速力

(3) 長崎灯台の灯光の初認が予想される真方位および時刻（初認距離は地理学的光達距離で求めるものとする。）

2 A丸はジャイロコース263°（誤差なし），速力16ノットで航行中，0845中島灯台のジャイロコンパス方位を035°に測定したのち同灯台は見えなくなり，その後も同一の針路，速力で航行を続け，1015浜埼灯台のジャイロコンパス方位を308°に測定することができた。次の(1)～(3)を求めよ。ただし，この海域には，流向050°（真方位），流速3ノットの海流がある。（試験用海図No.15使用。⊕は30°N，136°Eである。）（3N，2104，2110，2204，2207，2304，2310，2404，2407，2410，2507，2510，2604，2607，2610，2710）

(1) 実航真針路

(2) 実速力

(3) 1015の船位（緯度，経度）

3 A丸は，2000長崎灯台の真南5海里の地点を発し，鹿埼灯台の真南2海里の地点へ2時間で直航する予定である。次の(1)および(2)を求めよ。ただし，この海域には，流向320°（真方位），流速2ノットの海流があり，ジャイロ誤差はない。また，当日は視界良好な晴天の暗夜で，A丸の眼高は12mである。（試験用海図No.16使用）（3N，2107，2202，2307，2502，2702）

⑴　A丸がとらなければならないジャイロコースおよび対水速力

⑵　鹿埼灯台の灯光の予想初認方位（真方位）および予想初認時刻（初認距離は地理学的光達距離によるものとする。）

4　A丸（速力15ノット）は，1800中島灯台の真西10海里の地点を発し，真針路155°で航行を続けた。緑埼灯台（灯高26m）の灯光の予想初認方位（真方位）および予想初認時刻を求めよ。ただし，この海域には，流向220°（真方位），流速3ノットの海流があり，当日は視界良好な晴天の暗夜で，A丸の眼高は16mである。（初認距離は地理学的光達距離で求めるものとする。）（試験用海図No.15使用）

（3N，2210，2504，2704）

5　沿岸航行中，甲船（視針路AD）は，右図のようにL灯台を右げん45°に測定し，その後ログによる航程（AB）が1海里のとき，同灯台を右げん正横に測定した。

その間，流程（BC）d海里の海流（流向と視針路との交角θ）の影響を受けたものとして，正しい正横距離（LC）を求める算式を示せ。

（3N，2210，2404，2702）

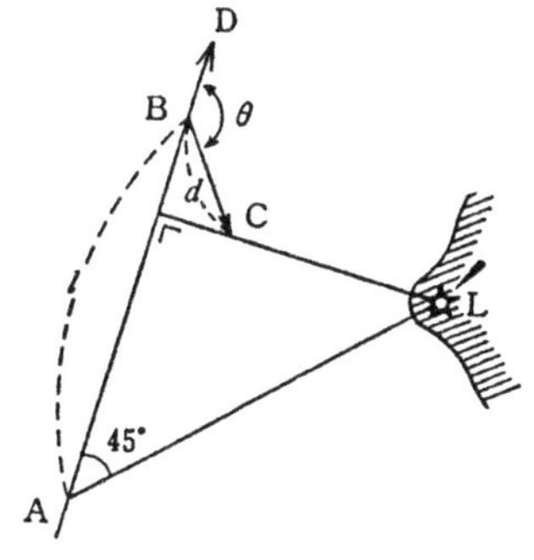

6　甲丸は，L灯台から真方位135°，距離43海里の地点を発し，3時間後に同灯台を左げん正横12海里で航過する予定である。甲丸がとらなければならないジャイロコースおよび対水速力を計算により求めよ。ただし，この海域には，流向010°（真方位），流速2ノットの海流があり，ジャイロ誤差はない。

（2N，2107，2302，2610）

7　A丸（速力15ノット）は，真針路090°で航行中，1200甲灯台の真方位を060°に測定し，その後も同一の針路・速力で航行を続け，1242再び同灯台の真方位を030°に測定した。その間，この海域には流速2ノットの海流が一定方向に流れていたものとして次の問いに答えよ。（2N，2102，2304，2504，2607）

⑴　1242に，A丸が甲灯台に最も接近するのは，どのような流向の海流があった場合か。

⑵　⑴の場合，A丸の甲灯台からの距離は何海里か。

8　一定の海流（流向，流速とも不明）を受けて定針航行中，単一物標の方位を時間を隔てて3回測定して実航針路を推定するには，どのようにすればよいか。1例を示せ。　（2N，2207，2502，2510）

9　A丸（速力17ノット）は，真針路320°で航行中，1054L灯台を真方位250°に測定し，そのままの針路，速力で続航して，1200同灯台を真方位180°に測定した。次の(1)および(2)を計算により求めよ。ただし，この海域には，流向265°（真方位），流速2ノットの海流があり，また，L灯台の位置は40°－32′N，141°－35′Eである。　（2N，2310，2510）

(1)　A丸の実航真針路および実速力

(2)　1200におけるA丸の船位（緯度，経度）

第5章　大圏航法

第1節　用語の説明

1　大圏航法に関する次の問いに答えよ。　（2N，1510）
大圏の頂点とは何か。

2　大圏航法を採ると，航程の線航法に比較し距離の短縮が顕著になるのは，どのような場合か。　（2N，2202，2410）

3　大圏航法に関する次の問いに答えよ。　（2N，2110，2210，2307，2610）
航程の線航法にかえて，大圏航法をとった場合に，航走距離の短縮が大きく期待できないのは，一般にどのような場合か。

4　大圏航法と航程の線航法を比較して，次の問いに答えよ。
（2N，2204，2302，2310，2604）

(1)　大圏航法を採ると，一般にどのような有利な点があるか。

(2)　航程の線航法を採ると，一般にどのような有利な点があるか。

(3)　大圏航法を採っても，その効果が得られないのはどのような場合か。

(4)　大圏航法を採るか，航程の線航法を採るかを決定する場合，航程のみを考慮すると，どの程度を目安とするか。

第2節　卓上計算機による解法

1　右図は，大圏航法の起程点A，着達点Bおよび極Pを結ぶ球面三角形である。頂点Vを通る子午線より，左右にそれぞれ経差$\alpha°$ごとに子午線を描き，大圏と

の交点を A_1，A_2…および B_1，B_2…とするときの交点A 1・A 2それぞれの緯度を求める算式を示せ。

ただし，頂点Vの緯度を lV，交点 A_1，A_2 の緯度を l_{A1}，l_{A2} とする。

（2N，2404，2510）

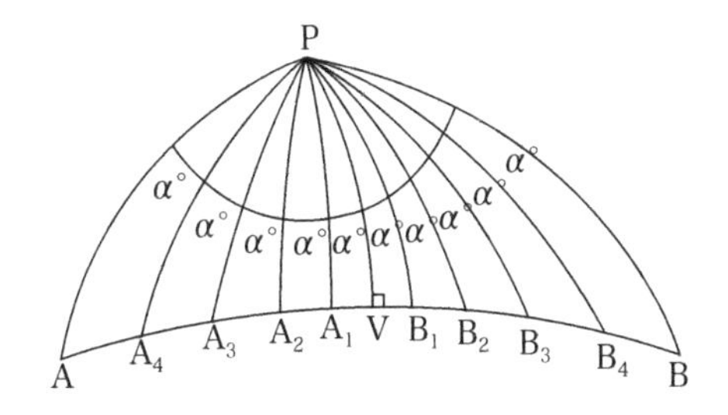

2　A地点（3°－30′N，81°－00′W）からB地点（41°－40′S，176°－00′E）に至る大圏の次の(1)～(4)を求めよ。（2N，2407，2607）

(1)　大圏距離

(2)　出発針路および到着針路

(3)　頂点の位置

(4)　90°－00′W の子午線と大圏との交点の位置

第3節　天測計算表および大圏図による解法

第4節　集成大圏航法

1　大圏航法図を利用して，航程が最短となるような集成大圏航路を，漸長図に記入する方法を，図を描いて説明せよ。（2N，2304，2507）

2　A地点（36°－40′S，22°－10′E）からB地点（35°－20′S，113°－50′E）に至る航海において，制限緯度（最高緯度）を43°Sとする集成大圏航路を採用する場合の次の問いに答えよ。（2N，2207，2502，2702）

(1)　2つの頂点（A地点およびB地点から43°Sの距等圏に接する大圏を描いたときのそれぞれの接点）の経度を求めよ。

(2)　集成大圏航路の距離を求めよ。

第6章　位置の線

第1節　位置の線の種類

第2節　位置の線の利用

1　沿岸航行中における変針目標の選定に関する次の問いに答えよ。

（3N，2207，2307）

(1)　どのような方向の目標を選べばよいか。

(2)　帆船や漁船などの多い海域では，特にどのような考慮が必要か。

2　沿岸航路を選定する場合，離岸距離はどのようなことを考慮して決定するか。6つあげよ。　（3N，2110，2304，2407，2604）

3　右図に示すように，レーダースコープ上に適当な航進目標（A）が得られる場合，暗岩（B）に対し，レーダーによる避険線をどのように設定するか。右図を転記して説明せよ。　（3N，2110，2310，2507）

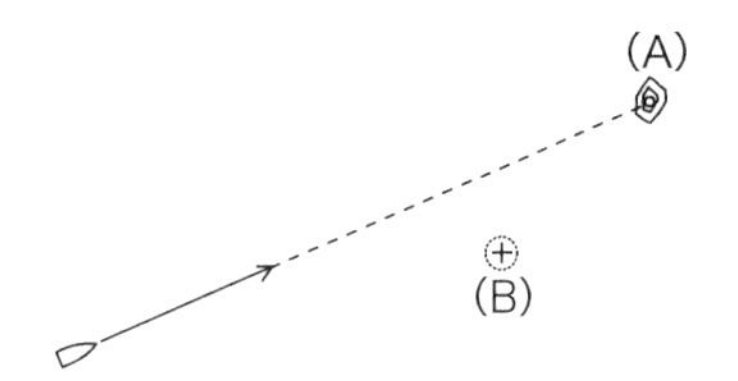

4　避険線に関する次の問いに答えよ。　（3N，2302，2404，2710）

(1)　避険線はどのような場合に設定され，どのような効用があるか。

(2)　避険線の設定方法の例を4つあげよ。

5　避険線に関する次の問いに答えよ。　（2N，2202，2307，2410）

(1)　避険線の効用を述べよ

(2)　レーダーによる避険線が，目視による避険線より有利な点をあげよ。

6　沿岸航海において，離岸距離を決定するにあたって考慮しなければならない事項を4つあげよ。　（2N，2304，2407，2604）

7　沿岸航海中，避険線の設定に際し，特に「十分余裕のある安全界」を保有しなければならないのは，どのような海域か。4つあげよ。　（2N，2204，2504，2510）

8　避険線は十分な安全界をもつように設定しなければならないが，安全界は一般にどのようなことを考慮して決定するか。　（2N，2210，2407）

9　沿岸航行中，避険線を設定するに際し，予備の避険線を設定しておかなければならないのはどのような場合か。　（2N，2110，2310，2507，2702）

10　右図のように，険礁の存在する沿岸を航行する場合，視界のよい昼間に航行するとしたときの，険礁D1，D2およびD3に対する避険線はどのように設定し，どのように利用するか図示して説明せよ。（図中のLは灯台，XおよびYは，それぞれ島を示す。）　（2N，1207，1510）

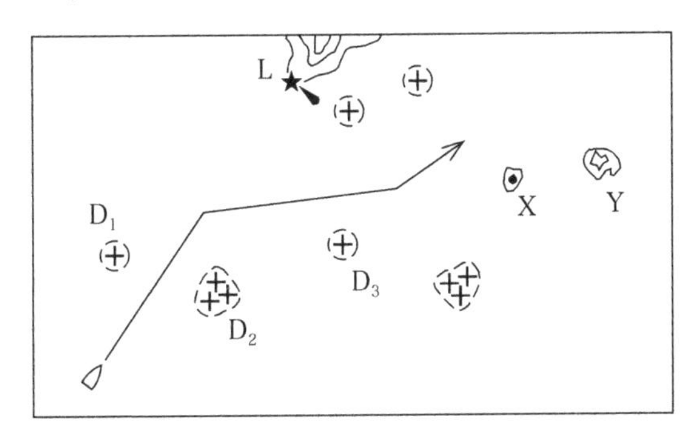

11　右図のように海岸線が屈曲し浅瀬が多い沿岸を航行する場合，レーダーによる避険線はどのように設定すればよいか。図示して説明せよ。
（2N，2207，2404，2604）

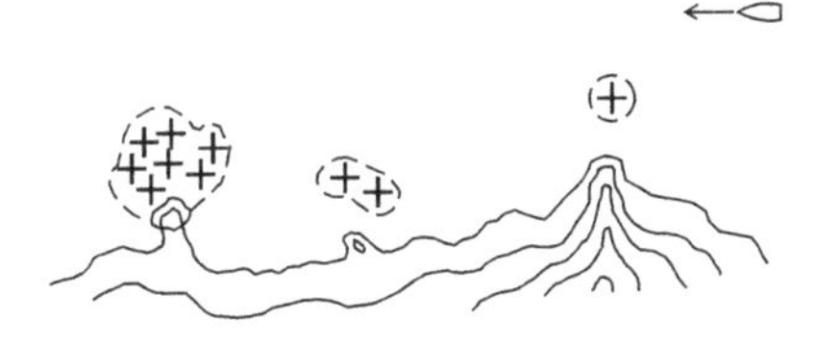

12　狭水道を通航するに際して避険線を設定する場合，一般に注意しなければならない事項を4つあげよ。　（1N，1207，1407，1602，1702，2004）

第7章　陸測位置の線による船位の決定

第1節　同時観測による船位決定法

1　沿岸航行中，2つの物標を用い，クロス方位法で船位を求める場合，方位線はどのような交角になるのがよいか。理由とともに述べよ。　（3N，2207，2507）

第2節　隔時観測による船位決定法

1　沿岸航行中，方位線の転位による船位測定法（Running fix）により船位を求める場合，正確な船位を得るために注意しなければならない事項を4つあげよ。
（3N，2307，2602，2704）

第8章　誤差概説ならびに陸測，推測および推定船位の誤差

第1節　誤差概説

第2節　交差方位法における船位の誤差

1　沿岸航行中，A灯台とB灯台のジャイロコンパス方位をほとんど同時に測り，それぞれ028°，087°を得て，その測定値をそのまま用い，クロス方位法によって船位を求めた。ジャイロコンパスに（+）2.0°の誤差があった場合，船位の誤差（正しい船位からの距離）は何海里となるか。計算により求めよ。ただし，A，B両灯台間の距離は11海里である。　（2N，2102，2307，2410）

2　沿岸航行中，水路誌に掲載されている対景図を利用する場合は，どのような注意が必要か。　（1N，1410，1510，1802）

3　沿岸航行中，水路誌に掲載されているレーダー映像図を利用する場合は，どのような注意が必要か。　（1N，1302，1310，1502，1604，1802，1910）

4　3物標を用いてクロス方位法により船位を求める場合，3本の方位線が1点に会しても，その点が正しい船位とされないのは「誤差を含んだそれぞれの方位線が偶然に一致したとき。」のほか，どのような場合か。図示して説明せよ。
（1N，2110，2304，2502，2602）

5　一定誤差のあるジャイロコンパスによりAおよびBの2物標の方位を測定して求めた船位の誤差量を示す算式を求めよ。ただし，コンパス誤差をe，2物標の方位線の交角（狭角）をθとする。また，この算式を用いて，船位の精度を良好にするための条件を述べよ。　（1N，2107，2302，2407，2504，2604，2702，2710）

6　右図は，2物標A，Bの方位を測定し船位Oを求める場合，測定した方位AX，BYに最大e°以内の偶然誤差があるときの船位の誤差界を示したものである。
（1N，2104，2210，2404，2507）

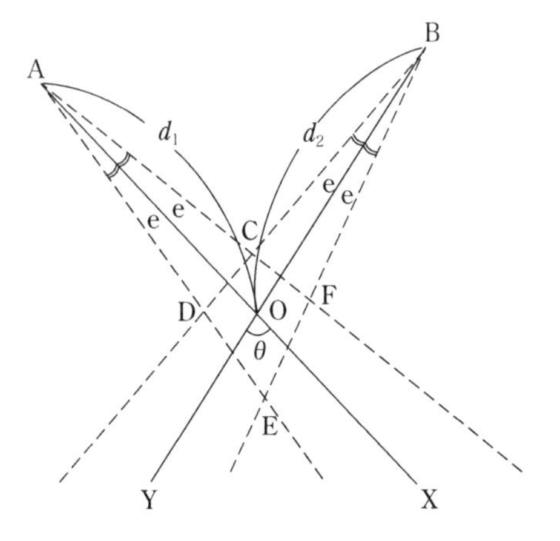

(1)　船位の誤差界を求める算式を示せ。
ただし，d_1，d_2は2物標A，Bより船位Oまでの距離，θは2つの方位線の交角であ

る。また，船位Oの誤差界CDEFを平行四辺形（CDとEF，CFとDEはそれぞれ平行線とする。）とみなし，測定方位の誤差には偶然誤差のみが残存するものとする。

(2)　2物標A，Bの方位線の交角θが90°の場合の船位の精度は，30°の場合の何倍になるか。ただし，距離d_1，d_2は一定とする。

7　下図はレーダーで物標A，Bの距離を測定し船位を求める場合，測定した距離に誤差があるときの船位の誤差界を示したものである。次の問いに答えよ。

（1N，1207，1402，1410，1602，1704，1810，2007）

(1)　物標A，Bの測定距離d_1，d_2の誤差をそれぞれ$\pm 0.03d_1$，$\pm 0.03d_2$とし，両位置の圏の交角をθ，測定した船位Fの誤差界PQRSを平行四辺形（PSとQRはFの両側にそれぞれ$0.03d_1$を隔てAFに直交する平行四辺形，PQとRSはFの両側に$0.03d_2$を隔てBFに直交する平行線とする。）で表すとき，船位Fの最大誤差FPを求める算式を示せ。

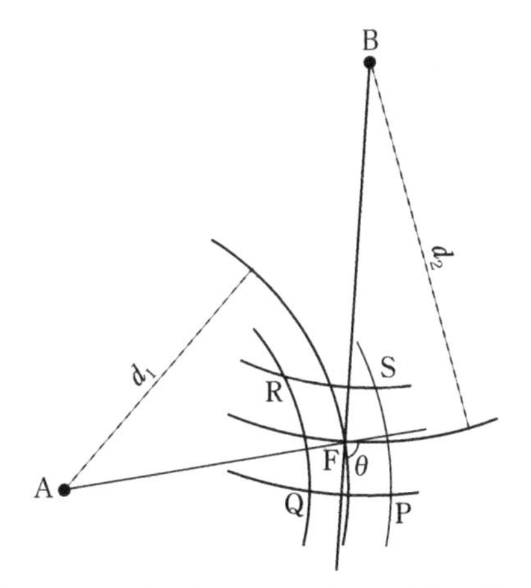

(2)　距離測定の最大誤差（絶対値）を測定距離の3％とし，その誤差以内に測定する確率を95.8％とした場合，船位が誤差界平行四辺形の内に存在する確率はどのくらいか。ただし，測定距離の誤差には偶然誤差のみが残存するものとする。

8　下図は，航海中，接近する他船をレーダー観測し相対プロットにより最接近距離を求める場合で，他船の方位と距離の測定に誤差があるときの相対針路および最接近距離に生じる誤差を示したものである。今，B点を中心とし0.03R0（R0はR1およびR2の平均距離）を半径とする円を後測位置Bの前測位置Aに対する誤差界とし，$\varDelta$Dを最接近距離の誤差とした場合，R1を11.5海里，R2を9.7海里，αを3.0°と観測したときの$\varDelta$Dを求めよ。

（1N，1204，1307，1404，1504，1610，1902，2010）

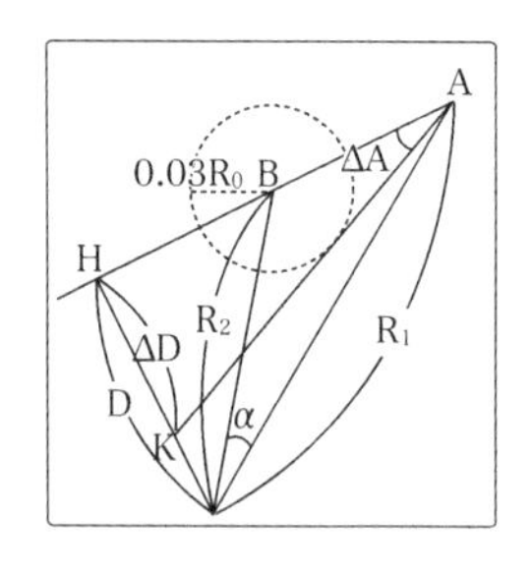

O	：自船位置
A	：１回目の他船の観測位置
B	：２回目の他船の観測位置
R_1	：１回目の他船の観測距離
R_2	：２回目の他船の観測距離
D	：他船の推定最接近距離
α	：１回目と２回目の観測した方位の差
$\varDelta$ D	：最接近距離の誤差
$\varDelta$ A	：相対針路の誤差

$0.03R_0$を半径とする円（破線）：２回の測定により生ずるA，B点の相対誤差界の大きさ

第3節　その他の陸測船位に含まれる船位の誤差

1　航程のみに$\varDelta$d（海里）の誤差がある場合，Running Fix（一物標の方位線の転位による方法）により求めた船位の誤差量を求める算式を示せ。ただし，２回の方位測定により得た方位線の交角をθ（度），航程をd（海里），前測時の方位線と針路とのなす角（船首角）をα（度）とする。（２N，2302，2407，2602）

第4節　推測船位，推定船位および推定船位の誤差

第9章　潮汐および潮流

第1節　潮汐，潮流の概要

1　最低水面とは，どのような基準面か。また，これを基準面としているものには，どのようなものがあるか。（３N，2107，2410，2602）

2　潮汐に関する次の問いに答えよ。（３N，2210，2502）

(1)　日潮不等と１日１回潮の関係を述べよ。

(2)　入港当日の港の水深が海図記載値より浅くなることがあるかどうかを知るには，どのようにすればよいか。

第2節　起潮力（潮汐力），潮汐論および潮汐の調和分解

第3節　潮時，潮高および潮流の潮時，流速を求める法

1　潮汐表に掲載されている標準後以外の港の潮時および潮高はどのようにして求めればよいか。（３N，2207，2310，2504，2602）

2　明石海峡航路中央第3号灯浮標付近の潮流に関する次の問いに答えよ。ただし，当日の潮汐表の関係部分は下表のとおりである。

（3N，2110，2304，2604，2710）

(1)　当日午後，流向が133°であるのは，何時何分から何時何分までか。

(2)　当日午前，流向が327°の潮流の最強時と最強流速を求めよ。

明石海峡　＋：西北西流
　　　　　－：東南東流

転流時		最強		
h	m	h	m	kn
00	50	04	02	−5.2
07	28	10	34	+5.9
13	57	16	35	−4.5
20	17	22	55	+3.8

場所	流向（真方位）	潮時差				流速比
		転流時		最強時		
	°	h	m	h	m	
	標準地点：明石海峡					
明石海峡航路中央第3号灯浮標付近	327	−0	5	+0	10	0.8
	133	0	20	+0	5	1.0

3　K海峡航路A灯浮標付近の潮流に関する次の問いに答えよ。ただし，当日の潮汐表の関係部分は下表のとおりである。　（3N，2204，2302，2507，2704）

(1)　当日午後の北流は，何時何分から何時何分までか。

(2)　当日午後の北流の最強時と最強流速を求めよ。

K海峡　：南流
　　　　：北流

転流時		最強		
h	m	h	m	kn
00	42	03	50	−8.6
06	59	09	52	+8.3
12	47	15	58	−8.5
19	04	22	12	+9.7

場所	流向（真方位）	潮時差				流速比
		転流時		最強時		
	°	h	m	h	m	
	標準地点：K海峡					
K海峡航路A灯浮標付近	180	+0	20	+0	25	0.7
	000	+0	30	+0	30	0.6

第10章　電波航法

第1節　電波を利用した航法装置

(無線方位)

1　右図は漸長図上の2地点A，Bをとおる大圏を一定の条件のもとに円弧とみなし曲線$\overset{\frown}{AB}$とし，航程線を直線$\overline{AB}$で表したものである。A及びBから，それぞれ円弧に接線を引き，その交点をTとすれば∠MAT(α)は，Aから測るBの大圏方位であり，∠MABは，漸長方位である。また，306°－∠NBT＝β＋180°は，Bから測るAの大圏方位である。

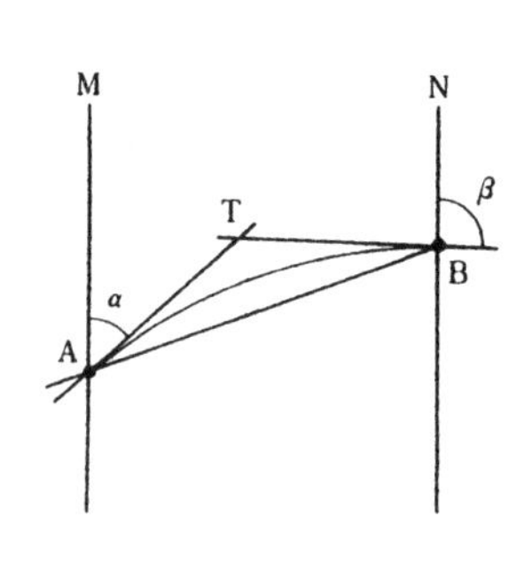

大圏方位と漸長方位の関係をα，βで表せ。

(1N，1210，1310，1407，1510，1610，1707，1804，1907，2102)

2　航路標識に関する次の問いに答えよ。

(3N，1204，1307，1707，1902，2102，2302，2504，2604)

レーダービーコン（レーコン）を利用する際の注意事項を述べよ。

3　航路標識に関する次の問いに答えよ。　(3N，1302，1504，1610，1804，1910)

レーマークビーコンを利用する際の注意事項を述べよ。

(ロラン方式)

1　ロランC方式におけるパルスの発射形式について述べよ。　(1N，1507)

2　ロランC方式によって得られる位置の線の誤差は，どのような誤差が原因となっているか。4つあげよ。　(1N，1302，1410，1702)

3　双曲線航法におけるロラン方式の発信組局と船の相対位置による位置の線の誤差について述べ，基線との関係位置による精度を記せ。　(1N，1204，1310，1504，1804，2010)

4　双曲線航法において，右図に示すように，Aを主局，Bを従局とする1組のロラン局からの信号（地表波）を，P_1，P_2，P_3，P_4の4地点において測定した。時間差に等量の誤差△tμsがある場合，

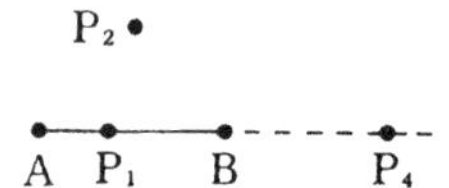

△tμs に基づくロラン位置の線の偏位量の大きい順に P_1～ P_4を並べ，その理由を述べよ。　（1N，1304，1404，1502，1604，1710，1904）

5　ロランC方式には，空間波補正値（修正値）として昼間用と夜間用とがあるが，その理由を述べよ。　（2N，1207，1307，1407）

（ロラン方式）2N

6　ロランC方式の次の(1)～(3)についてそれぞれ答えよ。　（2N，1207，1402，1507，1810）

(1)　使用電波の周波数
(2)　基線の長さ
(3)　地表波及び空間波のそれぞれの利用範囲

7　ロランC方式における主局と従局のパルス発信時間間隔について述べよ。　（2N，1307，1407，1504，1804，2104）

8　ロランC方式に関する次の問いに答えよ。　（2N，1407）
ロラン局の近くで，空間波が利用できない範囲を述べよ。

9　ロランC方式において，空間波補正値（修正値）には誤差が含まれることがあるが，その主な原因について述べよ。　（2N，1310，1410）

10　ロランC発信局が受信局（船舶）に警告する故障信号について述べよ。　（2N，1302，1404，1510，1802，2102）

（ロラン方式）3N

11　ロランC方式において，1組のチェーンを構成する主従局の局配置の例を2つ図示せよ。　（3N，1607，1804，1904，2010）

12　双曲線航法におけるロランC方式に関する次の問いに答えよ。　（3N，2102）
(1)　ロランC方式における使用電波の周波数はいくらか。
(2)　有効範囲は，どのような要素によって変化するか。

13　双曲線航法におけるロランC方式の次の(1)～(3)の事項について述べよ。　（3N，1302）

⑴　精度　⑵　基線の長さ　⑶　有効範囲

14　双曲線航法におけるロランＣ方式に関する次の問いに答えよ。
（３Ｎ，1204，1404，1507）
地表波について，一般的な昼と夜の有効範囲をそれぞれ述べよ。

15　ロランで正しい船位を求めるために，ロラン局の選定についてはどのような注意が必要か。３つあげよ。（３Ｎ，1207，1407，1502，1604，1810）

16　双曲線航法におけるロランＣ方式に関する次の問いに答えよ。
（３Ｎ，1304，1402，1410）
どのような伝ぱ経路の空間波を測定に利用するか。

17　双曲線航法におけるロランＣ方式に関する次の問いに答えよ。（３Ｎ，1404）
空間波補正値（修正値）が，昼間と夜間で異なるのはなぜか。

18　１日のうちで，ロラン受信機により正確な時間差測定ができないことがあるのは，いつごろか。また，それはなぜか。（３Ｎ，1210，1307）

第２節　衛星航法システム

第３節　GPS（Global Positioning System）

（GPS）１Ｎ

1　GPS の電波の送信方法であるスペクトル拡散方式による効果を４つあげよ。
（１Ｎ，2107，2310，2502，2707）

2　GPS に関する用語のうち，SA（Selective Availability）を説明せよ。（１Ｎ，1207）

3　GPS において，測位に使用する捕捉（そく）中の衛星の配置と測位精度の関係について述べよ。また，衛星の配置による測位精度への影響を数値で示す場合，どのような用語が用いられているか。２つあげよ。
（１Ｎ，2207，2402，2607，2802）

4　GPS 受信機で求められた衛星までの疑似距離には，どのような原因による誤差が含まれているか。４つあげよ。（１Ｎ，2104，2210，2307，2410，2602，2704）

5　海上保安庁が運用しているディファレンシャル GPS（DGPS）とはどのようなものか。その概要を述べよ。（1 N，2202，2404，2507，2710）

6　GPS 受信機で求められた衛星までの疑似距離の誤差原因のうち，DGPS を利用することにより誤差を大きく減少させることができる誤差源とできない誤差源をそれぞれ 2 つずつあげよ。（1 N，2204，2504，2604，2610，2804）

7　GPS において，システムのインテグリティ（Integrity）を維持するため，どのような方法があるか。その概要を述べよ。（1 N，1907）

8　海上保安庁が運用しているディファレンシャル GPS（DGPS）は，測位精度の向上の他にインテグリティ（Integrity）の監視機能を有するが，これはどのような機能か。概略を述べよ。（1 N，2110，2304，2410，2702）

（GPS）2 N

9　GPS の位置測定の原理について概略を述べよ。
（2 N，2207，2310，2407，2504，2602，2702）

10　一般の船舶で使用されている GPS 受信機で，船位（二次元の位置）を求めるためには少なくとも何個の衛星を必要とするか。理由とともに述べよ。
（2 N，2202，2307，2502，2510，2607）

11　GPS 受信機のアンテナは船体のどのような場所に据え付けるのがよいか。
（2 N，2204，2210，2304，2402，2507）

12　GPS の速力・進路測定の原理について概略を述べよ。また，速力及び進路測定の精度は，それぞれどのくらいか。（2 N，2110）

13　海上保安庁が運用しているディファレンシャル GPS（DGPS）に関する次の問いに答えよ。（2 N，1210，1402，1504，1602，1704，1804，1907，2102）

(1)　ディファレンシャル補正データの送信にはどのような電波が使用されているか。波長（又は，周波数）により区分した場合の該当する名称を記せ。

(2)　ディファレンシャル GPS の有効範囲を記せ。

（GPS）3N

14 GPS受信機を使用する場合，装備時などに初期設定値として入力するデータにはどのようなものがあるか。3つあげよ。（3N，1302）

15 GPSについて述べた次の文の［　　］の中に適合する字句又は数字を記号とともに記せ。（3N，2110，2302，2604）

(1) GPSは，人工衛星を地上約［(ア)］kmの6つの軌道に合計24個配置し，常時，世界中で測位できるようにシステム設計されている。

(2) GPSの測位原理は，海上においては［(イ)］個以上の衛星からの距離を求め，それぞれの衛星からの距離を半径とする球面の交点を求めることによる。

(3) 衛星までの距離を求めるために測定した衛星からの電波の伝ぱ時間には時計の誤差などが含まれている。この誤差を含んだ伝ぱ時間により求めた距離を［(ウ)］と呼んでいる。

(4) DOPと呼ばれる数値は，天空におけるGPS衛星配置による［(エ)］の低下を表す係数である。

16 GPS受信機に表示させることができる受信衛星の情報には，どのようなものがあるか。4つあげよ。（3N，2204，2404）

17 船舶で使用されているGPS受信機により測定した船位の誤差は，一般に何m以下といわれているか。また，海上保安庁が運用しているディファレンシャルGPS（DGPS）を併せて利用して測定した場合の船位の誤差は，一般に何m以下といわれているか。（3N，2202，2402）

18 GPSについて述べた次の(A)と(B)の文について，それぞれの正誤を判断し，下のうちからあてはまるものを選べ。（3N，2104，2304，2707）

(A) GPSの衛星は，世界中どこでも常時測位できるように静止衛星を利用している。

(B) GPSの二次元測位（海上での測位）の原理は，3個以上の衛星からの距離を求め，それぞれの衛星からその距離を半径とする球面の交点を求めることによる。

(1) (A)は正しく，(B)は誤っている。　(2) (A)は誤っていて，(B)は正しい。

(3) (A)も(B)も正しい。　(4) (A)も(B)も誤っている。

19　海上保安庁が運用しているディファレンシャル GPS（DGPS）に関して述べた次の(A)と(B)の文について，それぞれの正誤を判断し，下のうちからあてはまるものを選べ。（3N，2207，2307，2504，2702）

> (A)　DGPS は，GPS の精度を向上させるため，GPS の誤差データをディファレンシャル補正データに編集し DGPS 局から船舶等へ伝送するシステムである。
> (B)　DGPS の利用可能な範囲は，海上においては DGPS 局から約200km 以内とされている。

(1)　(A)は正しく，(B)は誤っている。　(2)　(A)は誤っていて，(B)は正しい。
(3)　(A)も(B)も正しい。　(4)　(A)も(B)も誤っている。

20　海上保安庁が運用しているディファレンシャル GPS（DGPS）に関して述べた次の(A)と(B)の文について，それぞれの正誤を判断し，下のうちからあてはまるものを選べ。（3N，2210，2310，2602，2607）

> (A)　DGPS を利用するには，DGPS 対応型 GPS 受信機と，DGPS ビーコン受信機（又は，これら2種類の受信機が一体化された受信機）が必要である。
> (B)　DGPS には，GPS のシステム全体と DGPS 自体の動作を常時監視し，異常が発生すれば直ちにその情報を送信する機能がある。

(1)　(A)は正しく，(B)は誤っている。　(2)　(A)は誤っていて，(B)は正しい。
(3)　(A)も(B)も正しい。　(4)　(A)も(B)も誤っている。

21　海上保安庁が運用しているディファレンシャル GPS（DGPS）に関して述べた次の(A)と(B)の文について，それぞれの正誤を判断し，下のうちからあてはまるものを選べ。（3N，2510）

> (A)　位置を補正するためのデータは，中波無線局（ラジオビーコン）の電波に乗せて送信されている。
> (B)　DGPS の規格は世界共通であり，DGPS を利用するための受信機は日本以外でも使用できる。

(1)　(A)は正しく，(B)は誤っている。　(2)　(A)は誤っていて，(B)は正しい。
(3)　(A)も(B)も正しい。　(4)　(A)も(B)も誤っている。

第4節　レーダ

1　A丸は真針路260°，速力15ノットで，また，B丸は真針路345°，速力10ノットで，それぞれ航行中である。1200B丸の船位がA丸の船位（26°－20′N，138°－50′E）から真方位210°，距離110海里となったとき，A丸は変針してすみやかにB丸と会合する計画である。次の(1)および(2)を求めよ。ただし，A丸の速力，B丸の針路および速力は変わらないものとする。（試験用RADAR PLOTTING SHEET使用）　（1N，2204，2307，2404，2504，2607，2710）

(1)　会合地点到着予想時刻

(2)　会合地点（緯度，経度）

2　A丸は真針路050°，速力18ノットで，また，B丸は真針路335°，速力10ノットで航行中である。B丸の船位がA丸から真方位100°，160海里となったとき，A丸は針路または速力を変えてすみやかにB丸と会合する計画である。次の(1)および(2)を求めよ。ただし，B丸の針路および速力は変わらないものとする。（試験用RADAR PLOTTING SHEET使用）　（1N，2107，2207，2310，2410）

(1)　速力はそのままで，針路を変える場合の真針路および会合地点到着までの所要時間

(2)　針路はそのままで，速力を変える場合の速力および会合地点到着ませの所要時間

3　A丸は真針路020°，速力16ノットで航行中，A丸から真方位340°，距離180海里のところに台風の中心があることを知った。A丸が直ちに台風の西側へ，その中心との最接近距離が80海里となるよう針路または速力を変えて避航しようとするときの，次の(1)～(3)をそれぞれ求めよ。ただし，台風は真方位100°へ速力12ノットで進むものとする。（試験用RADAR PLOTTING SHEET使用）

（1N，2110，2210，2402，2502，2507，2610，2702，2804）

(1)　速力はそのままで，針路を変える場合の真針路

(2)　針路はそのままで，速力を変える場合の速力

(3)　(1)の場合の最接近時までの所要時間

4　A丸は真針路235°，速力18ノットで航行中，自船から真方位165°，距離210海里のところに暴風圏の半径が80海里である台風の中心があることを知った。台風

は真方位310°へ速力20ノットで進むものとし，A丸が速力を変えないで台風の西側を通って避航する場合について，次の問いに答えよ。（試験用 RADAR PLOTTING SHEET 使用）　（1N，2104，2302，2407，2510，2704）

(1)　暴風圏に入らないで航行できる針路は，何度から何度までの範囲か。

(2)　(1)の範囲の内，台風の中心から最も遠ざかって航行できる針路は何度か。

5　A丸はジャイロコース230°（誤差なし），速力16ノットで強い海流のある海域を航行中，L灯台を下表のとおり観測した。A丸は，2030に針路，速力を変えて，2200にL灯台を左げん正横7海里で航過する計画である。次の(1)および(2)を求めよ。（試験用 RADAR PLOTTING SHEET 使用）　（1N，2304，2602，2707）

時　刻	真　方　位	距　離（海里）
1900	190°	23.0
2000	155°	17.0

(1)　この海域における海流の流向および流速

(2)　2030からA丸がとらなければならないジャイロコースおよび速力

（レーダー）

1N

6　レーダーに関する次の問いに答えよ。　（1N，2107，2307）

レーダーを装備後，その性能についてできるだけ早い機会に調査・確認しておかなければならない事項を4つあげよ。

7　レーダーに関する次の問いに答えよ。　（1N，2310）

海上で大気が標準状態のとき，一般にレーダー電波が到達することのできる最大距離（海里）を，スキャナの高さh（m），物標（映像物体）の高さH（m）として表せ。

8　レーダーに関する次の問いに答えよ。　（1N，2207，2404，2602，2610，2710）

標準大気中において，レーダースキャナの高さが32mの場合，スコープ中心から28海里のところに現れる物標の高さは，最低何mか。

9　レーダーに関する次の問いに答えよ。　（1N，2110，2407，2602，2704，2804）

方位誤差を生じる原因のうち，方位拡大効果について述べよ。

10　レーダーに関する次の問いに答えよ。　（1N，2110，2302，2504）
パルス幅0.6 μs，スキャナの水面上の高さ24m，垂直ビーム幅の伏角10°のレーダーにおける最小探知距離を求めよ。ただし，ブラウン管の輝点の大きさ等による影響は考慮しないものとする。

11　レーダーに関する次の問いに答えよ。　（1N，2204，2402，2604，2707）
レーダー電波のパルス幅が0.8 μsの場合，距離分解の可能な2物標間の距離は，何m以上か。ただし，ブラウン管の輝点の大きさなどによる影響は考慮しないものとする。

12　レーダーに関する次の問いに答えよ。　（1N，2202，2302，2507）
レーダーにより測定した距離に含まれる主要な誤差の原因をあげて説明し，これに対する測定上の注意事項を述べよ。

13　レーダーに関する次の問いに答えよ。　（1N，2204，2310，2707）
船体が横傾斜したとき，スコープ上の映像の方位に誤差を生じる理由を述べよ。また，この誤差が大きくなるのは，どのような場合か。

14　レーダースコープに現れる次の(1)及び(2)による偽像は，どのような場合に，どのような原因によって生じるか。また，偽像の現れる方向と距離をそれぞれ述べよ。　（1N，2210，2502，2607，2802）
(1)　サイドローブ　　(2)　船体上の構造物

15　レーダーに関する次の問いに答えよ。　（1N，2107，2304，2402，2510，2702）
水道又は河川を横断している送電線の映像は，この水道又は河川を航行中の船のスコープ上には，一般にどのように現れるか。

16　レーダーに関する次の問いに答えよ。　（1N，2207，2307，2504，2610）
レーダー使用中，マスト等船体上の構造物のため，スコープ上の陰影の部分（陰影区域）を生じるが，その陰影の区域の中に映像が現れている場合，それが真像であるか，偽像であるかは，どのようにして判別すればよいか。

17　レーダースコープ上に現れる第2次掃引偽像に関する次の問いに答えよ。

（1N，2104）

(1)　この偽像は，一般に，どのような条件の下で起こりやすいか。

(2)　この偽像の特徴について述べよ。

18　レーダーに関する次の問いに答えよ。（1N，2202，2304，2402，2510，2704，2804）

電波のパルス繰返し数毎秒800回のレーダーを48海里レンジとして使用しているとき，第2次掃引偽像として現れる可能性があるのは，自船から測って何海里から何海里までの範囲の物標か。

（レーダー）

2N

19　レーダーに関する次の問いに答えよ。（2N，2304，2502，2607）

レーダー電波に波長の短い電波（マイクロ波）が使用される理由を述べよ。また，周波数を9410MHzとすれば，レーダー電波の波長はいくらか。

20　レーダーに関する次の問いに答えよ。（2N，2202，2402，2502）

スコープ上に物標が映像となって現れ，探知できるためには，どのような条件が必要か。4つあげよ。

21　レーダーに関する次の問いに答えよ。（2N，2302，2404，2507，2604）

レーダーの最大探知距離に影響を及ぼす事項を6つあげよ。ただし，「レーダー指示器の最大距離範囲」は除く。

22　レーダーに関する次の問いに答えよ。（2N，2204，2304，2410，2510）

STC（Sensitivity Time Control）の機能について述べよ。また，この調整を行っている場合，特に注意しなければならないことを述べよ。

23　レーダーに関する次の問いに答えよ。（2N，2110，2207，2402，2507，2702）

FTC（Fast Time Constant）の機能について述べよ。

24　レーダーに関する次の問いに答えよ。（2N，2304，2407，2702）

最小探知距離を決定する事項をあげよ。

25　レーダーに関する次の問いに答えよ。（2N，2107，2307）

方位分解能を決定する事項をあげよ。

26　レーダーに関する次の問いに答えよ。　(2N, 2102, 2210)
距離分解能を決定する事項をあげよ。

27　レーダーに関する次の問いに答えよ。　(2N, 1210, 1310, 1502, 1610, 1902)
スコープ上で物標の映像の方位を測定する場合に，方位誤差をできるだけ少なくするためには，どのような注意が必要か。5つあげよ。

28　レーダーに関する次の問いに答えよ。　(2N, 2110, 2302, 2410, 2607)
次の(ア)及び(イ)の場合に，他船のレーダーの干渉により，スコープ上に現れる偽像について，それぞれ述べよ。
(ア)　他船が遠い場合　　(イ)　他船が近い場合

29　レーダーに関する次の問いに答えよ。　(2N, 2204, 2404, 2602)
スコープ上に現れるサイドローブによる偽像は，一般に，どのような条件の下で現れやすいか。また，この偽像の特徴を3つあげよ。

30　レーダーに関する次の問いに答えよ。　(2N, 2207, 2310, 2504, 2604)
航行中，スコープ上に現れる多重反射による偽像は，どのような原因によって起こるか。また，この偽像の現れる方向及び距離について述べよ。

31　レーダーに関する次の問いに答えよ。　(2N, 2210, 2407, 2610)
次の(ア)及び(イ)の電波の異常伝ぱについて述べよ。
(ア)　サブリフラクション　　(イ)　スーパーリフラクション

32　避険線に関する次の問いに答えよ。　(2N, 2202, 2307, 2410)
(1)　避険線の効用を述べよ。
(2)　レーダーによる避険線が，目視による避険線より有利な点をあげよ。

33　右図のように海岸線が屈曲し浅瀬が多い沿岸を航行する場合，レーダーによる避険線はどのように設定すればよいか。図示して説明せよ。
(2N, 2207, 2404, 2604)

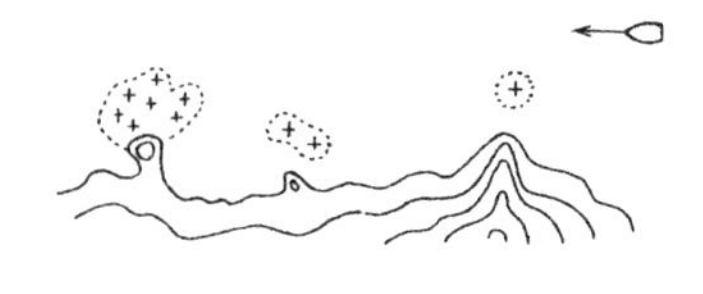

（レーダー）

3N

34　レーダーを使用して船位を求める場合，物標の方位及び距離を測定するときには精度上どのような注意が必要か。（3N，2104，2410，2610）

35　右図は，霧中，沿岸を航行中，レーダースコープに現れている沿岸地形の映像を示したものである。
小島(A)の付近には暗岩が点在し，警戒を要する海域であるが，これらから十分な安全距離を保って航行するためには，レーダーによりどのような避険方法をとればよいか。図示して説明せよ。（3N，2107，2502，2607，2704）

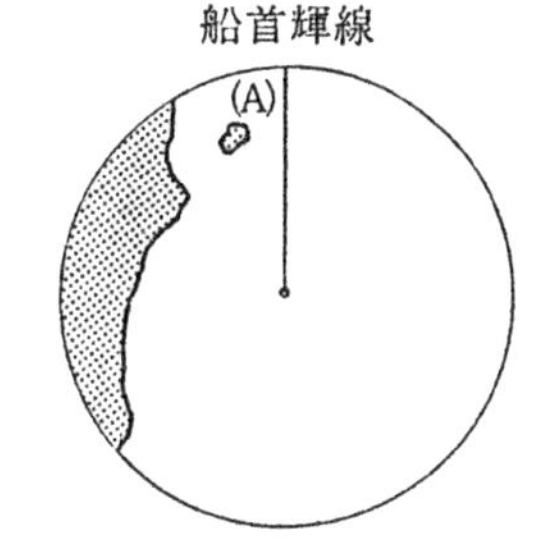

36　外洋から陸岸に接近する場合，レーダースコープ上に陸上物標の映像を初認したとき，船位決定上注意しなければならない事項を述べよ。（3N，2202，2304，2402，2407，2510，2702）

37　次の(1)〜(3)の船位を精度のよい順に番号で示し，その理由を述べよ。（3N，2204，2504）

(1)　単一の物標のレーダー方位とその物標のレーダー距離による船位
(2)　単一の物標の視認によるコンパス方位とその物標のレーダー距離による船位
(3)　数個の物標のレーダー方位による船位

38　右図に示すように，レーダースコープ上に適当な航進目標(A)が得られる場合，暗岩(B)に対し，レーダーによる避険線をどのように設定するか。右図を転記して説明せよ。（3N，2110，2310，2507）

（ARPA）

1N

1　自動衝突予防援助装置（ARPA）において，捕捉（そく）した他船が変針した場合，表示画面上の他船ベクトルが変化するまでには，ある時間遅れを生じるが，なぜか。（1N，2202，2302，2410，2510，2607，2704，2802）

2　自動衝突予防援助装置（ARPA）の真運動表示において，海面安定（対水安定）及び陸地安定（対地安定）とはどのようなことか。それぞれについて説明せよ。また，他船との衝突の危険を判定する場合には，どちらが適当か。理由を付して述べよ。　（1N，2107，2204，2307，2404，2504，2602，2702，2710）

3　下図は，自動衝突予防援助装置（ARPA）において，レーダーのビデオ信号から目標が追尾されるまでの信号の流れを示している。次の問いに答えよ。

（1N，2104，2207，2310，2407）

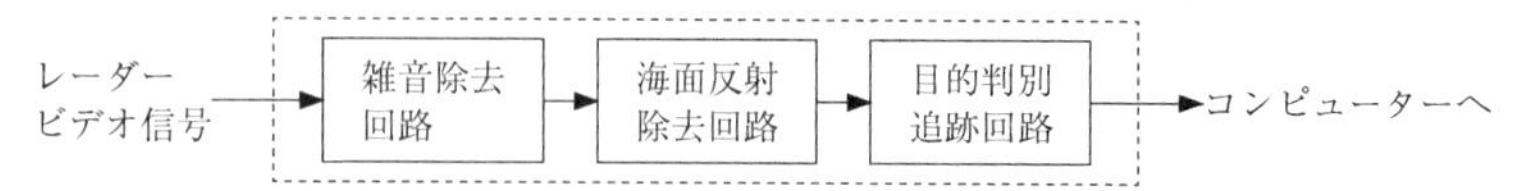

⑴「雑音除去」処理は，どのような方法で行われているか。概略を述べよ。

⑵「目標判別追跡」処理は，どのような方法で行われているか。また，この処理の過程で，至近距離にある目標が，そのエコーが十分に強い場合であっても見失われやすいのは，なぜか。概略を述べよ。

4　自動衝突予防援助装置（ARPA）に関するIMOの性能基準では，次の⑴～⑶について，それぞれどのように定めているか。

⑴　捕捉（そく）できる物標の数　（1N，2110，2304，2402）

⑵　物標を捕捉（そく）してからベクトルを表示するまでの時間　（1N，2110，2210，2402）

⑶　物標の追尾機能に関して，継続して追尾することができることとされている物標は，連続する10回の走査において，何回以上表示される物標か。

（1N，2210，2304）

5　自動衝突予防援助装置（ARPA）に関するIMOの性能基準では，次の⑴及び⑵について，それぞれどのように定めているか。　（1N，1802）

⑴　追尾できる物標の数　　⑵　追尾物標の過去の位置の表示

（ARPA）

2N

6　自動衝突予防援助装置（ARPA）に関する次の問いに答えよ。

（2N，2204，2302，2404，2504）

追尾中の物標が危険物標と判別され，警報が発せられるのはどのような場合か。

7　自動衝突予防援助装置（ARPA）に関する次の問いに答えよ。（2N，2207，2410）

他船（又は物標）を捕捉（そく）し追尾しているとき，警報が発せられるのはどのような場合か。

8　自動衝突予防援助装置（ARPA）に関する次の問いに答えよ。
（2N，2202，2210，2402，2604）

追尾物標の物標見失い（lost target）は，どのような場合に生じやすいか。2つあげよ。

9　自動衝突予防援助装置（ARPA）に関する次の問いに答えよ。

自動捕捉（そく）と手動捕捉を組み合わせて用いるほうがよいのは，どのようなときか。
（2N，2210，2304，2504）

10　自動衝突予防援助装置（ARPA）に関する次の問いに答えよ。
（2N，2204，2310，2507，2604）

海面反射に対して捕捉（そく）除外領域を設定する場合の注意事項をあげよ。

11　自動衝突予防援助装置（ARPA）に関する次の問いに答えよ。（2N，2304，2702）

追尾物標の乗り移り（swapping）が生じやすいのは，どのような場合か。

12　自動衝突予防援助装置（ARPA）に関する次の問いに答えよ。
（2N，2110，2207，2310，2407，2510）

試行操船（trial maneuvering）機能とは，どのようなものか。

13　自動衝突予防援助装置（ARPA）における次の表示方式をそれぞれ説明せよ。
（2N，2110，2307，2502，2607）

(1)　速度ベクトル表示方式
(2)　衝突危険範囲表示方式

14　自動衝突予防援助装置（ARPA）に関する次の問いに答えよ。
（2N，2302，2407，2510，2610）

真運動表示において，他船との衝突の危険を判定する場合，潮流のある海域では対水速力を入力しなければならない理由を述べよ。

15　自動衝突予防援助装置（ARPA）に関する次の問いに答えよ。
（2N，2202，2402，2610）

右図(a)，(b)は，捕捉（そく）した他船AとBの同じ時刻の相対ベクトル及び真ベクトル表示の映像を示したものである。自船の速力はそのままで，針路を右へ約45°変える試行操船を行った場合，(a)，(b)の映像はそれぞれどのように変わるか。図を描いて説明せよ。

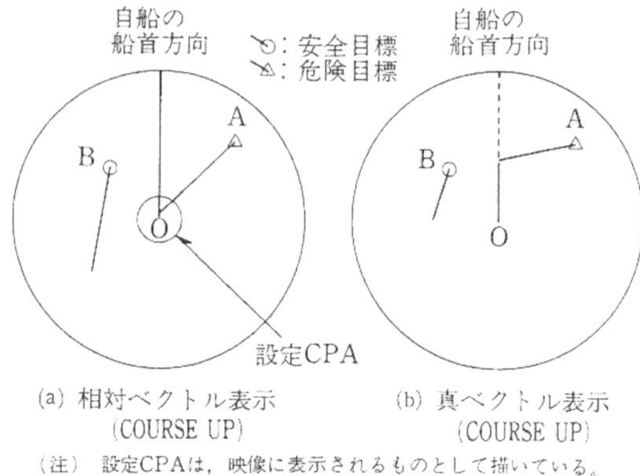

(a) 相対ベクトル表示 (COURSE UP)　　(b) 真ベクトル表示 (COURSE UP)

（注） 設定CPAは，映像に表示されるものとして描いている。

第 11 章　電波利用による船舶の識別

著者略歴

辻　　稔（つじ　みのる）

昭和20年　神戸高等商船学校航海科卒業
　　　　　航海訓練所助教授
　　　　　海上保安庁巡視船船長歴任
　　　　　弓削商船高等専門学校講師
　　　　　九州海運局，東海海運局海技試験官
　　　　　神戸海運局，沖縄総合事務局，
　　　　　神戸海運監理部先任海技試験官
昭和62年　退官　海技大学校非常勤講師

多田　光男（ただ　みつお）　情報工学博士

昭和53年　弓削商船高等専門学校航海学科卒業
　　　　　弓削商船高等専門学校航海学科助手（弓削丸二等航海士兼務）
昭和59年　中央大学法学部卒業
昭和63年　弓削商船高等専門学校商船学科講師
平成４年　弓削商船高等専門学校商船学科助教授
平成15年　航海訓練所練習船［銀河丸］一等航海士
平成16年　弓削商船高等専門学校商船学科教授
現在に至る

高岡　俊輔（たかおか　しゅんすけ）　工学博士

昭和63年　神戸商船大学大学院商船学研究科修士課程終了
　　　　　弓削商船高等専門学校　航海学科助手，商船学科講師，助教授
平成12年　神戸商船大学大学院博士後期課程修了
平成18年　弓削商船高等専門学校　商船学科教授
現在に至る

二村　　彰（ふたむら　あきら）　工学博士

平成12年　東京商船大学商船学研究科博士課程前期修了
平成12年　国立弓削商船高等専門学校商船学科助手
平成17年　同　商船学科講師
平成20年　同　商船学科准教授
現在に至る

航海学研究会

多田　光男（地文航法担当）
高岡　俊輔（電波航法担当）
二村　　彰（天文航法担当）

六訂版 航海学（上巻）

定価はカバーに表示してあります。

1970年1月25日 初　版発行
2022年8月8日 六訂再版発行

著　者 辻　稔・航海学研究会
発行者 小川　典子
印刷・製本 錦明印刷株式会社

発行所 株式会社 成山堂書店
〒160-0012 東京都新宿区南元町4番51 成山堂ビル
TEL：03(3357)5861 FAX：03(3357)5867
URL https://www.seizando.co.jp
落丁・乱丁本はお取り換えいたしますので、小社営業チーム宛にお送りください。

ISBN978-4-425-42016-2